食品安全检测方法标准操作程序系列丛书

酒类食品安全检测方法标准操作程序

主　编　吴永宁

副主编　钟其顶　赵云峰

中国质检出版社

中国标准出版社

北　京

图书在版编目(CIP)数据

酒类食品安全检测方法标准操作程序/吴永宁主编.—北京:中国标准出版社,2016.4

ISBN 978-7-5066-8175-9

Ⅰ.①酒…　Ⅱ.①吴…　Ⅲ.①酒—食品安全—食品检验—技术操作程序　Ⅳ.①TS261.7-65

中国版本图书馆CIP数据核字(2015)第297940号

中国质检出版社
中国标准出版社 出版发行

北京市朝阳区和平里西街甲2号(100029)

北京市西城区三里河北街16号(100045)

网址:www.spc.net.cn

总编室:(010)68533533　发行中心:(010)51780238

读者服务部:(010)68523946

中国标准出版社秦皇岛印刷厂印刷

各地新华书店经销

*

开本787×1092　1/16　印张18.5　字数356千字

2016年4月第一版　2016年4月第一次印刷

*

定价　78.00　元

编 委 会

序

酒类食品，作为一种嗜好性消费品，在人们的日常生活中一直占有十分重要的位置，为人们的工作和生活增添了无限的乐趣，发挥了不可缺少的积极作用。目前，我国已成为世界上最大的酒类生产国和消费国。根据国家统计局数据，截至2014年末，全国规模以上酿酒企业有2602家，饮料酒产量达到6543.99万千升。

作为传统食品行业，在近几年的食品安全事件中，酿酒行业面临着不小的考验。特别是2012年酒鬼酒塑化剂事件的发生，对行业发展造成沉重打击。塑化剂事件之后，葡萄酒农残事件、黄酒氨基甲酸乙酯事件、邛崃勾兑原酒事件的接连发生，使酒类行业逐渐成为一个受公众高度关注、媒体深度追踪、政府重点监管的"明星"行业。

随着行业加大力度开展食品质量安全风险因素的研究和排查，逐渐梳理和明确了一批重要监控指标。这些监控指标，集中体现于近些年来所制修订的各项食品安全国家标准中，主要包括GB 2757《食品安全国家标准　蒸馏酒及其配制酒》、GB 2758《食品安全国家标准　发酵酒及其配制酒》、GB 2760《食品安全国家标准　食品添加剂使用标准》、GB 2761《食品安全国家标准　食品中真菌毒素限量》、GB 2762《食品安全国家标准　食品中污染物限量》、GB 7718《食品安全国家标准　预包装食品标签通则》、GB 2763《食品安全国家标准　食品中农药最大残留限量》等。这些标准规定了酒类产品所涉及的安全指标,如铅、氰化物、甲醇、展青霉素、甜味剂、着色剂、甲醛、原料中的农药残留、致病微生物等多个方面。另外,还有一些目前拟制定或正在制定的酒类相关食品安全风险因子,也已进入行业风险监测的视线,包括国际上关注的重点问题,或者国内出现的食品安全事件的一些重要指标,这些指标包括氨基甲酸乙酯、塑化剂等。

随着国家和消费者对食品安全的关注,酒类企业管理层对食品安全问题给予了高度重视,不少企业采购大量检测装置以提升食品安全检测和保障能力。为使酒类行业从事食品安全检测人员更全面和深入掌握食品安全相关检测方法,本书编委会组织酿酒行业资深专家,共同编辑出版了《酒类食品安全检测方法标准操作程序》一书。该书对酒类食品从原料到生产、储存、销售各个环节中可能存在的风险因子进行了详尽的梳理,并针对各个酒类安全指标,分别从化学性质及风险来源、测定标准操作程序、操作注意事项、国内外限量及检测方法等角度进行了分析讨论;特别是针对某些国标检测方法的优化和创新,更是为行业广大从业人员起到具体的技术指导作用。

食品行业门类众多,不同的细分行业都有各自不同的质量安全关注重点,在实际的风险监测和日常检验过程中,总会遇到这样那样的具体问题。从行业从业者的角度出发,系统梳理并编撰一部详尽的检测方法操作指南是行业的迫切需要,希望本书能够成为同类出版物中的佼佼者和典范。

2015 年 11 月于北京

前言

我国是世界上最大的酒类生产国和消费国。随着我国国民经济的持续增长,居民消费水平显著提升,我国饮料酒行业在近十几年保持了较快的发展速度,产业结构不断优化,产品结构更加丰富,经济效益持续提升。酒类行业作为我国食品产业重要支柱分支行业,不仅在满足人们社会生活中物质与精神两方面的需求上发挥了重要作用,而且是政府解决当地劳动力就业和重要利税行业之一。根据国家统计局数据,截至2014年末,全国规模以上酿酒企业2602家,其中大中型企业617家,行业总资产达到9000.25亿元;全年完成酿酒总产量7528.27万千升(其中发酵酒精产量984.28万千升,饮料酒产量6543.99万千升),全国规模以上企业累计完成产品销售收入8778.05亿元,实现利润总额976.17亿元,上缴税金830.81亿元;进出口总额36.85亿美元(其中累计出口额8.46亿美元,进口额28.39亿美元)。

然而,近几年来,一些食品安全事件的发生,对行业发展提出了严峻的考验。特别是2012年白酒塑化剂事件之后,整个酒类行业结束了近十年的高速增长期,开始经历一轮产业结构调整、市场竞争加剧的低谷阶段。与此同时,多年来高速增长过程中容易被忽视的食品安全基础研究和风险预警和控制工作,从生产、流通、消费等不同环节以食品质量安全事件的形式集中暴露出来。2012年在白酒爆出塑化剂问题后的4天里,13家上市白酒企业,市值蒸发达447亿元;黄酒氨基甲酸乙酯事件和葡萄酒农残事件，同样给黄酒和葡萄酒行业带来不利影响；2013 年，焦点访谈曝光的“不明不白的白酒”同样引起消费者对中国白酒行业质量安全的担心。

为全面提升酒类行业质量安全水平，提振消费者对国内酒类产品质量安全的消费信心，2013 年，中国酒业协会凝聚行业之力，启动了“中国白酒 3C 计划”，希望通过品质诚实（科学技术研究计划）、服务诚心（白酒科普宣传计划）、产业诚信（白酒行业诚信管理体系建设以及白酒行业准入、标准修订计划）来重塑消费者对中国酒类行业的认知。特别是在品质诚实科研计划中，通过中国白酒品质安全提升与鉴别技术研究，集中解决当前消费者普遍关注的问题，如传统白酒添加外源食用酒精和添加剂鉴别、年份酒的鉴别、有害微生物的检测、农药残留的风险监测与研究等。在国家食品安全风险评估中心组织下，联合国家级科研机构等技术力量，围绕着酒类食品安全出现问题，开展了酒类塑化剂风险评估、酒类氨基甲酸乙酯和葡萄酒中赭曲霉毒素 A（Ochratoxin A，OTA）的风险评估及限量标准的研究与制定工作；开展了系列酒类食品安全产品标准、生产卫生技术规范等标准研制。中国食品发酵工业研究院在中国酒业协会和国家食品安全风险评估中心支持下，连续 4 年开办酒类食品安全检测技术方法培训班，为酒类行业培养了一批具有食品安全意识、技术水平高的检测人才队伍。在国家政府、酒类行业和企业的共同关注和努力下，我国酒类行业的质量安全整体现状得到了有效改善与提升。

2014 年，为落实《国家食品安全监管体系“十二五”规划》和《食品安全国家标准“十二五”规划》关于食品标准清理整合的工作任务。国家卫生计生委启动《食品安全国家标准整合工作方案（2014 年—2015 年）》，该项目工作目标：到 2015 年年底，完成食用农产品质量安全标准、食品卫生标准、食品质量标准以及行业标准中强制执行内容的整合工作，基本解决现行标准交叉、重复、矛盾的问题，形成标准框架、原则与国际食品法典标准基本一致，主要食品安全指标和控制要求符合国际通行做法和我国国情的食品安全国家标准体系。其中检验方法标准整合任务为:按照各类检验方法标准目录,构建与食品安全标准限量指标要求相配套的检验方法标准体系。如理化检验方法,以食品安全指标为依据,注重不同检验方法的使用情况和普及程度,整合现行国家标准、行业标准中的理化检验方法标准,与食品安全标准的限量要求相配套。

为了促进酒类食品安全国家标准有效实施,推动酒类食品安全检测技术水平全面提升,国家食品安全风险评估中心、中国食品发酵工业研究院、中国检验检疫科学研究院、浙江省疾病预防控制中心、广东省疾病预防控制中心、深圳市疾病预防控制中心、北京市工业技师学院、宜宾五粮液股份有限公司和山西杏花村汾酒股份有限公司等单位的知名学者、检测专家、企业一线检测骨干共同编写了《酒类食品安全检测方法标准操作程序》,本书按照酒类食品安全指标类别,分为重金属的测定、有机污染物的测定、生物毒素的测定、农药残留的测定、食品添加剂的测定、微生物的测定6个主题部分。

酒中重金属指标涉及铅、镉、汞、砷、铜等数十种;其中关键指标为铅。对于酒类食品来说,铅污染的来源包括酒体可能接触到的含铅涂层、设备、包材等,例如管道系统和铅焊设备;含铅染料上色的彩色塑料袋和包装纸;带铅衬的酒瓶盖;以及用于包装或贮藏酒液的铅釉陶器、铅玻璃或含铅金属容器等。酒类生产企业应加强对食品链重点环节的检测和控制,对陶瓷容器具、包装材料外层涂料等关键环节铅污染状况进行排查和监测,或者采用无铅材料,防止铅污染;同时还应加强对各国法规政策中关于食品中铅污染物限量要求的动态跟踪和研究,及时采取措施调整和提高产品质量与安全水平,消除潜在的法律风险。

酒中的有机污染物包括甲醇、氰化物、氨基甲酸乙酯、塑化剂、尿素等指标,其中甲醇、氰化物、氨基甲酸乙酯、尿素等,都属于酒类酿造过程生成的加工过程产生的污染物。甲醇的主要来源是酿造原辅材料中含有的果胶质中甲氧基的分解而产生,尤以谷糠、薯类和水果为原料酿造的酒,甲醇含量更高;曾发生不法分子使用工业酒精(甲醇为主)勾兑的假冒酒类产品,造成了严重的食品安全事件,因此各国对酒类食品设置了甲醇食品安全限量值。邻苯二甲酸酯类塑化剂等则属于生产过程中外源污染物，如白酒中塑化剂主要来自白酒转运过程中的塑料软管和管道衔接处的塑料垫圈。企业应加强对酒类食品中可能接触材料邻苯二甲酸酯类的有效监测，避免造成酒类食品污染。

酒类相关的真菌毒素指标包括黄曲霉毒素、脱氧雪腐镰刀菌烯醇、赭曲霉毒素A、赤霉烯酮、展青霉素、杂色曲霉素等。真菌毒素广泛存在于以粮谷为原料的食品和饲料中，对人畜危害较大。目前已确定了由350种真菌产生的300种以上的真菌毒素。各国专门针对饮料酒终产品中真菌毒素提出限量指标要求的情况还不多，主要集中在赭曲霉毒素A（Ochratoxin A，OTA）和展青霉素（Patulin）两种。而针对酿酒原料，各国普遍重视对谷物中黄曲霉毒素 B_1（Aflatoxins B_1）、乳类中黄曲霉毒素 M_1（Aflatoxins M_1）、果汁中展青霉素（Patulin）、谷物和玉米中的脱氧雪腐镰刀菌烯醇（Deoxynivalenol）、玉米中的玉米赤霉烯酮（Zearalenone）等的监管，普遍设置了相应的限量要求。世界主要国家的真菌毒素限量标准要求正在逐步完善和具体化，并呈现出限量指标趋于一致的趋势；同时，出于全食物链控制的考虑，各国对真菌毒素的限量标准制修订已经扩展到酒糟饲料领域。酒类企业应积极健全真菌毒素污染监测手段和应对措施，确保酒类原料、产品及副产品的质量安全。

农药残留指标是酒类食品的原料安全监测的重要指标之一。农药是现代农业生产不可或缺的投入品之一，在控制植物病虫害、保障食品产量方面发挥巨大作用。但是，超量或者不合理使用农药，也给食品安全和环境卫生带来潜在威胁。作物上残留农药造成的污染可以通过生物富集或食物链在人体内积累，从而给人类健康带来危害。国内外主要酿酒原料包括葡萄、大麦、高粱、大米、小麦、玉米、甘蔗等。这些原料在生长过程中，被过多施用农药，农药经吸收后，会残留在植物体或果实中。在酿造过程，农药残留组分进入酒中，可能存在食品安全风险隐患，建议相关企业加强农药使用管理，降低高毒农药的使用量，加强对酿酒原料的进厂检验和储存管理，保障最终产品质量安全。

酒类生产中会用到不同种类的食品添加剂和加工助剂，如配制酒中添加着色剂、甜味剂以改善品质和感官，葡萄酒及果酒中添加二氧化硫用于保持酒体稳定。而对于白兰地、威士忌、朗姆酒和传统白酒等传统烈性酒，基本上不允许添加食品添加剂（除焦糖色外）。当前，食品添加剂问题较为敏感，特别是对违规添加和滥用食品添加剂/添加物的行为，极易引起公众和舆论高度关注。相关企业应严格生产操作规范，同时加强对生产过程和出厂产品中的食品添加剂/添加物的有效监控，保护消费者信心。

酒类的微生物指标主要涉及沙门氏菌和金黄色葡萄球菌。沙门氏菌和金黄色葡萄球菌是常见的食源性致病菌。在世界各国的细菌性食物中毒中，沙门氏菌引起的食物中毒常列榜首，美国每年有报告的沙门氏菌感染病例达到40000例，我国内陆地区也以沙门氏菌为首位。而金黄色葡萄球菌肠毒素至今仍是世界性卫生难题，在美国，由金黄色葡萄球菌肠毒素引起的食物中毒占整个细菌性食物中毒的33%；加拿大则更多，占到45%；我国金黄色葡萄球菌引起的食物中毒事件也时有发生。对于低酒精度的发酵酒如啤酒，由于在酿造过程中的环境条件，如营养丰富的麦芽汁、发酵过程中酵母产生的生长因子以及较长的发酵时间，都非常适合微生物的生长，从而存在杂菌污染的可能性。因此，微生物指标也是饮料酒生产中需要重点控制的食品安全指标之一。企业应从生产用水、料液输送、发酵罐清洗、酵母杂菌污染等角度入手，对微生物指标进行监测与控制，从而保障最终产品的质量安全。

在上述六大类酒类食品安全指标中，针对每一项指标，本书分别从化学性质及风险来源、检测方法标准操作程序、操作注意事项、国内外限量及检测方法概况等角度进行了分析和讨论，帮助读者更好地理解和掌握相关指标检测方法的背景和操作要点。本书所采纳的检测方法以最新修订的食品安全国家标准为主，同时也增加了适合酒类行业在生产过程质量控制的分析方法，如酒中氨基甲酸乙酯测定标准操作程序，第一节采纳GB 5009.233—2014《食品安全国家标准 食品中氨基甲酸乙酯的测定》，该标准采用样品加入同位素内标，固相萃取后气相色谱-质谱法测定，灵敏度高，准确度高，第二节为高效液相色谱荧光法测定酒中氨基甲酸乙酯，该方法操作简单、测定成本低，适合企业开展生产过程质量控制。本书力求做到测定方法全面权威、资料详实可靠、写作体例统一规范、编排系统易查。

希望该书的出版，能对酒类行业开展食品质量安全指标检验检测、提高行业食品质量安全风险的监控能力提供重要参考。由于编者水平有限，再加上时间仓促，本书遗漏和不足之处在所难免，恳请同行和广大读者批评指正。

吴永宁

2015 年 11 月

目录

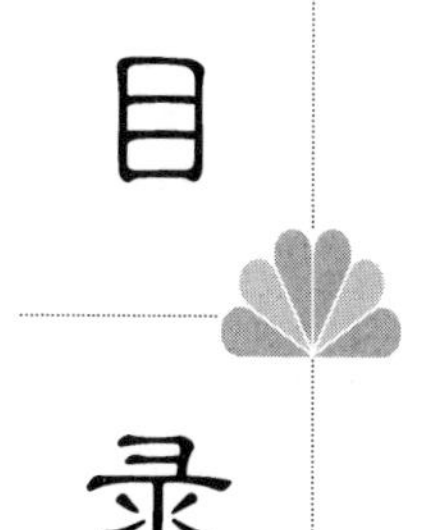

第一部分　重金属的测定

第二部分　有机污染物的测定

第三部分　真菌毒素的测定

第四部分　农药残留的测定

第五部分　食品添加剂的测定

第六部分　微生物的测定

第一部分

重金属的测定

第一章

酒中重金属的测定标准操作程序

第一节 石墨炉原子吸收光谱法

一、概述

铅：带蓝色的银白色重金属，质地柔软，抗张强度小，具体参数见表 1-1。

表 1-1 铅的部分物理参数

中文名	铅	外文名	lead
元素符号	Pb	CAS 号	7439-92-1
原子序数	82	相对原子质量	207.2
熔点	327.5℃	沸点	1740℃
密度	$11.3437g/cm^3$	比热容	0.13kJ/(kg·K)
硬度	1.5		

铅及其化合物对人体有毒，是一种累积性毒物，人类通过食物链摄取铅，也能从被污染的空气中摄取铅，摄取后主要贮存在骨骼内，部分取代磷酸钙中的钙，不易排出。中毒较深时引起神经系统损害，严重时会引起铅毒性脑病。酒的种类繁多，加工程序繁杂，酒类的原料及加工过程可能造成产品铅的污染，所以酒中铅含量的检测一直为国内外学者的关注。

二、测定标准操作程序

酒中铅(GFAAS 方法)标准操作程序如下：

1　范围

本程序规定了酒类食品中铅含量的测定方法。

本程序适用于酒类食品中铅含量的测定。

2　原理

样品经过酸消解或稀释后，采用石墨炉原子吸收光谱法，在 283.3nm 处测定的吸收值在一定浓度范围内与铅含量成正比，采用标准曲线法或标准加入法定量，得出试样中铅的含量。

3　试剂和材料

注：除非另有规定，本方法所用试剂均为优级纯，水为 GB/T 6682 规定的二级水。所用试剂用时现配。

3.1　试剂

3.1.1　硝酸(HNO_3)。

3.1.2　磷酸二氢铵($NH_4H_2PO_4$)。

3.1.3　硝酸钯[$Pd(NO_3)_2$]。

3.2　试剂配制

3.2.1　硝酸溶液(5+95)：量取 50mL 硝酸慢慢倒入 950mL 水中，混匀。

3.2.2　硝酸溶液(1+1)：量取 250mL 硝酸慢慢倒入 250mL 水中，混匀。

3.2.3　磷酸二氢铵－硝酸钯混合溶液：称取 0.020g 硝酸钯，加少量硝酸溶液(1+1)溶解后，再加入 2.0g 磷酸二氢铵一并溶解，最后用硝酸溶液(3.2.1)定容至 100mL，混匀。

3.3　标准品

3.3.1　硝酸铅[$Pb(NO_3)_2$]：纯度＞99.99%，基准试剂或光谱纯。或一定浓度有证铅标准溶液。

3.4　标准溶液配制

3.4.1　铅标准储备液(1000mg/L)：准确称取 1.5985g 硝酸铅(99.99%)，用少量硝酸溶液(1+1)溶解，移入 1000mL 容量瓶，加水至刻度，混匀。此溶液每毫升含 1.0mg铅。

3.4.2　铅标准中间液(100μg/L)：吸取铅标准储备液(3.4.1)1.00mL 于 100mL 容量瓶中，加硝酸(5+95)至刻度，混匀。重复此操作，得到铅标准中间液。此溶液每升含 100μg 铅。

4　仪器设备

注：所有玻璃器皿及聚四氟乙烯消解内罐均需硝酸溶液(1+5)浸泡过夜，用自来水反复冲洗，最后用水冲洗干净。

4.1　原子吸收光谱仪，配石墨炉原子化器，附铅空心阴极灯。

4.2　微波消解系统，配有聚四氟乙烯消解内罐。

4.3　可调式电热炉。

4.4　可调式电热板。

4.5　压力消解罐，配有聚四氟乙烯消解内罐。

4.6　恒温干燥箱。

4.7　天平，感量0.1mg和1mg。

5　操作步骤

5.1　酸消解-标准曲线法测定

5.1.1　样品前处理

5.1.1.1　湿法消解

准确移取液体试样1～5g于微波消解罐中（啤酒超声5min脱气后称量），低温加热挥除乙醇，加入10mL硝酸、0.5mL高氯酸，在可调式电热炉上消解[参考条件：120℃/(0.5～1)h、升至180℃/(2～4)h、升至200～220℃]。若消化液呈棕褐色，再加少量硝酸，消解至冒白烟，消化液呈无色透明或略带黄色，取出消化管，冷却后用水定容至10mL，混匀备用。同时做试剂空白试验。亦可采用锥形瓶，于可调式电热板上，按上述操作方法进行湿法消解。

5.1.1.2　微波消解

准确移取液体试样1～3g于微波消解罐中（啤酒超声5min脱气后称量），低温加热挥除乙醇，加入5mL硝酸，按照微波消解的操作步骤消解试样。冷却后取出消解罐，在电热板上于140～160℃赶酸至1.0mL左右。消解罐放冷后，将消化液转移至10mL容量瓶中，用少量水洗涤消解罐2～3次，合并洗涤液于容量瓶中并用水定容至刻度，混匀备用。同时做试剂空白试验。

5.1.1.3　压力罐消解

准确移取液体试样2～5g于消解内罐中（啤酒超声5min脱气后称量），低温加热挥除乙醇，加入5mL硝酸。盖好内盖，旋紧不锈钢外套，放入恒温干燥箱，于140～160℃下保持4～5h。冷却后缓慢旋松外罐，取出消解内罐，放在可调式电热板上于140～160℃赶酸至1.0mL左右。冷却后将消化液转移至10mL容量瓶中，用少量水洗涤内罐和内盖2～3次，合并洗涤液于容量瓶中并用水定容至刻度，混匀备用。同时做试剂空白试验。

5.1.2　仪器测试条件

根据各自仪器性能调至最佳状态。参考条件为：波长283.3nm，狭缝0.5nm，灯电流8～12mA。升温程序参考表1-2。

表1-2　石墨炉原子吸收法参考升温程序

元素	波长 nm	狭缝 nm	灯电流 mA	干燥 ℃/s	灰化 ℃/s	原子化 ℃/s
铅	283.3	0.5	8～12	85～120/40～60	750/15～20	2300/4～5

5.1.3　标准曲线法测定样品

分别吸取铅标准中间液 0mL，0.50mL，1.00mL，2.00mL，3.00mL，4.00mL于10mL 容量瓶中，加硝酸溶液(5＋95)至刻度，混匀。此系列铅溶液的质量浓度分别为0μg/L，5.00μg/L，10.0μg/L，20.0μg/L，30.0μg/L，40.0μg/L。

按浓度由低到高的顺序分别取 10μL 标准系列溶液、5μL 硝酸钯-磷酸二氢铵混合溶液(可根据使用仪器选择最佳进样量)，注入石墨管，原子化后测其吸光度值，以浓度为横坐标，吸光度值为纵坐标，制作标准曲线。

在与测定标准溶液相同的实验条件下，分别取 10μL 样品溶液，5μL 硝酸钯-磷酸二氢铵混合溶液(可根据使用仪器选择最佳进样量)，注入石墨管，原子化后测其吸光度值，与标准系列比较定量同时测定空白溶液。

5.2　直接稀释-标准加入法测定

5.2.1　样品制备

称取液体试样 5～20g(精确至 0.001g)于 50mL 容量瓶中，用硝酸溶液(5＋95)定容至刻度，混匀备用。

5.2.2　仪器测试条件

根据各自仪器性能调至最佳状态。参考条件为：波长 283.3nm，狭缝 0.5nm，灯电流 8～12mA。升温程序参考表 1-2。

5.2.3　标准加入法测定样品

分别移取试样制备液 5.00mL 于 10mL 容量瓶中，加入铅标准中间液(3.4.2)0mL，0.50mL，1.00mL，1.50mL，2.00mL，3.00mL 用硝酸溶液(5＋95)定容至刻度，混匀备用。分别取上述溶液 10μL，硝酸钯-磷酸二氢铵混合溶液5μL(可根据使用仪器选择最佳进样量)，注入石墨管，原子化后测其吸光度值。以标准系列浓度为横坐标，以对应的吸光度为纵坐标作图，找出工作曲线延长线在横轴上的截距，再换算出样品中铅的含量。同时做试剂空白试验。

6　分析结果的表述

见式(1-1)。

$$X=\frac{(c-c_0)\times V}{m\times 1000} \quad \cdots\cdots (1\text{-}1)$$

式中：

X——试样中铅的含量，单位为毫克每千克(mg/kg)；

c——测定样液中铅的含量，单位为微克每升(μg/L)；

c_0——空白液中铅的含量，单位为微克每升(μg/L)；

V——试样液的定容总体积，单位为毫升(mL)；

m——试样质量，单位为克(g)。

当铅含量≥1mg/kg 时，计算结果保留三位有效数字，当铅含量＜1mg/kg 时，计算结果保留两位有效数字。

7　检出限与精密度

以称样量5.00g，定容至50mL计算，方法检出限(LOD)为0.02mg/kg，定量限(LOQ)为0.04mg/kg。

在重复性条件下获得的两次独立测定结果的绝对差值不得超过算术平均值的20%。

三、注意事项

1. 本标准操作程序是在GB 5009.12—2010《食品安全国家标准　食品中铅的测定》的基础上进行了调整。

2. 建议试剂配制和样品定容均采用塑料器皿。

3. 若采用玻璃器皿，浸泡玻璃器皿的硝酸溶液不能长期反复使用。废弃的硝酸溶液先收集于陶瓷罐或塑料桶中，然后以过量的碳酸钠或氢氧化钙水溶液中和，或用废碱中和，中和后用大量水冲稀排放。

3. 样品检测前应先做好标准曲线，若曲线参数达不到要求，则不应开展样品检测。所使用的标准曲线吸光度值与待测元素浓度的相关系数应≥0.995。样品浓度必须在标准曲线的浓度范围内，不得将标准曲线任意外延。采用石墨炉原子吸收光谱法测定时，建议每测定10～20个样品用待测元素标准溶液或标准物质检查仪器的稳定性。

4. 严格控制试剂空白，空白值应比较低。新购买的硝酸等试剂，要做验收实验，空白值应不得对检测结果产生明显影响，否则扣除空白时会引起较大的误差。

5. 石墨炉原子吸收法测定酒中铅时，必须加入基体改进剂，以增加测定的灵敏度和精密度。对于基体复杂的样品，可适当加大基体改进剂的用量。

6. 在上机测定的升温程序中，干燥升温速度过快或恒温时间过短时容易爆沸，因此可将干燥分成两步进行，并把斜坡升温和干燥时间适当延长，从而防止样液爆沸和溅出，避免样品损失。通过做灰化温度曲线和原子化温度曲线，可找出最佳灰化温度和原子化温度。

四、国内外酒中铅限量及检测方法

酒类中铅限量见表1-3。

表1-3　酒类中铅限量

国家/地区/组织	产品	限量 mg/L
中国	酒类(蒸馏酒、黄酒除外)	0.20
	蒸馏酒、黄酒	0.50
欧盟	酒(包括发泡酒，利口酒除外)，苹果酒、梨酒和水果酒	0.20
	醇香酒、醇香酒类饮料，鸡尾酒	0.20
国际食品法典委员会	葡萄酒	0.20

目前,针对酒中铅的检测方法标准主要采用原子吸收法,国内外酒中铅的检验方法标准比较见表1-4。

表1-4 国内外酒中铅的检验方法标准比较

标准号	标准名称	前处理	测定方法
GB 5009.12—2010	食品中铅的测定	压力罐消解、干法灰化、过硫酸铵灰化、湿式消解	石墨炉原子吸收光谱法、氢化物原子荧光光谱法、火焰原子吸收光谱法、二硫腙比色法、单扫描极谱法
SN/T 0447—1995	出口饮料中铅、铜、镉的测定	湿式消解	石墨炉原子吸收光谱法

第二节 氢化物原子荧光光谱法

一、测定标准操作程序

酒中铅的测定(氢化物原子荧光光谱法)标准操作程序如下:

1 范围

本程序规定了啤酒、果酒、黄酒、白酒等酒类食品中铅的氢化物原子荧光光谱法测定。本程序适用于啤酒、果酒、黄酒、白酒等酒类食品中铅的测定。

2 原理

酒类试样经酸热消化后,在酸性介质中,试样中的铅与硼氢化钾(KBH_4)反应生成挥发性铅的氢化物(PbH_4)。以氩气为载气,将氢化物导入原子化器,在特制铅空心阴极灯照射下,基态铅原子被激发至高能态,在去活化回到基态时,发射出特征波长的荧光,其荧光强度与铅含量成正比,根据标准系列进行定量。

3 试剂和材料

注:除非另有规定,本方法所用试剂均为优级纯,水为GB/T 6682规定的二级水。

所用试剂用时现配。

3.1 试剂

3.1.1 硝酸(HNO_3)。

3.1.2 高氯酸($HClO_4$)。

3.1.3 草酸($H_2C_2O_4$)。

3.1.4 铁氰化钾[$K_3Fe(CN)_6$]。

3.1.5　氢氧化钠(NaOH)。

3.1.6　硼氢化钾(KBH_4)。

3.1.7　盐酸(HCL)。

3.2　试剂配制

3.2.1　硝酸溶液(5+95):量取50mL硝酸慢慢倒入950mL水中,混匀。

3.2.2　硝酸溶液(1+1):量取250mL硝酸慢慢倒入250mL水中,混匀。

3.2.3　草酸(4g/L)+铁氰化钾(20g/L)+盐酸(1.5%体积分数)溶液:称取4.0g草酸,20.0g铁氰化钾,用少量纯水混溶,加入15mL盐酸,用纯水稀释至1L,混匀。

3.2.4　硼氢化钾(3%)+氢氧化钠(0.5%)溶液:称取2.5g氢氧化钠用纯水溶解后,加入15.0g硼氢化钾,用纯水稀释至500mL,混匀。

3.3　标准品

金属铅:纯度>99.99%。或铅标准溶液(1000μg/mL)。

3.4　标准溶液配制

3.4.1　铅标准储备液(1000mg/L):准确称取1.000g金属铅(99.99%),分次加少量硝酸(3.2.2),加热溶解后,移入1000mL容量瓶,加水至刻度,混匀,此溶液每毫升含1.0mg铅。

3.4.2　铅标准使用液:每次吸取铅标准储备液1.0mL于100mL容量瓶中,加硝酸(3.2.1)至刻度。如此经多次稀释成每毫升分别含0,5.00,10.0,20.0,30.0,40.0ng铅的标准使用液。

4　仪器和设备

所有玻璃器皿均需硝酸(1+5)浸泡过夜,用水反复冲洗,最后用二级纯水冲洗干净。

4.1　原子荧光光谱仪,配铅空心阴极灯。

4.2　可调式电热板。

4.3　三角烧瓶。

4.4　天平:感量为1mg和0.01g。

5　分析步骤

5.1　试样制备

称取10g(准确到0.01g)试样(啤酒超声5min脱气后称量),在可调式电热板低温加热挥干样品中的酒精,然后加入10mL硝酸、0.5mL高氯酸,在可调式电热炉上消解。若消化液呈棕褐色,再加硝酸,消解至冒白烟,消化液呈无色透明或略带黄色,取出消化管,冷却后用水定容至10mL,混匀备用。同时做试剂空白试验。

5.2　测定

5.2.1　仪器测试条件

根据各自仪器性能调至最佳状态。参考条件为:屏蔽气:0.8L/min,灯电流80mA,观测高度:8mm。

5.2.2　标准曲线的制作

以草酸(4g/L)＋铁氰化钾(20g/L)＋盐酸(1.5%体积分数)溶液为载流，硼氢化钾(3%)＋氢氧化钠(0.5%)溶液为还原剂，将标准系列工作液按浓度由低到高依次上机测定，以浓度为横坐标，荧光强度为纵坐标，绘制标准曲线。

5.2.3　试样测定

在与测定标准溶液相同的实验条件下，依次测定空白溶液和样品溶液，与标准系列比较定量。

5.3　分析结果的表述

试样中铅含量按式(1-2)计算：

$$X=\frac{(c-c_0)\times V}{m\times 1000} \quad \cdots\cdots (1\text{-}2)$$

式中：

X——样品中铅含量，单位为毫克每千克(mg/kg)；

c——测定液中铅的含量，单位为纳克每毫升(ng/mL)；

c_0——空白液中铅的含量，单位为纳克每毫升(ng/mL)；

V——样品的定容体积，单位为毫升(mL)；

m——样品质量，单位为克(g)。

结果保留三位有效数字。

5.4　灵敏度和精密度

当试样取10.00g时，本方法铅检出限为0.002mg/kg，定量限为0.006mg/kg。

在重复性条件下获得的两次独立测定结果的相对偏差，不得超过算术平均值的15%。

第三节　电感耦合等离子体质谱法

一、概述

元素是构成人体的基本物质之一，在生命活动中扮演重要的角色，并且与人类健康有密切关系，常以辅酶因子等形式参与机体各种新陈代谢，并在机体组织构建、酶系反应、体内电解质平衡及细胞生物学功能修复中扮演着重要角色。但元素对人体健康的影响具有双面性，摄入过多或过低都会导致各种危害。

酒在制造过程中需要用到水、谷物、水果等原料，这些原料中都含有一定数量的无机元素，并且在生产过程中也可能会引入一些无机元素。原料中矿物元素的含量与其生长环境(如水、土壤或气候)密切相关，不同地域土壤中矿物元素的含量及组成有其典型特征，从而使不同地域来源的植物体中元素含量存在差异，导致了酒体中元素含量特征带有产地信息，此即利用矿物元素指纹分析技术进行食品产地溯源研究的主要理论依据。

如葡萄酒中含有丰富的矿质元素，其中包括 K、Ca、Na、Mg 等常见元素，也包括 Fe、Cu、Zn、Mn 等微量元素以及 Pb、Sr、Cr 等痕量重金属元素。这些矿物质元素主要依靠葡萄从种植地土壤吸收，因而不同产地土壤矿质元素种类和含量比例的差异具有地理地质特异性，导致葡萄酒的矿质元素组成也具有明显的地理差异，通过统计分析可对葡萄酒的产地进行溯源，因此有必要对酒及水中的无机元素含量进行监测。电感耦合等离子体质谱仪和光谱仪都具有线性范围宽，多元素同时检测的能力，非常适合分析酒和水中的多种无机元素的测定。

二、测定标准操作程序

酒和水中多元素测定(ICP-MS 方法)标准操作程序如下：

1 范围

本程序规定了啤酒、果酒、黄酒、白酒等酒类食品和水中多元素含量的测定方法。

本程序适用于啤酒、果酒、黄酒、白酒等酒类食品和水中锂(Li)、铍(Be)、硼(B)、钠(Na)、镁(Mg)、铝(Al)、钾(K)、钙(Ca)、钛(Ti)、钒(V)、铬(Cr)、锰(Mn)、铁(Fe)、钴(Co)、镍(Ni)、铜(Cu)、锌(Zn)、砷(As)、硒(Se)、锶(Sr)、钼(Mo)、镉(Cd)、锡(Sn)、锑(Sb)、钡(Ba)、汞(Hg)、铊(Tl)和铅(Pb)的测定。

2 原理

试样经消解或酸化处理后由电感耦合等离子体质谱仪测定，以元素特定质量数(质荷比，m/z)定性；采用外标法，以待测元素与内标元素质谱信号的强度比与试样溶液中待测元素的浓度成正比进行定量分析。

3 试剂和材料

注：除非另有说明，本方法所用试剂均为优级纯，水为 GB/T 6682 规定的一级水。

3.1 试剂

3.1.1 硝酸(HNO_3)：高纯试剂或优级纯试剂。

3.1.2 氩气(Ar)：氩气(≥99.995%)或液氩。

3.1.3 氦气(He)：氦气(≥99.995%)。

3.1.4 金(Au)：金单元素标准溶液(1000mg/L)。

3.2 试剂配制

3.2.1 硝酸溶液(2+98)：取 20mL 硝酸，缓慢加入 980mL 水中，混匀。

3.2.2 汞标准稳定剂：取 2mL 单元素金(Au，1000mg/L)标准溶液，用硝酸溶液(2+98)稀释至 1000mL，用于汞标准溶液的配制。

3.3 标准品

3.3.1 元素贮备液(1000mg/L 或 100mg/L)：锂、铍、硼、钠、镁、铝、钾、钙、钛、钒、

铬、锰、铁、钴、镍、铜、锌、砷、硒、锶、钼、镉、锡、锑、钡、汞、铊、铅等采用有证标准物质单元素或多元素标准贮备液。

3.3.2 内标元素贮备液(1000mg/L):钪、锗、铟、铑、铼、铋等采用有证标准物质单元素或多元素内标标准贮备液。

3.4 标准溶液配制

3.4.1 混合标准工作溶液:吸取适量单元素标准贮备液或多元素混合标准贮备液,用硝酸溶液(2+98)逐级稀释配成混合标准工作溶液系列,各元素质量浓度参考表1-6。

3.4.2 汞标准工作溶液:取适量汞贮备液,用汞标准稳定剂逐级稀释配成标准工作溶液系列,浓度范围参考表1-6。

3.4.3 内标使用液:取适量内标单元素贮备液或内标多元素标准贮备液,用硝酸溶液(2+98)配制合适浓度的内标使用液,内标使用液浓度参考9.2。

注:内标溶液既可在配制混合标准工作溶液和样品消化液中手动定量加入,亦可由仪器在线加入。

4 仪器和设备

4.1 电感耦合等离子体质谱仪(ICP-MS)。

4.2 微波消解仪,配有聚四氟乙烯消解内罐。

4.3 压力消解罐,配有聚四氟乙烯消解内罐。

4.4 恒温干燥箱(烘箱)。

4.5 控温电热板。

4.6 超声水浴箱。

5 分析步骤

5.1 试样制备

5.1.1 样品预处理

5.1.1.1 水样经酸化后(pH ≤ 2),直接上机测试。

5.1.1.2 蒸馏酒80～100℃加热除去乙醇后,用硝酸(2+98)稀释适当倍数上机测试。

5.1.1.3 配制酒、酿造酒需充分混匀后,采用样品消解方法处理。

5.1.2 试样消解

5.1.2.1 微波消解法

准确移取液体样品2～5mL于微波消解内罐中,先在电热板上80～100℃加热除去乙醇,加入5～10mL硝酸,加盖放置1h或过夜,旋紧罐盖,按照微波消解仪标准操作步骤进行消解(消解参考条件参考附录表B.1)。冷却后取出,缓慢打开罐盖排气,用少量水冲洗内盖,将消解罐放在控温电热板上或超声水浴箱中,于100℃加热30min或超声脱气2～5min,用水定容至25mL,混匀备用,同时做空白试验。

5.1.2.2　压力罐消解法

准确移取液体样品 2～5mL 于消解内罐中，先在电热板上 80～100℃左右加热除去乙醇，加入 5mL 硝酸，放置 1h 或过夜，旋紧不锈钢外套，放入恒温干燥箱消解（消解参考条件参考表 1-7），于 150～170℃消解 4h，冷却后，缓慢旋松不锈钢外套，将消解内罐取出，在控温电热板上或超声水浴箱中，于 100℃加热 30min 或超声脱气 2～5min，用水定容至 25mL，混匀备用，同时做空白试验。

5.2　仪器参考条件

5.2.1　优化仪器操作条件，使灵敏度、氧化物和双电荷化合物达到测定要求，仪器操作条件参见表 1-8；元素分析模式参见表 1-9。

5.2.2　测定参考条件：在调谐仪器达到测定要求后，编辑测定方法，根据待测元素的性质选择相应的内标元素，待测元素和内标元素的质荷比参见表 1-10。

5.3　标准曲线的制作

将混合标准标准溶液注入电感耦合等离子体质谱仪中，测定待测元素和内标元素的信号响应值，以待测元素的浓度为横坐标，待测元素与所选内标元素响应信号值的比值为纵坐标，绘制标准曲线。

5.4　试样溶液的测定

将空白和试样溶液分别注入电感耦合等离子质谱仪中，测定待测元素和内标元素的信号响应值，根据标准曲线得到消解液中待测元素的浓度。

6　分析结果的表述

6.1　试样中低浓度待测元素（试样溶液的质量浓度单位为 μg/L）的含量按照式（1-3）计算：

$$X=\frac{(\rho-\rho_0)\times V_1\times f}{V\times 1000} \quad\cdots\cdots\cdots\cdots (1\text{-}3)$$

式中：

X ——试样中待测元素含量，单位为毫克每升（mg/L）；

ρ——试样溶液中待测元素质量浓度，单位为微克每升（μg/L）；

ρ_0——试样空白溶液中待测元素质量浓度，单位为微克每升（μg/L）；

V_1——定容体积，单位为毫升（mL）；

f——试样稀释倍数；

V——试样体积，单位为毫升（mL）；

6.2　试样中高浓度待测元素（试样溶液的质量浓度单位为 mg/L）含量按照式（1-4）计算：

$$X=\frac{(\rho-\rho_0)\times V_1\times f}{V} \quad\cdots\cdots\cdots\cdots (1\text{-}4)$$

式中：

X——试样中待测元素含量，单位为毫克每升（mg/L）；

ρ——试样溶液中待测元素质量浓度，单位为毫克每升(mg/L)；

ρ_0——试样空白溶液中待测元素质量浓度，单位为毫克每升(mg/L)；

V_1——定容体积，单位为毫升(mL)；

f——试样稀释倍数；

V——试样的体积，单位为毫升(mL)；

计算结果保留三位有效数字。

7　精密度

样品中各元素含量大于 1mg/L 时，在重复性条件下获得的两次独立测定结果的绝对差值不得超过算术平均值的 10%；小于或等于 1mg/L 且大于 0.1mg/L 时，在重复性条件下获得的两次独立测定结果的绝对差值不得超过算术平均值的 15%；小于或等于 0.1mg/L 时，在重复性条件下获得的两次独立测定结果的绝对差值不得超过算术平均值的 20%。

8　其他

水以直接进样，酒类样品以移取 2mL 定容至 25mL 计，各元素的检出限和定量限见表 1-5。

表 1-5　电感耦合等离子体质谱法(ICP－MS)检出限及定量限

序号	元素名称	元素	检出限(LOD)		定量限(LOQ)	
			水样 μg/L	酒 mg/L	水样 μg/L	酒 mg/L
1	锂	Li	0.05	0.005	0.2	0.02
2	铍	Be	0.05	0.005	0.2	0.02
3	硼	B	1	0.03	3	0.1
4	钠	Na	5	0.3	15	1
5	镁	Mg	0.5	0.3	2	1
6	铝	Al	2	0.2	6	0.5
7	钾	K	1	0.3	3	1
8	钙	Ca	5	0.3	15	1
9	钛	Ti	0.1	0.005	0.3	0.02
10	钒	V	0.01	0.0005	0.03	0.002
11	铬	Cr	0.05	0.02	0.2	0.05
12	锰	Mn	0.05	0.03	0.2	0.1
13	铁	Fe	1	0.3	3	1
14	钴	Co	0.01	0.0003	0.03	0.001

续表

序号	元素名称	元素	检出限(LOD)		定量限(LOQ)	
			水样 μg/L	酒 mg/L	水样 μg/L	酒 mg/L
15	镍	Ni	0.05	0.05	0.2	0.2
16	铜	Cu	0.05	0.02	0.2	0.05
17	锌	Zn	0.5	0.2	2	0.5
18	砷	As	0.05	0.0006	0.2	0.002
19	硒	Se	0.05	0.003	0.2	0.01
20	锶	Sr	0.05	0.05	0.2	0.2
21	钼	Mo	0.01	0.003	0.03	0.01
22	镉	Cd	0.05	0.0006	0.2	0.002
23	锡	Sn	0.05	0.003	0.2	0.01
24	锑	Sb	0.05	0.003	0.2	0.01
25	钡	Ba	0.1	0.05	0.3	0.02
26	汞	Hg	0.01	0.0003	0.03	0.001
27	铊	Tl	0.001	0.00003	0.02	0.0001
28	铅	Pb	0.05	0.005	0.2	0.02

注:表中酒类样品检出限考虑了样品消解样品前处理过程,如果采用稀释直接进样方法,其检出限可参考水样(需考虑稀释倍数)。

9　附表

9.1　ICP-MS方法中元素标准溶液系列质量浓度

见表1-6。

表1-6　ICP-MS方法中元素的标准溶液系列质量浓度

序号	元素	单位	标准系列质量浓度						
			N1	N2	N3	N4	N5	N6	N7
1	Li	μg/L	0	0.200	0.500	0.800	1.00	1.50	2.00
2	Be	μg/L	0	0.200	0.100	0.500	1.00	1.50	2.00
3	B	μg/L	0	3.00	100	200	300	400	500
4	Na	mg/L	0	0.02	0.500	2.50	5.00	7.50	10.0
5	Mg	mg/L	0	0.00200	0.500	2.50	5.00	7.50	10.0
6	Al	mg/L	0	0.01	0.0500	0.250	0.500	0.750	1.00

续表

序号	元素	单位	标准系列质量浓度						
			N1	N2	N3	N4	N5	N6	N7
7	K	mg/L	0	0.00500	0.500	2.50	5.00	7.50	10.0
8	Ca	mg/L	0	0.0200	0.500	2.50	5.00	7.50	10.0
9	Ti	μg/L	0	0.300	5.00	50.0	100	150	200
10	V	μg/L	0	0.0300	1.00	5.00	10.0	15.0	20.0
11	Cr	μg/L	0	0.200	10.0	25.0	50.0	75.0	100
12	Mn	μg/L	0	0.200	5.00	100	250	400	500
13	Fe	mg/L	0	0.005	0.0500	0.250	0.500	0.750	1.00
14	Co	μg/L	0	0.0300	1.00	5.00	10.0	15.0	20.0
15	Ni	μg/L	0	0.200	5.00	20.0	30.0	40.0	50.0
16	Cu	mg/L	0	0.001	0.0500	0.250	0.500	0.750	1.00
17	Zn	mg/L	0	0.005	0.0500	0.250	0.500	0.750	1.00
18	As	μg/L	0	0.200	10.0	20.0	30.0	40.0	50.0
19	Se	μg/L	0	0.200	10.0	20.0	30.0	40.0	50.0
20	Sr	mg/L	0	0.001	0.0500	0.250	0.500	0.750	1.00
21	Mo	μg/L	0	0.0300	1.00	25.0	50.0	75.0	100
22	Cd	μg/L	0	0.200	1.00	5.00	10.0	15.0	20.0
23	Sn	μg/L	0	0.200	0.100	0.500	100	1.50	2.00
24	Sb	μg/L	0	0.200	1.00	5.00	10.0	15.0	20.0
25	Ba	mg/L	0	0.001	0.0500	0.250	0.500	0.750	1.00
26	Hg	μg/L	0	0.0300	0.050	0.250	0.500	0.750	1.00
27	Tl	μg/L	0	0.0200	0.100	0.500	1.00	1.50	2.00
28	Pb	μg/L	0	0.200	1.00	5.00	10.0	15.0	20.0

注:表中第二点为方法定量限附近浓度,标准曲线的浓度范围可依据样品中待测元素的浓度水平进行调整。

9.2　ICP-MS方法中内标元素使用液参考浓度

由于不同仪器采用的蠕动泵管内径有所不同,采用在线内标加入技术时,需考虑内标元素与样液混合后的浓度,样液与内标混合后的内标元素参考浓度范围为25～100μg/L,低质量数元素可以适当提高内标使用液浓度。

9.3　消解仪操作参考条件（见表 1-7）

表 1-7　样品消解仪参考条件

消解方式	步骤	控制温度 ℃	升温时间 min	恒温时间
微波消解	1	120	5	5min
	2	150	5	10min
	3	190	5	20min
压力罐消解	1	80	/	2h
	2	120	/	2h
	3	150	/	4h

9.4　电感耦合等离子体质谱仪（ICP-MS）

9.4.1　仪器操作参考条件（见表 1-8）

表 1-8　电感耦合等离子体质谱仪操作参考条件

仪器参数	数值	仪器参数	数值
射频功率	1500W	雾化器	高盐/同心雾化器
等离子体气流量	15L/min	采样锥/截取锥	镍/铂锥
载气流量	0.80L/min	采样深度	8～10mm
辅助气流量	0.40L/min	采集模式	跳峰（Spectrum）
氦气流量	4～5mL/min	检测方式	自动
雾化室温度	2℃	每峰测定点数	1～3
样品分析速率	0.1r/s	重复次数	2～3

9.4.2　元素分析模式（见表 1-9）

表 1-9　电感耦合等离子体质谱仪操作参考条件

序号	元素名称	元素	分析模式	序号	元素名称	元素	分析模式
1	锂	Li	普通	5	镁	Mg	碰撞反应池
2	铍	Be	普通	6	铝	Al	普通/碰撞反应池
3	硼	B	普通/碰撞反应池	7	钾	K	普通/碰撞反应池
4	钠	Na	普通/碰撞反应池	8	钙	Ca	碰撞反应池

续表

序号	元素名称	元素	分析模式	序号	元素名称	元素	分析模式
9	钛	Ti	碰撞反应池	19	硒	Se	碰撞反应池
10	钒	V	碰撞反应池	20	锶	Sr	普通/碰撞反应池
11	铬	Cr	碰撞反应池	21	钼	Mo	碰撞反应池
12	锰	Mn	碰撞反应池	22	镉	Cd	碰撞反应池
13	铁	Fe	碰撞反应池	23	锡	Sn	碰撞反应池
14	钴	Co	碰撞反应池	24	锑	Sb	碰撞反应池
15	镍	Ni	碰撞反应池	25	钡	Ba	普通/碰撞反应池
16	铜	Cu	碰撞反应池	26	汞	Hg	普通/碰撞反应池
17	锌	Zn	碰撞反应池	27	铊	Tl	普通/碰撞反应池
18	砷	As	碰撞反应池	28	铅	Pb	普通/碰撞反应池

9.4.3 元素干扰校正方程(见表 1-10)

表 1-10 元素干扰校正方程

同位素	推荐的校正方程
51 V	$[^{51}V]=[51]+0.3524\times[52]-3.108\times[53]$
75 As	$[^{75}As]=[75]-3.1278\times[77]+1.0177\times[78]$
78 Se	$[^{78}Se]=[78]-0.1869\times[76]$
98Mo	$[^{98}Mo]=[98]-0.146\times[99]$
114 Cd	$[^{114}Cd]=[114]-1.6285\times[108]-0.0149\times[118]$
208 Pb	$[^{208}Pb]=[206]+[207]+[208]$

注 1：$[X]$为质量数 X 处的质谱信号强度——离子每秒计数值(CPS)。

注 2:对于同量异位素干扰能够通过仪器的碰撞/反应模式得以消除的情况下,除铅元素外,可不采用干扰校正方程。

注 3:低含量铬元素的测定需采用碰撞/反应模式。

9.4.4　待测元素和内标元素同位素(质荷比)的选择(见表 1-11)

表 1-11　待测元素推荐选择的同位素和内标元素

序号	元素	同位素	内标	序号	元素	同位素	内标
1	Li	7	$^{45}Sc/^{72}Ge$	15	Ni	60	$^{45}Sc/^{72}Ge/^{103}Rh$
2	Be	9	$^{45}Sc/^{72}Ge$	16	Cu	63/65	$^{45}Sc/^{72}Ge/^{103}Rh$
3	B	11	$^{45}Sc/^{72}Ge$	17	Zn	66	$^{45}Sc/^{72}Ge/^{103}Rh$
4	Na	23	$^{45}Sc/^{72}Ge$	18	As	75	$^{72}Ge/^{103}Rh/^{115}In$
5	Mg	24	$^{45}Sc/^{72}Ge$	19	Se	78	$^{72}Ge/^{103}Rh/^{115}In$
6	Al	27	$^{45}Sc/^{72}Ge$	20	Sr	88	$^{103}Rh/^{115}In$
7	K	39	$^{45}Sc/^{72}Ge$	21	Mo	95	$^{103}Rh/^{115}In$
8	Ca	43	$^{45}Sc/^{72}Ge$	22	Cd	111	$^{103}Rh/^{115}In$
9	Ti	48	$^{45}Sc/^{72}Ge$	23	Sn	118	$^{103}Rh/^{115}In$
10	V	51	$^{45}Sc/^{72}Ge$	24	Sb	123	$^{103}Rh/^{115}In$
11	Cr	52/53	$^{45}Sc/^{72}Ge$	25	Ba	137	$^{103}Rh/^{115}In$
12	Mn	55	$^{45}Sc/^{72}Ge$	26	Hg	200/202	$^{185}Re/^{209}Bi$
13	Fe	56/57	$^{45}Sc/^{72}Ge$	27	Tl	205	$^{185}Re/^{209}Bi$
14	Co	59	$^{45}Sc/^{72}Ge/^{103}Rh$	28	Pb	206/207/208	$^{185}Re/^{209}Bi$

三、注意事项

1. 酒和水中铅、镉、砷、镍、铬、铜、汞等元素的含量很低,属于痕量元素分析,在试验过程中尽量使用超纯试剂,避免使用玻璃器皿。实验前要做消化空白,计算检出限是否符合方法的要求。

2. 对于乙醇含量高的酒类,在进行消解前需要加热挥去乙醇,然后再进行消解,防止因反应剧烈造成危险。

3. 经过蒸馏纯化工艺的酒,其样品基质比较简单,可根据样品中乙醇的含量及所用ICP-MS 对有机物的耐受力,直接用硝酸溶液稀释,上机测试。

4. ICP-MS 需采用碰撞/反应、动能歧视(KED)等技术来消除多原子分子离子的干扰。优化仪器调节参数时,在灵敏度符合检测要求的同时,氧化物指标尽可能低,至少小于 1%,低氧化性可以减少基体干扰及样品锥上盐堆积现象,确保数据的稳定性及准确性。对没有合适消除干扰模式的仪器,需采用干扰校正方程对测定结果进行校正,铅、镉、砷、钼、硒、钒等元素干扰校正方程可参见表 1-10。

5. 实验中可依据样品溶液中元素质量浓度水平,适当调整标准系列中各元素质量浓度范围,尽量使待测元素的浓度水平落在曲线的中间位置。

6. 汞元素分析时,需加入金标准稳定剂来单独配制标准溶液系列,不能与其他元素混合配制，且曲线最高浓度尽可能低，一般为0.05μg/L～1μg/L，以减少汞在管壁上的吸附现象，而分析样品中汞元素时，样品消解液中不需加入稳定剂（汞元素在样品中是稳定的）。汞标准稳定剂亦可采用2g/L半胱氨酸盐酸盐-硝酸（5＋95）混合溶液，或其他等效稳定剂。

7. 大批量样品测定时，每个样品测试之间可采用1mg/L的金溶液或0.2％半胱氨酸硝酸溶液、5％硝酸溶液依次清洗管路，以减少记忆效应。

第四节　电感耦合等离子体原子发射光谱法

一、标准操作程序

酒和水中微量元素测定（ICP-OES方法）标准操作程序如下：

1　范围

本程序规定了啤酒、果酒、黄酒、白酒等酒类食品和水中多元素的测定方法。

本程序适用于啤酒、果酒、黄酒、白酒等酒类食品和水中铝（Al）、硼（B）、钡（Ba）、钙（Ca）、铜（Cu）、铁（Fe）、钾（K）、镁（Mg）、锰（Mn）、钠（Na）、镍（Ni）、磷（P）、锶（Sr）、钛（Ti）、钒（V）、锌（Zn）和硅（Si）的测定。

2　原理

试样经消解或酸化处理后，由电感耦合等离子体发射光谱仪测定，以元素特征谱线波长定性；待测元素谱线信号强度与元素浓度成正比进行定量分析。

3　试剂和材料

注：除非另有说明，本方法所用试剂均为优级纯，水为GB/T 6682规定的一级水。

3.1　试剂

3.1.1　硝酸（HNO_3）：高纯试剂或优级纯试剂。

3.1.2　氩气（Ar）：氩气（≥99.995％）或液氩。

3.2　试剂配制

3.2.1　硝酸溶液（2＋98）：取20mL硝酸，缓慢加入980mL水中，混匀。

3.3　标准品

3.3.1　元素贮备液（1000mg/L或10000mg/L）：铝、硼、钡、钙、铜、铁、钾、镁、锰、钠、镍、磷、锶、钛、钒、锌、硅等采用有证标准物质单元素或多元素标准贮备液。

3.3.2　标准溶液配制：精确吸取适量单元素标准贮备液或多元素混合标准贮备液，用硝酸溶液（2＋98）逐级稀释配成混合标准溶液系列，各元素质量浓度参考附录表A.3。

4　仪器和设备

4.1　电感耦合等离子体发射光谱仪。

4.2　微波消解仪，配有聚四氟乙烯消解内罐。

4.3　压力消解罐，配有聚四氟乙烯消解内罐。

4.4　恒温干燥箱。

4.5　可调式控温电热板。

4.6　可调式控温电热炉。

5　分析步骤

5.1　试样制备

5.1.1　样品预处理（同 ICP-MS 法）

5.1.2　试样消解

5.1.2.1　微波消解法（同 ICP-MS 法）

5.1.2.2　压力罐消解法（同 ICP-MS 法）

5.1.2.3　湿式消解法

准确吸取 2～5mL 试样于玻璃或聚四氟乙烯消解器皿中，先在电热板上80～100℃加热除去乙醇，加 10mL 硝酸，于电热板上消解装置上消解，消化液呈无色透明或略带黄色，取下冷却用水定容至 25mL，混匀备用；同时做空白试验。

5.2　仪器参考条件

优化仪器操作条件，使待测元素灵敏度等指标达到分析要求，编辑测定方法、选择各待测元素合适分析谱线，仪器操作参考条件可参考 9.3。

5.3　标准曲线的制作将标准系列工作溶液注入电感耦合等离子体发射光谱仪中，测定待测元素分析谱线的强度信号响应值，以待测元素的浓度为横坐标，分析谱线强度响应值为纵坐标，绘制标准曲线。

5.4　试样溶液的测定

将空白和试样溶液分别注入电感耦合等离子发射光谱仪中，测定待测元素分析谱线强度的信号响应值，根据标准曲线得到消解液中待测元素的浓度。

6　分析结果的表述

试样中待测元素含量按照式（1-5）计算：

$$X=\frac{(\rho-\rho_0)\times V_1\times f}{V} \quad \cdots\cdots\cdots\cdots (1\text{-}5)$$

式中：

X——试样中待测元素含量，单位为毫克每升（mg/L）；

ρ——试样溶液中待测元素质量浓度，单位为毫克每升（mg/L）；

ρ_0——试样空白溶液中待测元素质量浓度，单位为毫克每升（mg/L）；

V_1——定容体积，单位为毫升（mL）；

f——试样稀释倍数；

V——试样体积，单位为毫升(mL)；

计算结果保留三位有效数字。

7　精密度

同 ICP-MS 法。

8　检出限

水以直接进样，酒类样品以移取 2mL 定容至 25mL 计，各元素的检出限和定量限见表 1-12。

表 1-12　电感耦合等离子体原子发射光谱法(ICP－OES)检出限及定量限

序号	元素名称	元素	检出限(LOD)		定量限(LOQ)	
			水样 μg/L	液体样品 mg/L	水样 μg/L	液体样品 mg/L
1	铝	Al	10	0.2	30	0.5
2	硼	B	5	0.06	15	0.2
3	钡	Ba	3	0.04	9	0.1
4	钙	Ca	10	2	30	5
5	铜	Cu	2	0.05	6	0.2
6	铁	Fe	5	0.3	15	1
7	钾	K	10	3	30	7
8	镁	Mg	10	2	30	5
9	锰	Mn	0.5	0.03	2	0.1
10	钠	Na	5	1	15	3
11	镍	Ni	5	0.2	15	0.5
12	磷	P	10	0.3	30	1
13	锶	Sr	1	0.05	3	0.2
14	钛	Ti	1	0.05	3	0.2
15	钒	V	1	0.05	3	0.2
16	锌	Zn	1	0.2	3	0.5
17	硅	Si	10	0.2	30	0.6

9　附图及附表

9.1　ICP－OES 方法中元素标准溶液系列质量浓度(见表 1-13)

表 1-13　ICP－OES 方法中元素的标准溶液系列质量浓度

序号	元素	单位	标准系列质量浓度						
			N1	N2	N3	N4	N5	N6	N7
1	Al	mg/L	0	0.0500	0.100	0.250	0.500	0.750	1.00
2	B	mg/L	0	0.0500	0.0100	0.250	0.500	0.750	1.00
3	Ba	mg/L	0	0.0100	0.0100	0.250	0.500	0.750	1.00
4	Ca	mg/L	0	0.0500	0.500	5.00	10.0	15.0	20
5	Cu	mg/L	0	0.01	0.100	0.250	0.500	0.750	1.00
6	Fe	mg/L	0	0.0200	0.100	0.250	0.500	0.750	1.00
7	K	mg/L	0	0.0500	0.500	5.00.	10.0.	15.0	20.0
8	Mg	mg/L	0	0.0500	0.500	5.00	10.0	15.0	20.0
9	Mn	mg/L	0	0.00500	0.0500	0.100	0.250	0.400	0.500
10	Na	mg/L	0	0.0500	0.500	5.00	10.0	15.0	20.0
11	Ni	mg/L	0	0.0500	0.100	0.250	0.500	0.750	1.00
12	P	mg/L	0	0.0500	0.500	5.00	10.0	15.0	20.0
13	Sr	mg/L	0	0.0100	0.200	0.400	0.600	0.800	1.00
14	Ti	mg/L	0	0.0100	0.200	0.400	0.600	0.800	1.00
15	V	mg/L	0	0.0100	0.100	0.200	0.300	0.400	0.500
16	Zn	mg/L	0	0.0100	0.100	0.250	0.500	0.750	1.00
17	Si	mg/L	0	0.0500	1.00	5.00	10.00	1500	20.00

注：表中第二点为方法定量限附近浓度，标准曲线的浓度范围可依据样品中待测元素的浓度水平进行调整。

9.2　消解仪操作参考条件(见表 1-14)

表 1-14　样品消解仪参考条件

消解方式	步骤	控制温度 ℃	升温时间 min	恒温时间
微波消解	1	120	5	5min
	2	150	5	10min
	3	190	5	20min
压力罐消解	1	80	/	2h
	2	120	/	2h
	3	150	/	4h

9.3 电感耦合等离子体光谱仪

9.3.1 仪器操作参考条件

9.3.1.1 观测方式：垂直观测，若仪器具有双向观测方式，高浓度元素，如钾、钠、钙、镁等元素采用垂直观测方式，其余采用水平观测方式。

9.3.1.2 功率：1150W。

9.3.1.3 等离子气流量：15L/min。

9.3.1.4 辅助气流量：0.5L/min。

9.3.1.5 雾化气气体流量：0.65L/min。

9.3.1.6 分析泵速：1.0mL/min。

9.3.2 待测元素推荐的分析谱线(见表1-15)

表1-15 待测元素推荐的分析谱线

序号	元素名称	元素	分析谱线波长 nm
1	铝	Al	308.22/396.15
2	硼	B	249.6/249.7
3	钡	Ba	455.4
4	钙	Ca	315.8/317.9
5	铜	Cu	324.75
6	铁	Fe	239.5/259.9
7	钾	K	766.49
8	镁	Mg	279.079
9	锰	Mn	257.6/259.3
10	钠	Na	589.00/589.59
11	镍	Ni	231.6
12	磷	P	213.6
13	锶	Sr	407.7/421.5
14	钛	Ti	323.4
15	钒	V	292.4
16	锌	Zn	206.2/213.8
17	硅	Si	212.41

三、注意事项

1. 元素分析在实验过程中容易受到环境、试剂及器皿的污染，因此在试验过程中尽量使用超纯试剂，避免使用玻璃器皿，实验前要做消化空白，计算检出限是否符合方法的要求。

2. 对于酒类样品的消解，采用硝酸体系即可，无需加入双氧水等其它消解试剂，避免带来污染。

3. 本规程是根据查阅的文献资料及仪器推荐的谱线，对每种元素选择了几条谱线进行实验，每种元素选择 1～2 条谱线作为推荐标准，对于不同的仪器，可选择适合自己实验的谱线，但谱线选择是否合适，需通过测定定值有证标准物质，考察测定结果的准确性来确定。

4. K、Na、Mg、Ca、P 等元素的曲线范围不宜太宽，样品测试液中的目标元素浓度尽量控制在 100mg/L 以内，以减少样品基质的干扰。

5. 样品检测前要先做好待测元素的标准曲线，如曲线参数达不到要求，则不应开展样品检测，电感耦合等离子体原子发射光谱法要求的曲线相关系数≥0.999。采用标准曲线法测定时，样品浓度必须在标准曲线的浓度范围内，否则要稀释，不得将曲线任意外延。

参考文献

[1] GB 5009.12—2010 食品安全国家标准　食品中铅的测定

[2] SN/T 0447—1995 出口饮料中铅、铜、镉的测定

[3] GB 2762—2010 食品安全国家标准　食品中污染物限量

[4] CODEX STAN 193－1995 Codex general standard for contaminants and toxins in food and feed(Adopted 1995; Revised 1997, 2006, 2008, 2009; Amended 2009, 2010)食品和饲料中污染物和毒素通用标准

[5] (EC) No. 1881/2006 Setting maximum levels for certain contaminants in foodstuffs 欧盟食品污染物最高限量

[6] QB/T 4711—2014 黄酒中无机元素的测定方法电感耦合等离子体质谱法和电感耦合等离子体原子发射光谱法

[7] GB/T 5750.6—2006 生活饮用水标准检测方法　金属指标

[8] 杨大进，李宁. 2014 年国家食品污染物和有害因素风险监测工作手册[M]. 北京：中国质检出版社.

第二部分

有机污染物的测定

第二章

酒中甲醇的测定标准操作程序——气相色谱法

一、概述

甲醇是结构最为简单的饱和一元醇，结构见图2-1，CAS号为67-56-1，相对分子质量32.04，沸点64.7℃；因在干馏木材中首次发现，又称“木醇”或“木精”；是无色有酒精气味易挥发的液体；人口服中毒最低剂量约为100mg/kg体重，经口摄入0.3g/kg～1g/kg可致死；用于制造甲醛和农药等易燃，甲醇的毒性对人体的神经系统和血液系统影响最大，它经消化道、呼吸道或皮肤摄入都会产生毒性反应，甲醇蒸气能损害人的呼吸道黏膜和视力。

```
       H
       |
H  —  C  — OH
       |
       H
```

图2-1　甲醇结构示意图

蒸馏酒中甲醇的主要来源有两个方面：一是原料中果胶质受热分解产生甲醇；果胶是链状结构，果胶在热、酸、碱或酶的作用下，甲氧基分解并生成甲醇，反应式为：

$$(R-COOCH_3)_n+(H_2O)_n \rightarrow (R-COOH)_n+(CH_3OH)_n$$

酒精中甲醇含量的多少，决定于甲氧基含量的多少，也就是取决于果胶含量的多少，而原辅材料中果胶的含量各不相同。

另一个是发酵工艺产生：在原料蒸煮过程中产生；蒸煮压力越大，温度越高，持续的时间越长，甲醇的生成就越多；在糖化过程中产生；果胶物质在糖化过程中因糖化剂中含有果胶酶的量不同，而使果胶分解生成的甲醇的量也不同，不同霉菌对甲醇生成的影响不同。目前降低、排除酒中甲醇含量的方法主要有：对原料进行堆积及浸渍处理、糖化剂选用含果胶酶量低的、降低蒸煮的压力和增加排放次数、降低酒精浓度、增设甲醇塔、光催化反应以及分子筛等方法。

二、测定标准操作程序

酒中甲醇测定方法（气相色谱法）标准操作程序如下：

1　范围

本程序规定了蒸馏酒、配制酒及发酵酒中甲醇的测定方法。

本程序适用于蒸馏酒、配制酒及发酵酒中甲醇的测定。

2　原理

样品被气化后经色谱柱分离，根据被测定组分在气液两相中具有不同的分配系数，分离后的组分先后流出色谱柱，进入氢火焰离子化检测器检测，内标法定量测定。

3　试剂和材料

除另有说明外，所有试剂均为分析纯，水为GB/T 6682规定的二级水。

3.1　乙醇(C_2H_6O)：色谱纯。

3.2　试剂配制

乙醇溶液(40%，体积分数)：量取40mL乙醇，用水定容至100mL，混匀。

3.3　标准品

3.3.1　甲醇(CH_4O)：纯度≥99%。

3.3.2　叔戊醇($C_5H_{12}O$)：纯度≥99%。

3.4　标准溶液配制

3.4.1　甲醇储备液(2g/L)：准确称取0.200g甲醇至100mL容量瓶中，用乙醇溶液(3.2)定容至刻度，混匀，0～4℃低温冰箱密封保存。

3.4.2　叔戊醇储备液(20g/L)：准确称取2.000g叔戊醇至100mL容量瓶中，用乙醇溶液(3.2)定容至刻度混匀，0～4℃低温冰箱密封保存。

3.4.3　甲醇系列标准工作液：分别取适量的甲醇标准储备液于系列10mL容量瓶中，用乙醇溶液(3.2)定容至刻度混匀，依次配制成甲醇含量为100mg/L、200mg/L、400mg/L、800mg/L系列标准曲线，现配现用。

4　仪器和设备

4.1　气相色谱仪，配氢火焰离子化检测器(FID)。

4.2　分析天平：感量为0.1mg。

5　分析步骤

5.1　样品制备

5.1.1　发酵酒及其配制酒

用一洁净、干燥的100mL容量瓶，准确量取100mL酒样(室温)于500mL蒸馏瓶中，用50mL水分三次冲洗容量瓶，洗液并入蒸馏瓶中，加几颗沸石(或玻璃珠)，连接冷凝管，以取样用的原容量瓶作为接收器(外加冰浴)，并开启冷却水(冷却水温度低于15℃)，缓慢加热蒸馏，收集馏出液，当接近刻度时，取下容量瓶，盖塞，并与20℃水浴中保温30min，再补加水至刻度，混匀。量取蒸馏后的样品10.0mL于10.0mL容量瓶中，加入0.1mL内标叔戊醇储备液混匀，备用。

5.1.2 蒸馏酒及其配制酒

准确量取样品 10.0mL，加入 0.1mL 内标叔戊醇储备液混匀，备用；当样品颜色较深，按照 5.1.1 操作。

5.2 仪器参考条件

5.2.1 色谱柱：聚乙二醇毛细管柱 ZB-WAXplus（60m×0.25mm×0.25μm）或等效色谱柱。

5.2.2 色谱柱温度：初温 40℃，保持 1min，以 4.0℃/min 升到 130℃，以 20℃/min 升到 200℃，保持 5min。

5.2.3 检测器温度：250℃。

5.2.4 进样口温度：250℃。

5.2.5 载气流量：1.0mL/min。

5.2.6 进样量：1.0μL。

5.2.7 分流比：20∶1。

5.3 标准曲线的制作

分别取 10mL 甲醇标准系列工作液，然后准确加入 0.1mL 内标叔戊醇储备液混匀，按照 5.2 仪器参考条件测定甲醇和内标叔戊醇色谱峰面积，以甲醇系列标准工作液的浓度为横坐标，以甲醇和叔戊醇色谱峰面积的比值为纵坐标，绘制标准曲线。

5.4 样品测定

5.4.1 定性测定

根据甲醇标准品的保留时间，与待测样品中甲醇的保留时间进行定性，定性色谱图参见图 2-2～图 2-5。

5.4.2 定量测定

将 5.1 制备的样品，按照 5.2 仪器参考条件测定甲醇和叔戊醇色谱峰面积，得到甲醇和叔戊醇色谱峰面积的比值，根据标准工作曲线得到待测液中甲醇的浓度。

6 分析结果的表述

样品中甲醇的含量按式(2-1)计算：

$$X = c \qquad (2\text{-}1)$$

式中：

X——样品中甲醇的含量，单位为毫克每升(mg/L)；

c——样品测定液中甲醇的含量，单位为毫克每升(mg/L)；

以重复性条件下获得的两次独立测定结果的算术平均值表示，结果保留至小数后两位。

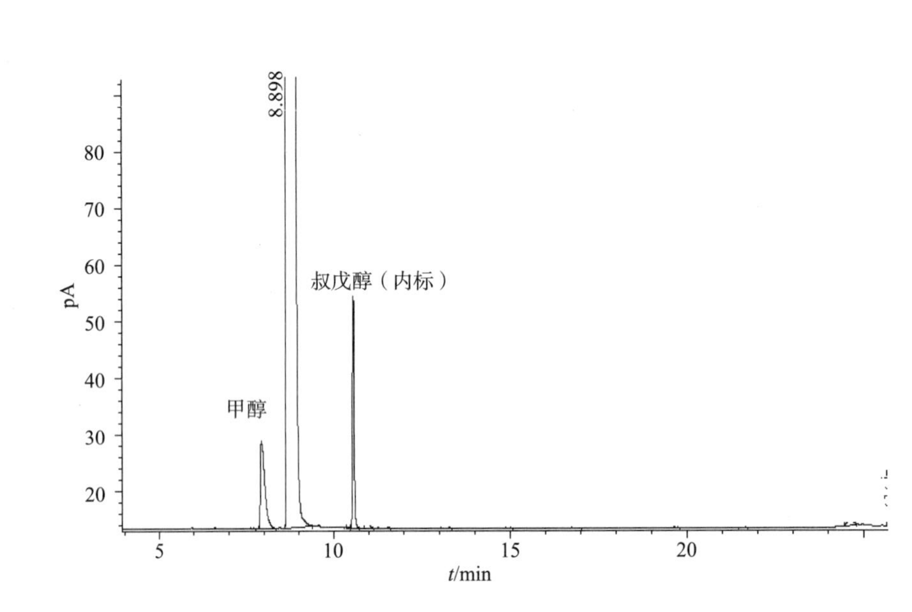

图 2-2　甲醇标准色谱图

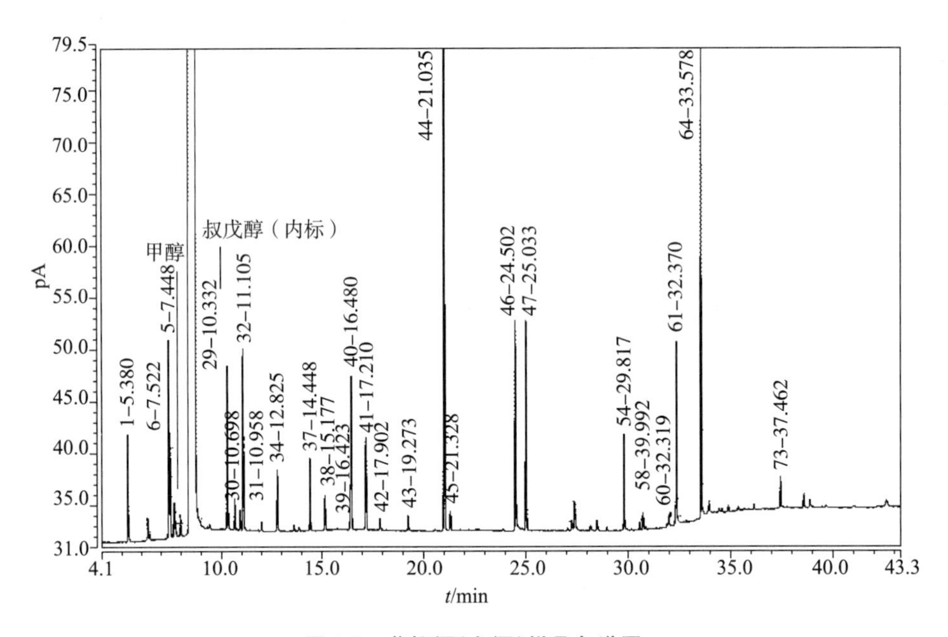

图 2-3　蒸馏酒(白酒)样品色谱图

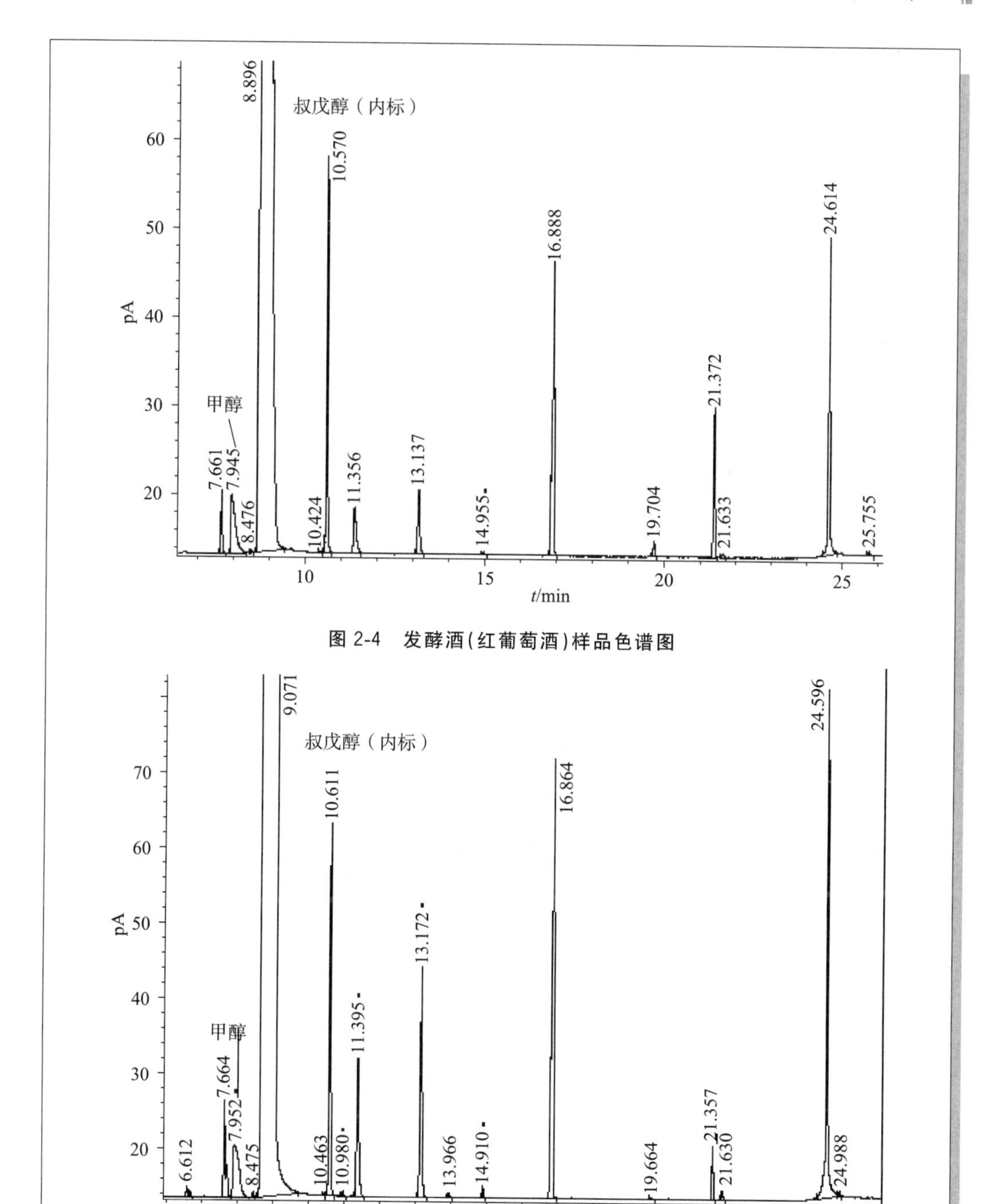

图 2-4 发酵酒(红葡萄酒)样品色谱图

图 2-5 蒸馏酒(白兰地)样品色谱图

7 精密度

在重复性测定条件下获得的两次独立测定结果的绝对差值不超过其算术平均值的10%。

三、注意事项

1. 标准曲线（或校正因子）的准确性是方法测定准确的最关键环节，选择有证书的标准品或高纯试剂（纯度≥99.5%），甲醇具有一定挥发性，因此甲醇标准溶液配制，先在100mL容量瓶中预先加入一定量的溶剂去皮，然后再加入一定量的甲醇读取准确的质量。

2. 色谱柱的选择：甲醇的测定采用聚乙二醇气相色谱柱进行测定，对于白酒样品而言，除测定甲醇外，通常需要测定醇类、酯类和酸类组分，因此色谱柱的选择需要兼顾适用于各类组分；常规气相色谱柱无法分离乙酸乙酯和乙缩醛，通常需要DNP填充柱进行补充测定，而CP-Wax 57CB Acidic和ZB-WAXplus，一次进样能够将乙酸乙酯和乙缩醛分离，有效分离白酒中30多种常见的挥发性组分（醇、醛、酸、酯），但是甲醇在CP-Wax 57CB会出现拖尾峰，相比较甲醇在ZB-WAXplus色谱柱色谱峰较好。

3. 内标加入准确性影响测定结果，测定样品时内标加入量应该和做标准曲线（或校正因子）时内标的加入量保持一致，同时注意内标的有效使用期。

四、国内外酒中甲醇限量及检测方法

1. 国内外酒中甲醇相关限量标准

目前GB 2757—2012《食品安全国家标准　蒸馏酒及其配制酒》关于蒸馏酒及其配制酒中甲醇的限量标准见表2-1，未设定高级醇的限量；GB 2758—2012《食品安全国家标准　发酵酒及其配制酒》中未设定甲醇和高级醇的限量。

表2-1　蒸馏酒及其配制酒标准中的甲醇指标要求

项目	指标		检验方法
	粮谷类蒸馏酒	其他蒸馏酒	
甲醇/g/L　≤	0.6	2.0	GB/T 5009.48
注：甲醇指标按100%酒精度折算。			

GB 15037—2006《葡萄酒》中设定甲醇的限量：白、桃红葡萄酒≤250mg/L，红葡萄酒≤400mg/L。

欧盟EC110法规中对酒精饮料中甲醇限量指标要求（按100%酒精度折算）：葡萄蒸馏酒（Wine spirit）和白兰地（Brandy or Weinbrand）：≤2.0g/L；其他水果蒸馏酒最高限量在10g/L～13.5g/L之间。

美国酒精烟草税收管理局官方分析方法标准SSD：TM：2001，对于葡萄酒中甲醇的限量要求体积分数≤0.1%（Industry Circular IC-93-3）（CPG 7119.09 Section 510.200）；对于白兰地中甲醇的限量要求是体积分数≤0.35%（FDA Administrative Guides 7401.01 and 1701.01）（Topical Digest 1710.41—43）（CPG7119.09）。

2. 国内外食品中甲醇相关分析方法标准

国内外食品中甲醇的测定方法主要有气相色谱法和比色法见表2-2，其中毛细管柱气相色谱法内标法测定甲醇的方法灵敏度高、准确度好，干扰少，广泛应用于检测机构及酒类行业中甲醇的检测，而比色法操作复杂，测定结果易受到操作者水平及其他组分的干扰。

表 2-2 国内外酒及酒精中甲醇的检测方法标准

序号	标准编号和标准名称	方法
1	GB/T 5009.48—2003 蒸馏酒和配制酒卫生标准的分析方法	气相色谱法填充柱、外标法比色法
2	GB/T 15038—2006 葡萄酒、果酒分析方法	气相色谱法　毛细柱、内标法比色法
3	OIV-MA-AS312-03A　OIV 葡萄酒分析方法	气相色谱法　毛细柱、内标法
4	OIV-MA-AS312-03B　OIV 葡萄酒分析方法	比色法
5	(EC)No. 2870/2000 烈性酒饮料分析标准方法的制定	气相色谱法　毛细柱、内标法

参考文献

[1] GB 2757—2012 食品安全国家标准　蒸馏酒及其配制酒

[2] GB/T 15038—2006 葡萄酒、果酒通用分析方法

[3] GB/T 5009.48—2003 蒸馏酒和配制酒卫生标准的分析方法

[4] Compendium of international methods of wine and must analysis (Edition 2012), International organization of vine and wine

[5] REGULATION (EC) No. 110/2008 OF THE EUROPEAN PARLIAMENT AND OF THE COUNCIL of 15 January 2008 on the definition, description, presentation, labelling and the protection of geographical indications of spirit drinks and repealing Council Regulation (EEC) No. 1576/89

[6] Commission Regulation (EC) No. 2870/2000 of 19 December 2000 laying down Community reference methods for the analysis of spirits drinks

第三章

酒中氰化物的测定标准操作程序

第一节　静态顶空-气相色谱法

一、概述

氢氰酸(HCN),别名氰化氢,相对分子质量 27.03。相对密度0.69。熔点－14℃。沸点 26℃。闪点－17.8℃。蒸气密度 0.94。蒸气压 101.31kPa(760mmHg,25.8℃)。蒸气与空气混合物爆炸限 6%～41%。水溶液呈弱酸性。是一种具有苦杏仁特殊气味的无色液体。易溶于水、酒精和乙醚。易在空气中均匀弥散,在空气中可燃烧。氰化氢在空气中的含量达到5.6%～12.8%时,具有爆炸性。氰化氢为气体,其水溶液称氢氰酸。

氰化物拥有令人生畏的毒性,然而它们绝非化学家的创造,恰恰相反,它们广泛存在于自然界,尤其是生物界。氢氰酸和氰离子的毒性极大,进入人体后,能迅速地被血浆吸收和输送,具有很强的与铁、铜、硫以及某些化合物(在生理过程起重要作用)的关键成分结合的能力,从而对细胞色素氧化酶的活动产生抑制作用,使之不能吸收血液中的溶液氧,导致细胞窒息和死亡。

氰化物可由某些细菌,真菌或藻类制造,并存在于相当多的食物与植物中。在植物中,氰化物通常与糖分子结合,并以含氰糖苷(cyanogenic glycoside)形式存在。比如,木薯中就含有含氰糖苷,但当咀嚼或破碎含生氰糖苷的植物食品时,其细胞结构被破坏,使得β—葡萄糖苷酶释放出来,水解生氰糖苷产生 HCN,见图 3-1,这便是食用新鲜植物引起氰氢酸中毒的原因,在食用前必须设法将其除去(通常靠持续沸煮)。水果的核中通常含有氰化物或含氰糖苷。如杏仁中含有的苦杏仁苷,就是一种含氰糖苷,故食用杏仁前通常用温水浸泡以去毒。

酒中的氰化物大多由原料(如木薯、代用品、豆类及其他果核或混入一些野生植物)中含有的氰苷类配糖体在发酵过程中水解产生。在不同 pH 的条件下,氰化物以分子氰(HCN)、氰离子(CN^-)及金属氰化物络合物形式存在。金属氰化物络合物又可分为弱络合金属氰化物和强络合金属氰化物(后者包括结构非常稳定的铁氰根离子和钴氰根离子)。在碱性溶液中,自由氰化物将完全电离,成为氰离子;同时,形成稳定的金属络合氰化物。在中性或酸性溶液中,只有少部分自由氰化物发生离子化,多数以氢氰酸形式存在;当 pH＜4

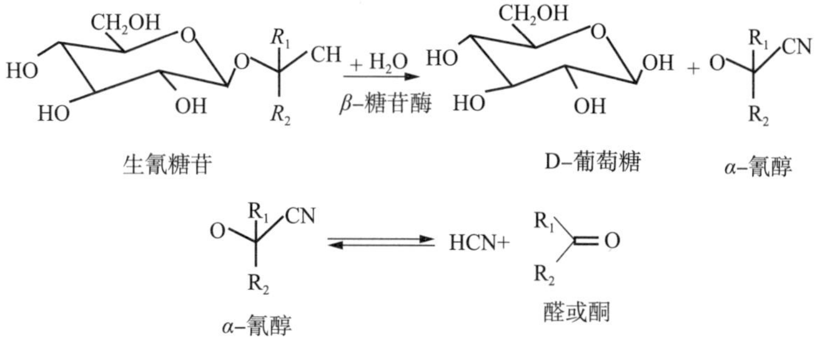

图 3-1　生氰糖苷的水解过程

时，弱金属络合氰化物将分解为氢氰酸，而强金属络合氰化物则很难在室温下发生改变。因此，若要令强金属络合氰化物分解，需采取升温或增加酸含量的措施。

由于酒中的氰化物主要来自原料，而未成熟的作物籽粒，如未成熟的高粱籽粒及茎叶内氰化物的含量就相对较高，尤其是以木薯、野生植物酿制的酒，氰化物含量较高。注重对酿酒原料的检测和监控，选用生氰糖苷含量较低的原料，从源头加以控制，可降低终产品中氢氰酸含量。

二、测定标准操作程序

酒中氰化物测定方法（气相色谱法）标准操作程序如下：

1　范围

本标准规定了酒中氰化物的顶空气相色谱测定方法。

本标准适用于酒中氰化物的测定。

2　原理

采用旋转蒸发或稀释样品的方法去降低样品中低沸点化合物的含量，避免其对溴化氰出峰的影响。再以饱和溴水处理，溴分子将与溶液中游离的氢氰酸发生反应：

$$CN^- + Br_2 \rightarrow BrCN + Br^-$$

运用顶空技术，可使 BrCN 从溶液中分离出来，抽取顶空气体并使用毛细管气相色谱仪和电子捕获检测器进行测定，外标法定量测定。

3　试剂和溶液

除另有说明外，所有试剂均为分析纯，水为 GB/T 6682 规定的一级水。

3.1　氢氧化钠（NaOH）。

3.2　苯酚（C_6H_5OH）。

3.3　溴水（Br_2）。

3.4　磷酸（H_3PO_4）。

3.5　5mol/L 氢氧化钠溶液：称量 2.00g 氢氧化钠颗粒，用蒸馏水稀释至 10mL。

3.6　0.4%苯酚溶液：烘箱 60℃加热熔解苯酚，取 0.4g 无色苯酚液体，加水稀释至

100mL。

3.7 氰化钾标准储备液：50mg/L 氰化钾，0.1mol/LNaOH 为溶剂。

3.8 氰化钾标准工作液：吸取 1mL 氰化钾标准储备液用 0.1mol/LNaOH 定容到 50mL，得到 1mg/L 氰化钾。

4 仪器和材料

4.1 气相色谱仪，电子捕获检测器(ECD)。

4.2 顶空进样器。

4.3 分析天平。

5 分析步骤

5.1 发酵酒样品

量取 100mL 酒样，移入 500mL 蒸馏瓶中，加入约 5mg 氯化铜晶体和 10mL 稀硫酸(20%，体积比)，加数粒玻璃珠。在接收瓶内，装入 5mL，1mol/L 氢氧化钠溶液，作为吸收液。馏出液导管上端接冷凝管的出口下端插入吸收液中，进行加热蒸馏，接收瓶内试样近 100mL 时，停止蒸馏，用少量水洗馏出液导管，取出接收瓶。

取 5mL 前处理后样品置于 20mL 顶空小瓶中，加入 0.15mL，85%磷酸(使 pH 值等于 2)，0.3mL 溴水(使溶液呈浅黄色)。微微振摇锥形瓶，静置 5min 后，加入 0.3mL，0.4%苯酚溶液去除多余的溴。以聚四氯乙烯盖封口。

5.2 蒸馏酒样品

取 1.0mL 酒样，用水稀释 10～50 倍，取 1mL 稀释后的样品置于 20mL 顶空小瓶中，加入 4mL 水，加入 0.1mL 5mol/L NaOH(3.5)，0.15mL85%磷酸(3.4)，0.3mL溴水(3.3)，微微振摇，静置 5min 后，加入0.3mL 0.4%苯酚(3.6)溶液去除多余的溴，以聚四氯乙烯盖封口。

5.3 参考色谱条件

5.3.1 色谱柱：ZB-5ms 毛细管柱(30m×0.25mm×0.25μm，广州菲罗门)，或等效色谱柱。

5.3.2 流速：1.0mL/min。

5.3.3 进样体积：1000μL。

5.3.4 进样方式：分流 40∶1。

5.3.5 N_2 尾吹气：30mL/min。

5.3.6 进样口温度：130℃。

5.3.7 检测器温度：260℃。

5.3.8 柱箱升温程序，详见表 3-1。

表 3-1 柱箱升温程序表

速度 ℃/min	温度 ℃	保留时间 min
4	55	0
20	80	0
0	200	3

5.4　顶空自动进样器条件

5.4.1　进样针：2.5mL。

5.4.2　顶空瓶：20mL。

5.4.2　顶空瓶温度：70℃振摇 10min。

5.4.3　进样针温度：80℃。

5.4.4　充样速度：500μL/s。

5.4.5　进样速度：500μL/s。

5.4.6　进样后氮气冲洗时间：2min。

6　分析结果的表述

样品中氰化物的含量按式(3-1)计算：

$$X=(c-c_0)\times f \quad \cdots\cdots (3\text{-}1)$$

式中：

X——样品中氰化物的含量，单位为毫克每升(mg/L)；

c——从标准曲线查得样品中氰化物的含量，单位为毫克每升(mg/L)；

c_0——从标准曲线查得试剂空白中氰化物的含量，单位为毫克每升(mg/L)；

f——样品稀释倍数。

7　检出限和精密度

样品中氰化物检出限为 0.2μg/L，定量限为 0.66μg/L。

在重复性测定条件下获得的两次独立测定结果的绝对差值不超过其算术平均值的 10%。

8　色谱图

标品及样品的色谱图见图 3-2 和图 3-3。

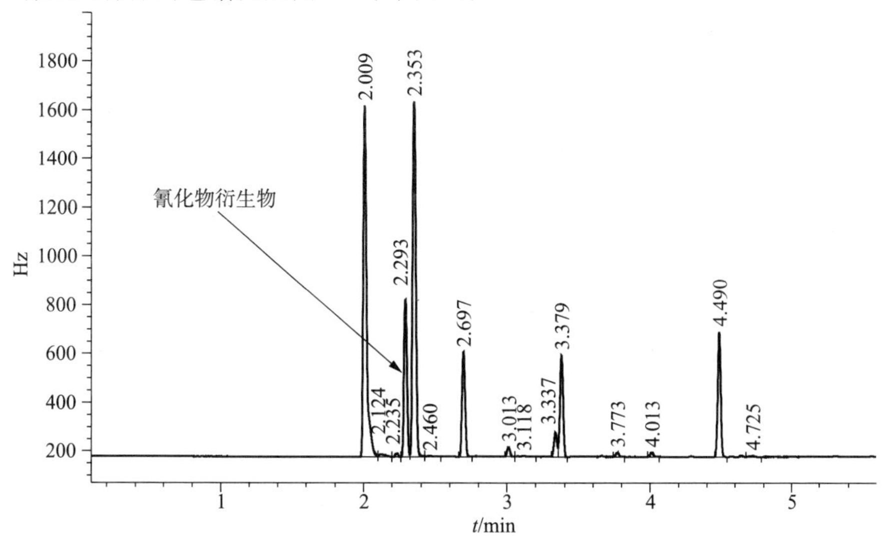

图 3-2　氰化物标准品衍生物的色谱

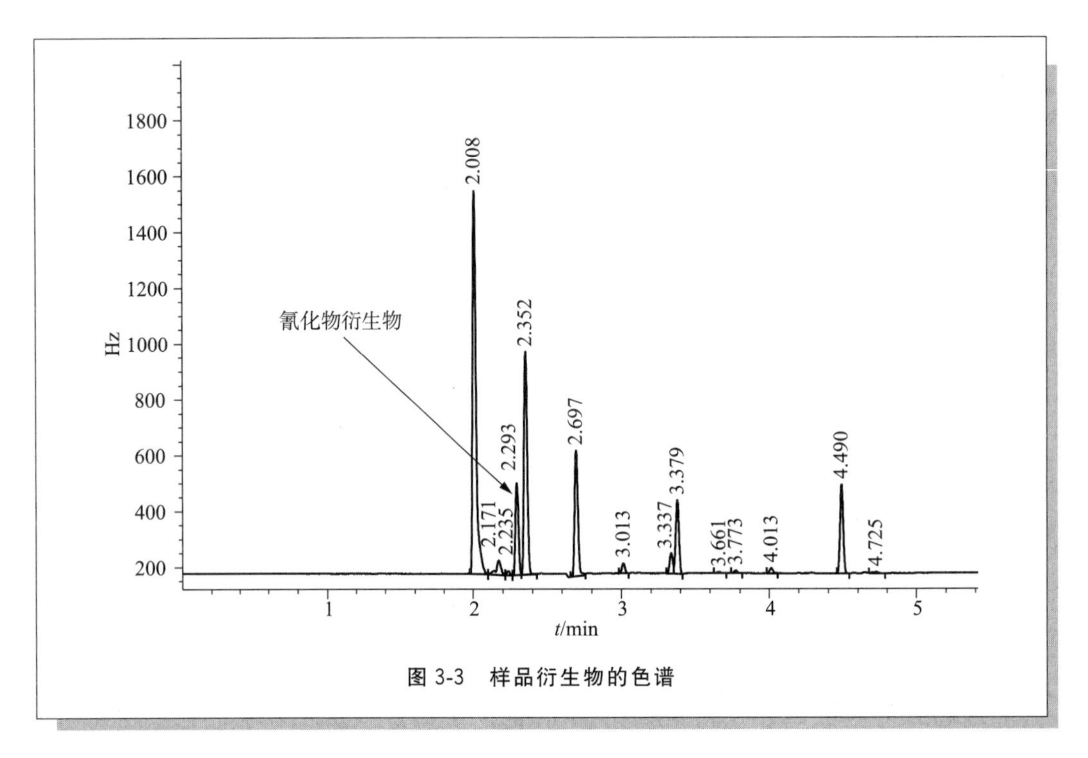

图 3-3　样品衍生物的色谱

三、注意事项

1. 发酵酒样品蒸馏前一定检查蒸馏装置的严密性，控制馏出液速度，加热蒸馏太快不利于氰化物吸收，冷凝管下端要插入吸收液液面下，使吸收完全。

2. 白酒中含有高含量的乙醇对氰化物的测定产生干扰，通过样品稀释降低乙醇浓度，消除乙醇的干扰。

3. 溴水是氰化物测定的重要衍生试剂，溴水的质量直接影响测定结果的准确性，新鲜的溴水（3%，质量分数）呈红棕色（或橙黄色），过期的溴水为淡黄色，样品加入溴水后一定要摇匀，溶液为淡黄色，如果还是白色，说明溴水的量不足，需要补加溴水。

4. 溴水与氰化物反应的适合条件为微酸性 pH 2 左右，因此需要加入适量的磷酸、氢氧化钠调节反应介质的 pH。

5. 溴水容易挥发，过量的溴水会对 ECD 检测器产生一定的影响，因此加入苯酚除去过量的溴水，溶液由黄色转为无色。

6. 静态顶空气相色谱测定酒中氰化物的方法，采用的衍生试剂主要有溴水或氯胺 T，在开展离子色谱法和气相色谱法（分别采用溴水或氯胺 T 为衍生试剂）测定白酒中氰化物方法比对实验中发现，在其他条件（标准溶液、仪器等）相同情况下，两种方法的样品加标回收率、重复性等方法学指标良好，但是相同的白酒样品，离子色谱法和溴水衍生测定结果基本一致，而氯胺 T 为衍生试剂测定结果明显低于离子色谱法和溴水衍生测定，具体原因还需要进一步研究。

四、国内外酒中氰化物限量及检测方法

1. 国内外氰化物限量

欧盟 EC 110/2008 核果果渣蒸馏酒和核果蒸馏酒中氢氰酸含量的规定为：不大于 70mg/L (100%vol. 纯酒精)。在欧盟条例 REGULATION(EC)No. 1334/2008"食品香料(风味物质)法规中"规定，氢氰酸并不被允许添加到食品香料中，但它可能在某些香料中天然存在，并因此被带入到相应的食品中，因此设置了部分食品中因添加香料而带入的氢氰酸的最高限量指标如下：

表 3-2 因带入原则而进入食品中的部分氢氰酸限量要求

食品中文名称	食品英文名称	最高限量
奶油杏仁糖，杏仁糖或类似产品	Nougat, marzipan or its substitutes or similar products	50mg/kg
核果类水果罐头	Canned stone fruits	5mg/kg
酒精饮料	Alcoholic beverages	35mg/kg

有关酒精饮料中氢氰酸的限量要求体现在美国联邦法规第 21CFR 172.510 中，该条联邦法规规定：用于酒精饮料中的一些香料，其中所含的天然氢氰酸最高限量如下。

表 3-3 美国对用于酒精饮料的香料中氢氰酸的限量要求

香料名称	拉丁名称	限量要求
樱桃核(Cherry pits)	*Prunus. avium* L. or *P. cerasus*. L	氢氰酸含量不得超过 25mg/kg
桃树叶(Peach leaves)	*Prunus persica* (L.)Batsch	仅用于酒精饮料，香料中氢氰酸含量不得超过 25mg/kg
接骨木树叶(Elder tree leaves)	*Sambucus nigra* L.	仅用于酒精饮料，香料中氢氰酸含量不得超过 25mg/kg

根据 GB 2757—2012《食品安全国家标准 蒸馏酒及其配制酒》，对蒸馏酒中氰化物(以 HCN 计)的限量要求设定为：8.0mg/L，按照 100%酒精度折算。

2. 国内外氰化物检测方法比较

氰化物不同的检测方法比较(见表 3-4)。

表 3-4 氰化物不同的检测方法的比较

方法	OIV-MA-AS315-06-2012	AOAC 973.19—1973	AOAC 973.20—1973	GB/T 5009.48—2003
仪器	分光度计法	*N*,*N'*-二甲基苯胺试纸法	*N*,*N'*-二甲基苯胺试纸法	分光度计法
定量方法	外标法			外标法

续表

方法	OIV-MA-AS315-06-2012	AOAC 973.19—1973	AOAC 973.20—1973	GB/T 5009.48—2003
样品前处理	样品加入磷酸酸化，蒸馏，采用水溶液在冰浴下收集蒸馏出的总氰化物，氯胺-T和吡啶反应	样品加入10%硫酸酸化蒸馏	样品加入10%硫酸酸化蒸馏	样品，氯胺-T和异烟酸-吡唑啉酮显色。（如样品有颜色或浑浊，可酸化，蒸馏，碱性水溶液吸收）
灵敏度	—	—	—	—
适用范围	葡萄酒	葡萄酒	蒸馏酒	蒸馏酒

第二节　离子色谱法

一、标准操作程序

白酒中氰化物测定标准操作程序——离子色谱法如下：

1　范围

本程序规定了白酒中氰化物的离子色谱测定方法。

本程序适用于白酒中氰化物的测定。

2　原理

样品经水稀释后，经色谱柱分离，脉冲安培检测，外标法定量。

3　试剂和溶液

除另有说明外，所有试剂均为优级纯，水为GB/T 6682规定的一级水。

3.1　氢氧化钾。

3.2　氢氧化钾溶液：12mmol/L。

3.3　氰化物标准溶液（CN^-）：50mg/L。

3.4　氰化物标准工作溶液：分别吸取适当体积氰化物标准溶液（3.3）用水稀释定容，得到浓度为2.5～200μg/L的系列标准工作液。

4　仪器和材料

4.1　仪器：离子色谱仪，带有EG淋洗液发生器；电化学检测器，带有Ag工作电极、pH/Ag/AgCl复合参比电极、Ti对电极。

4.2 pH 计。

4.3 分析天平：感量 0.1mg。

4.4 涡旋混合器。

4.5 微孔过滤膜：孔径 0.22μm（有机系）。

4.6 移液器：1000μL 和 100μL。

5 分析步骤

5.1 样品前处理

取 1mL 白酒样品，以高纯水稀释 10～100 倍，经 0.22μm 尼龙滤膜过滤后，直接进样。

5.2 参考色谱条件

5.2.1 色谱柱：IonPac AS7-HC，4mm × 250mm；保护柱：IonPac AG7-HC，4mm×50mm。

5.2.2 柱温 30℃。

5.2.3 淋洗液：12mmol/L 氢氧化钾，EG 产生，等度淋洗；。

5.2.4 流速：1.0mL/min。

5.2.5 进样体积/定量环：25μL。

5.2.6 检测方式：银工作电极，Ag/AgCl 参比电极模式，脉冲安培三电位波形检测，见表 3-5：

表 3-5 梯度洗脱程序表

时间 min	电位	积分
0.00	−0.10	
0.20	−0.10	开始
0.90	−0.10	结束
0.91	−1.00	
0.93	−0.30	
1.00	−0.30	

5.3 定性分析

根据氰化物标品的保留时间，与待测样品中组分的保留时间进行定性，定性色谱图参见图 3-4 和图 3-5。

5.4 外标法定量

分别吸取 1mL 各浓度氰化物标准工作液（3.4），依照 5.1 方法进行前处理，以标准工作液系列浓度为横坐标，峰面积响应值为纵坐标绘制标准曲线。测定样品中氰化物色谱峰面积后，由标准曲线计算样品中的氰化物含量。

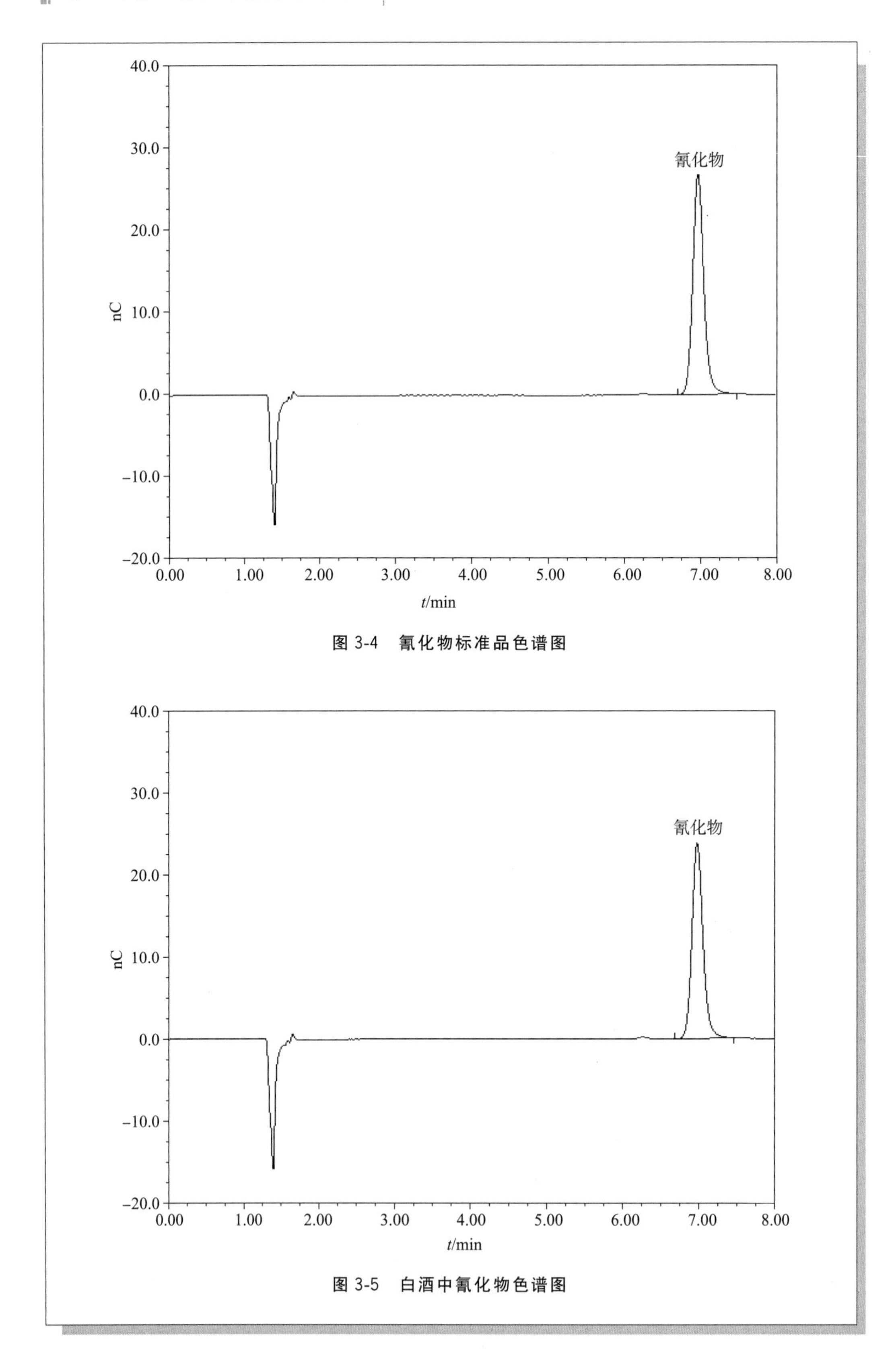

图 3-4 氰化物标准品色谱图

图 3-5 白酒中氰化物色谱图

5.5　空白试验

除不称取样品外，均按上述步骤同时完成空白试验。

6　**结果计算**

样品中氰化物的含量按式(3-2)计算：

$$X=(c-c_0)\times f \qquad (3\text{-}2)$$

式中：

X——样品中氰化物的含量，单位为微克每升(μg/L)；

c——从标准曲线求得样品中氰化物的含量，单位为微克每升(μg/L)；

c_0——从标准曲线求得试剂空白中氰化物的含量，单位为微克每升(μg/L)；

f——样品稀释倍数。

以重复性条件下测定获得的两次独立测定结果的算数平均值表示，结果保留两位有效数字。

7　**精密度**

在重复性测定条件下获得的两次独立测定结果的绝对差值不超过其算术平均值的10%。

二、注意事项

1. 本离子色谱法主要适用于白酒中氰化物的测定，采用IonPac AS7-HC色谱柱时，样品中乙醇含量在0%～50%范围内基本不影响氰化物的测定，也可采用IonPac AS11-HC色谱柱。

2. 常见的氯离子、硫酸根离子、亚硫酸根离子、硫氰根和硫代硫酸根等在0.5mg/kg范围内不影响氰化物的测定。

参考文献

[1] Regulation (EC) No.110/2008 of the European Parliament and of the Council of 15 January 2008

[2] GB 2757—2012 食品安全国家标准　蒸馏酒及其配制酒

[3] GB 5009.48—2003 蒸馏酒与配制酒卫生标准的分析方法

[4] AOAC Official Method 973.19　Cyanide in in Distilled Liquors First Action 1973

[5] AOAC Official Method 973.20　Cyanide in Wines　First Action 1973

[6] ASTM D 2036－98　Standards: Standard Test Methods for Cyanides in Water

[7] 阎冠洲，钟其顶，李国辉，高红波，等.顶空气相色谱测定白酒中氰化物方法研究[J].食品与发酵工业，2013，22(3)：89-92.

第四章

酒中氨基甲酸乙酯的测定标准操作程序

第一节　气相色谱-质谱法

一、概述

氨基甲酸乙酯(Ethyl Carbamate,以下简称 EC),又名尿烷,是发酵食品(例如烈酒,葡萄酒,啤酒,面包、酱油和酸奶)中普遍存在的代谢污染物。氨基甲酸乙酯分子式 $C_3H_7NO_2$,结构见图 4-1,相对分子质量 89.09。外观与性状:无色结晶或白色粉末,易燃,无臭。熔点:48～50℃;沸点:182～184℃。饱和蒸气压:10kPa。溶解性:易溶于水、乙醇、乙醚和甘油,微溶于三氯甲烷和橄榄油。

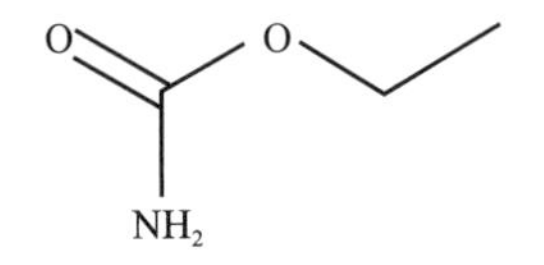

图 4-1　氨基甲酸乙酯结构示意图

1943 年,Nettleship 等人发现 EC 具有致癌作用。动物的毒理性实验表明,动物对 EC 具有较强的吸收性,在动物体内存在多种代谢方式,是一种具有遗传毒性且多位点致癌的物质。1986 年,国际癌症研究机构(IARC)将氨基甲酸乙酯确定为"对人类可能致癌"的物质(Group 2B)。1999 年,EC 被国际食品法典添加剂和污染物专门委员会(CCFAC)列入优先风险评估潜在食品安全的物质名单,引起了国际社会高度关注。2004 年,美国毒理学研究计划(NTP)将 EC 列入"有理由预料引起癌症的物质"名单。2007 年,国际癌症研究机构(IARC)重新评估 EC,将 EC 列入 Group 2A 组,与铅、汞并列,意味着其对人类可能致癌。

氨基甲酸乙酯是食品发酵、贮存过程形成的代谢副产物,主要由前体物质(尿素、氢氰酸、瓜氨酸以及氨基甲酰类化合物)和乙醇反应生成。白酒中 EC 主要来自于氢氰酸与氰酸盐两种前体物质,白酒陈贮的温度、时间以及光照都是影响白酒中 EC 生成的重要因素。黄酒中 EC 主要是尿素和乙醇长时间共存的反应产物,两种物质的浓度以及 pH 值、温度和储存时间是影响黄酒中EC生成的系列因素。工艺控制研究发现，当控制精氨酸和尿素等因素时，可减少黄酒中EC含量生成。

二、测定标准操作程序

酒中氨基甲酸乙酯测定(GC/MS方法)标准操作程序如下：

1　范围

本程序规定了啤酒、果酒、黄酒、白酒等酒类食品中氨基甲酸乙酯的测定方法。

本程序适用于啤酒、果酒、黄酒、白酒等酒类食品中氨基甲酸乙酯的测定。

2　原理

酒类试样加D_5-氨基甲酸乙酯内标后，经过碱性硅藻土固相萃取柱净化、洗脱，洗脱液浓缩后，用气相色谱质谱仪进行测定，内标法定量。

3　试剂和材料

注：除非另有说明，所有试剂均为分析纯。

3.1　试剂

3.1.1　无水硫酸钠(Na_2SO_4)。

3.1.2　氯化钠(NaCl)。

3.1.3　正己烷(C_6H_{14})：色谱纯。

3.1.4　乙酸乙酯($C_4H_8O_2$)：色谱纯。

3.1.5　乙醚($C_4H_{10}O$)：色谱纯。

3.1.6　甲醇(CH_3OH)：色谱纯。

3.1.7　碱性硅藻土固相萃取柱：4000mg、12mL。

3.2　试剂配制

3.2.1　无水硫酸钠：450℃烘烤4h，冷却后贮于干燥器中备用。

3.2.2　5%乙酸乙酯/乙醚溶液：取5mL乙酸乙酯，用乙醚定容到100mL，混匀待用。

3.3　标准品

3.3.1　氨基甲酸乙酯标准品($C_3H_7O_2N$)：纯度大于99.0%。

3.3.2　D_5-氨基甲酸乙酯标准品。

3.4　标准溶液配制

3.4.1　D_5-氨基甲酸乙酯贮备液(1.0mg/mL)：准确称取0.01g(精确到0.0001g)D_5-氨基甲酸乙酯标准品，用甲醇定容至10mL，4℃保存。

3.4.2　2.0μg/mL D_5-氨基甲酸乙酯使用液：准确吸取1.0mg/mL D_5-氨基甲酸乙酯标准贮备液0.1mL，用甲醇定容至50mL，4℃保存。

3.4.3　1.0mg/mL氨基甲酸乙酯贮备液：准确称取0.05g(精确到0.0001g)氨基甲酸乙酯标准品，用甲醇定容至50mL，4℃保存。

3.4.4　10.0μg/mL 氨基甲酸乙酯中间液：准确吸取 1.0mg/mL 氨基甲酸乙酯标准贮备液 1.0mL，用甲醇定容至 100mL，4℃保存。

3.4.5　0.5μg/mL 氨基甲酸乙酯中间液：准确吸取 10.0μg/mL 氨基甲酸乙酯中间液 5.0mL，用甲醇定容至 100mL，4℃保存。

3.4.6　标准曲线工作溶液：分别准确吸取 0.5μg/mL 氨基甲酸乙酯中间液 20μL、50μL、100μL、200μL、400μL 和 10.0μg/mL 氨基甲酸乙酯标准中间液 40μL、100μL 于 7 个 1mL 容量瓶中，各加 100μL 2.0μg/mL 的 D_5-氨基甲酸乙酯溶液，用甲醇定容至刻度，得到 10.0ng/mL、25.0ng/mL、50.0ng/mL、100.0ng/mL、200.0ng/mL、400.0ng/mL、1000.0ng/mL 的标准曲线工作液，现配现用。

4　仪器和设备

4.1　气相色谱质谱仪，带 EI 源。

4.2　涡旋混匀器。

4.3　氮吹仪。

4.4　固相萃取装置，配真空泵。

4.5　超声波清洗机。

4.6　天平：感量为 0.1mg 和 0.001g。

5　分析步骤

5.1　试样制备

称取 2g(准确到 0.001g)试样(啤酒超声 5min 脱气后称量)，加 100μL 2.0 μg/mL D_5-氨基甲酸乙酯内标使用液，加入 0.3g 氯化钠超声溶解(白酒除外)、混匀，然后加样到碱性硅藻土固相萃取柱上，抽真空让试样慢慢渗入到固相萃取柱中，然后静置约 10min。先用 10mL 正己烷淋洗，然后用 10mL 5%乙酸乙酯/乙醚溶液以约 1mL/min 流速洗脱，并收集于 10mL 具塞刻度试管中，洗脱液经过 2.0g 无水硫酸钠脱水后，在室温下用氮气缓缓吹至 0.5mL 左右，最后用甲醇定容至 1.0mL 制成测定液供 GC/MS 分析。

5.2　仪器参考条件

气相色谱质谱仪分析参考条件：

INNOWAX 毛细管色谱柱：30m×0.25mm(内径)×0.25μm(膜厚)或相当色谱柱；

进样口温度：220℃；柱温：初温 50℃，保持 1min，然后以 8℃/min 升至 180℃，程序运行完成后，240℃后运行 5min；

载气：氦气，纯度≥99.999%，流速 1mL/min；

电离模式：电子轰击源(EI)，能量为 70eV；

四级杆温度：150℃；

离子源温度：230℃；

传输线温度：250℃；

溶剂延迟：11min；

进样方式：不分流进样；进样量：1～2μL；

监测方式：选择离子扫描(SIM)采集；

氨基甲酸乙酯选择监测离子(m/z)：44、62、74、89；定量离子 62；

D_5-氨基甲酸乙酯选择监测离子(m/z)64、76；定量离子 64。

5.3 定性测定

按照方法条件测定标准工作溶液和试样，试样的质量色谱峰保留时间与标准物质保留时间的允许偏差小于±2.5%；定性离子对的相对丰度与浓度相当标准工作溶液的相对丰度允许偏差不超过表 4-1 的规定。

表 4-1 定性时相对离子丰度的最大允许偏差

相对离子丰度	>50%	20%～50%	10%～20%	≤10%
允许的相对偏差	±20%	±25%	±30%	±50%

5.4 定量分析

5.4.1 标准曲线的制作

将氨基甲酸乙酯标准使用液 10.0ng/mL、25.0ng/mL、50.0ng/mL、100.0ng/mL、200.0ng/mL、400.0ng/mL、1000.0ng/mL(内含 200.0ng/mL D_5-氨基甲酸乙酯)进行气相色谱-质谱仪测定，以氨基甲酸乙酯浓度为横坐标，标准溶液中氨基甲酸乙酯峰面积与内标 D_5-氨基甲酸乙酯的峰面积比为纵坐标，绘制标准曲线。

5.4.2 试样测定

将试样溶液同标准溶液进行测定，根据测定液中氨基甲酸乙酯的含量计算试样中氨基甲酸乙酯的含量。试样含低浓度的氨基甲酸乙酯宜采用 10.0ng/mL、25.0ng/mL、50.0ng/mL、100.0ng/mL、200.0ng/mL 的标准使用液绘制标准曲线；试样含高浓度氨基甲酸乙酯宜采用 50.0ng/mL、100.0ng/mL、200.0ng/mL、400.0ng/mL、1000.0ng/mL 的标准曲线。

6 分析结果的表述

试样中氨基甲酸乙酯含量按式(4-1)计算：

$$X=\frac{c\times V\times 1000}{m\times 1000} \quad \cdots\cdots (4\text{-}1)$$

式中：

X——样品中氨基甲酸乙酯含量，单位为微克每千克(μg/kg)；

c——测定液中氨基甲酸乙酯的含量，单位为纳克每毫升(ng/mL)；

V——样品的定容体积，单位为毫升(mL)；

m——样品质量，单位为克(g)。

计算结果以重复性条件下获得的两次独立测定结果的算术平均值表示，保留 3 位有效数字(或小数点后 1 位)。

7　检出限和精密度

当试样取 2.000g 时，本方法氨基甲酸乙酯检出限为 2.0μg/kg，定量限为 5.0μg/kg。

在重复性条件下获得的两次独立测定结果的相对偏差，但含量小于 50μg/kg，不得超过算术平均值的 15%，但含量大于 50μg/kg，不得超过算术平均值的 10%。

8　附图

图 4-2 为氨基甲酸乙酯及内标总离子图；图 4-3 为氨基甲酸乙酯质谱图；图 4-4 为D_5-氨基甲酸乙酯质谱图；图 4-5 为啤酒监测质量色谱图；图 4-6 为葡萄酒监测质量色谱图；图 4-7 为黄酒监测质量色谱图；图 4-8 为白酒监测质量色谱图；图 4-9 为酒空白以及加标叠加图谱。

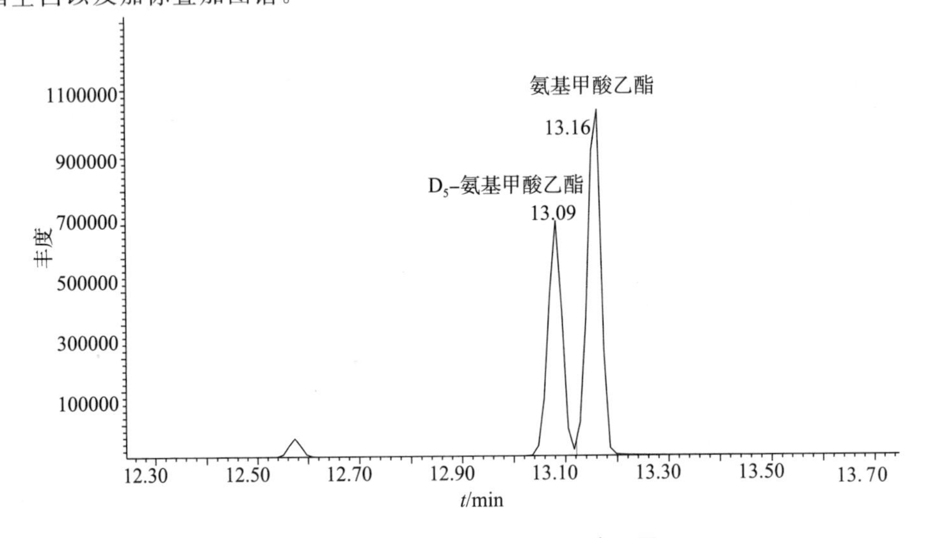

图 4-2　氨基甲酸乙酯及内标总离子图

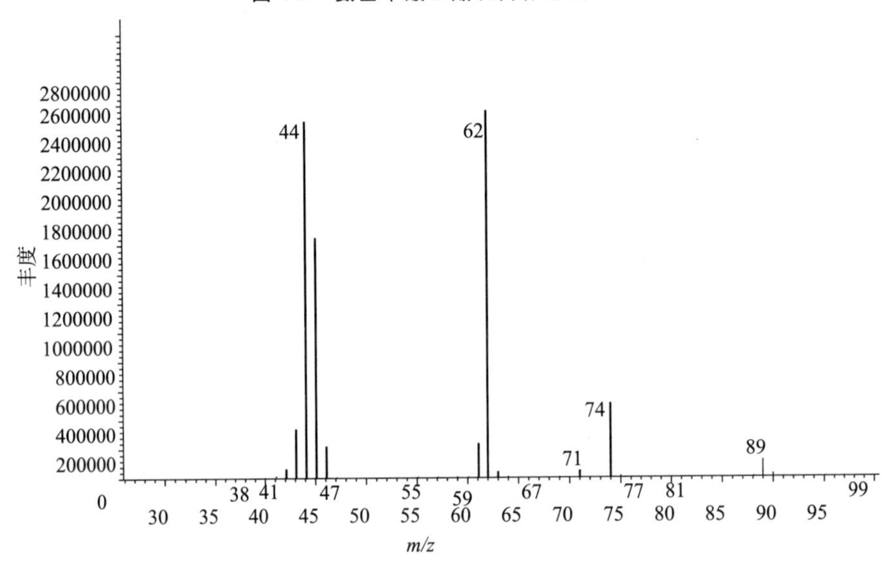

图 4-3　氨基甲酸乙酯质谱图

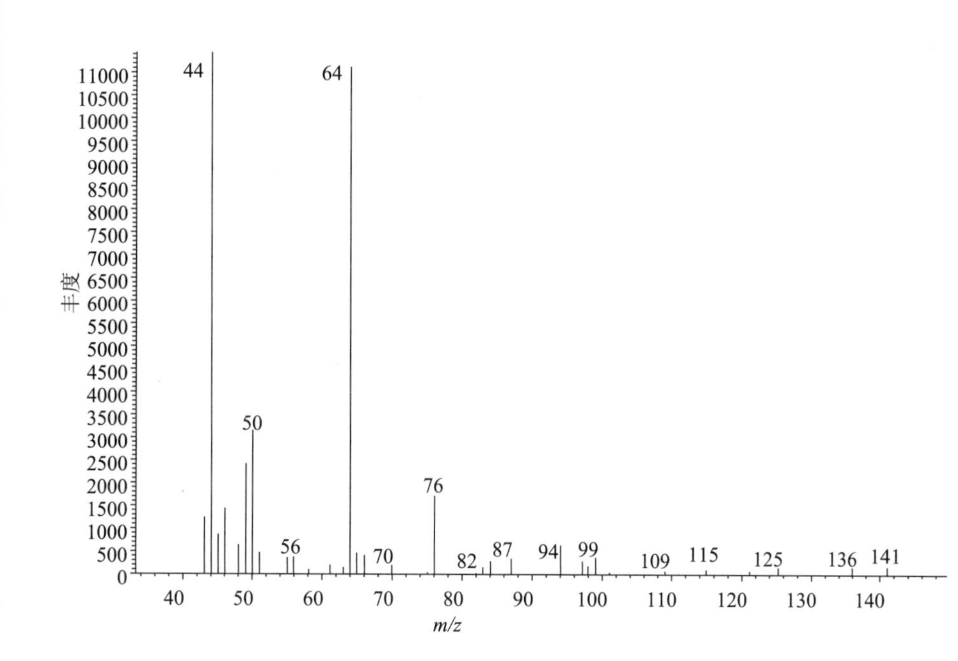

图 4-4　D_5-氨基甲酸乙酯质谱图

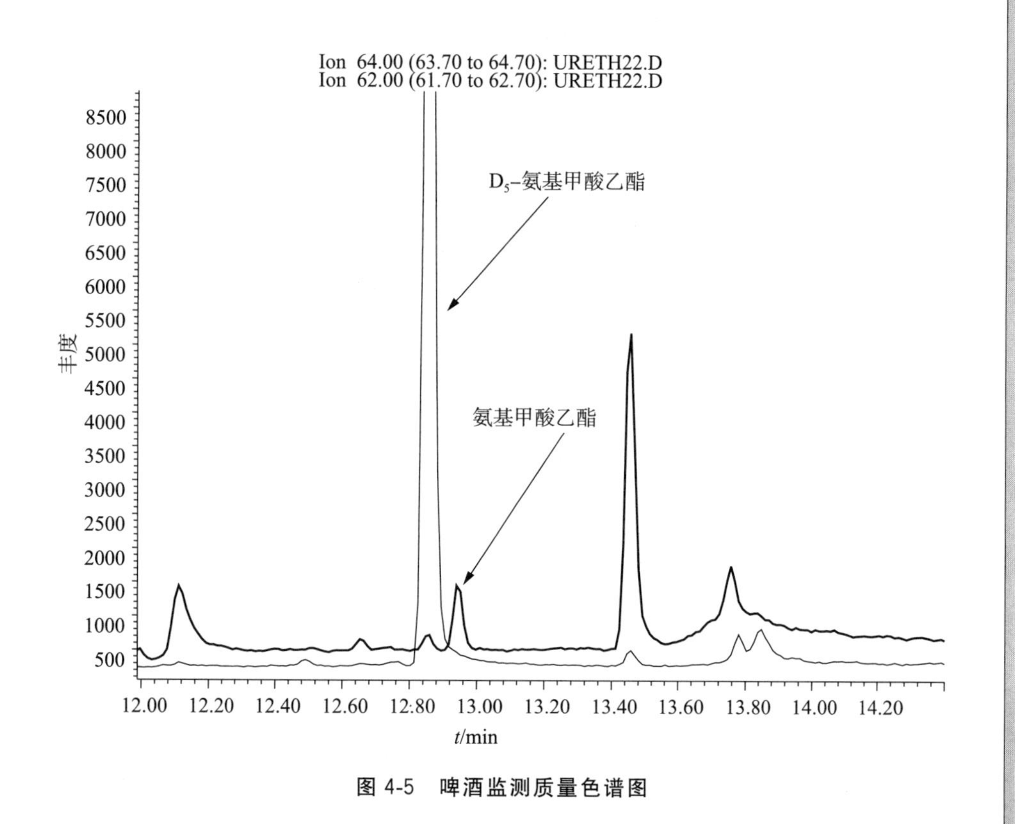

图 4-5　啤酒监测质量色谱图

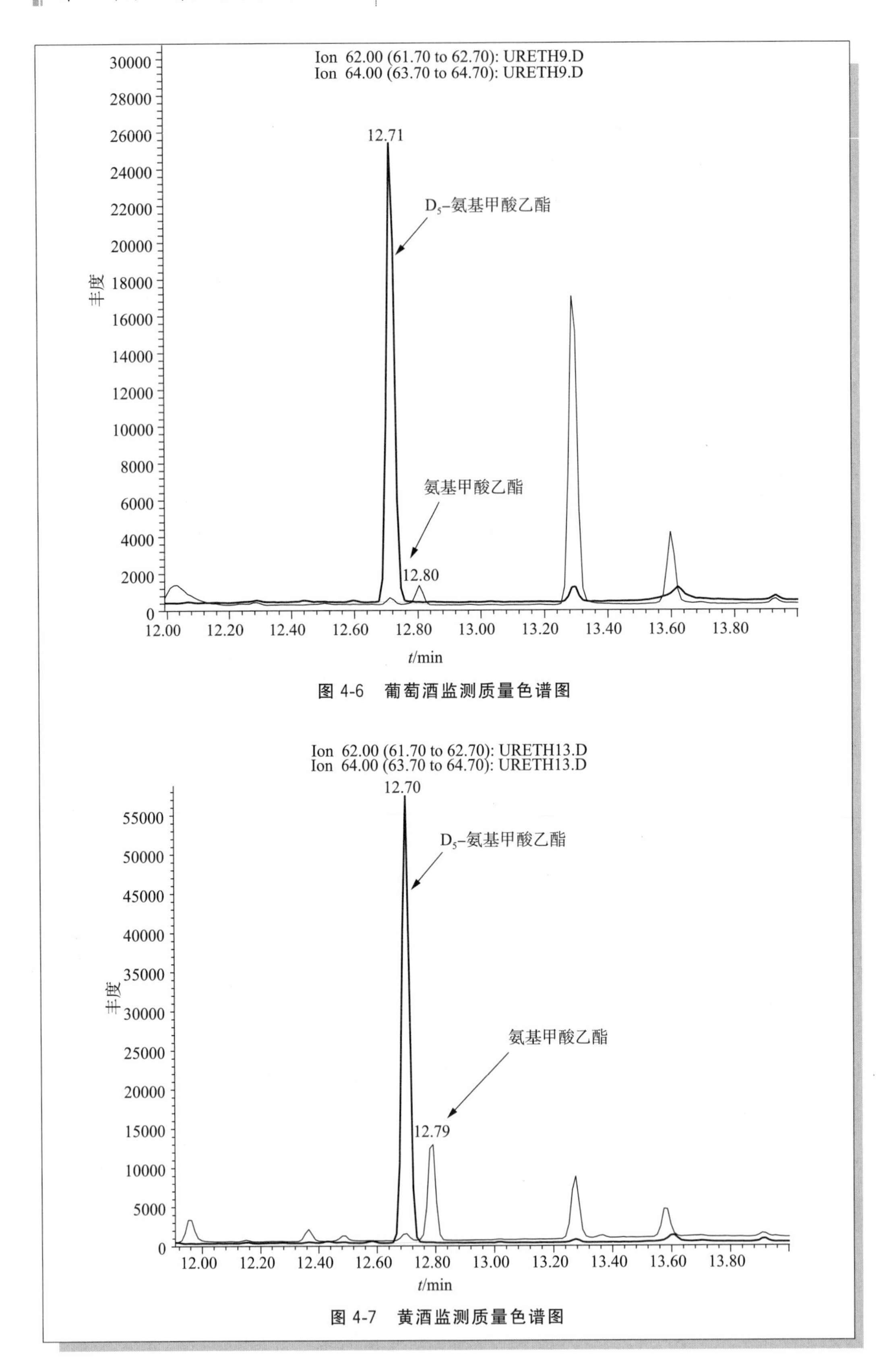

图 4-6　葡萄酒监测质量色谱图

图 4-7　黄酒监测质量色谱图

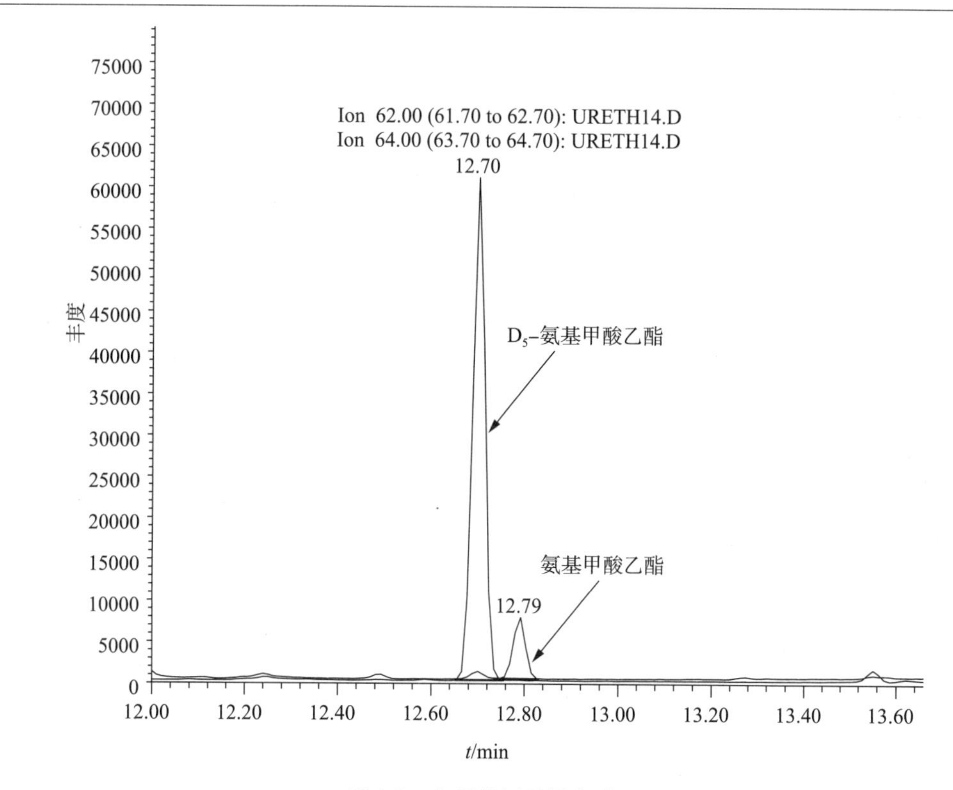

图 4-8　白酒监测质量色谱图

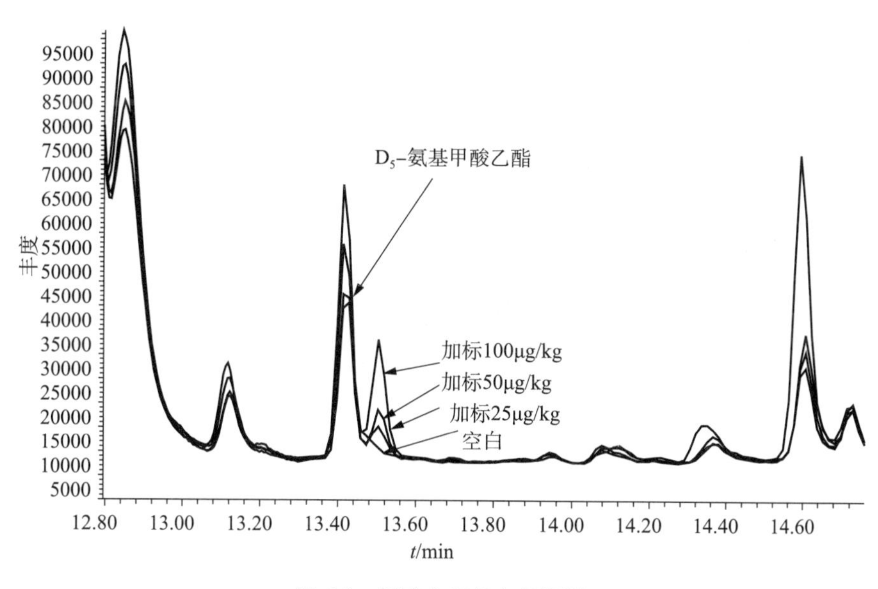

图 4-9　酒空白以及加标图谱

三、注意事项

1. 本标准操作程序是在 GB 5009.223—2014《食品安全国家标准　食品中氨基甲酸乙酯的测定》的基础上进行细化。

2. 固相萃取过程上样品前碱性硅藻土柱不需要活化保持干燥；上样后放置 10min，以保证样品与碱性硅藻土柱充分吸附交换。注意固相萃取柱规格。

3. 酒样含有丰富的酸性化合物，如甲酸、乙酸、乳酸、异戊酸等，酸性化合物对极性色谱柱的柱效有一定影响，长时间分析后柱效下降，氨基甲酸乙酯色谱峰容易拖尾，灵敏度下降；另外酒中挥发性化合物（如丁二酸二乙酯、异戊酸等）等会对氨基甲酸乙酯定性产生干扰，因此采用碱性硅藻土固相萃取柱进行去除，洗脱时要控制速度，有一个充分的洗脱交换时间。

4. 氨基甲酸乙酯相对分子质量小，容易挥发，在氮吹浓缩中极容易损失，乙醚沸点低，一般不加热，在室温氮吹，要控制好浓缩氮吹温度和速度，在低浓度检测时，要注意内标回收率。

5. 气相色谱质谱参考条件，由于不同公司生产的毛细管色谱柱名称不同，如 DB-INNOWAX、HP-INNOWAX、ZB-WAXplus 等，尽量选择与本标准相当的色谱柱。

6. 定性检测：基于酒类样品非常复杂，按照方法条件测定标准工作溶液和试样，试样的质量色谱峰保留时间与标准物质保留时间的允许偏差小于±2.5%；定性离子对的相对丰度与浓度相当标准工作溶液的相对丰度允许偏差不超过表 4-1 的规定。氨基甲酸乙酯相对分子质量小，注意杂质对监测离子的干扰。

7. 基于酒中挥发性有机物非常复杂，如遇到干扰物质，也可以通过调整色谱条件将其与内标和目标化合物分离，根据保留时间和方法要求进行定性。

8. 定量分析：为了保证分析结果的准确，要求在分析每批样品时，视样品含量进行加标试验，一般果酒（葡萄酒）加标 20μg/kg、白酒 50μg/kg、黄酒加标 50μg/kg（白酒、黄酒本底含量不能太高），添加回收率应在 80%～120% 范围之内；定性定量时如果样品中氨基甲酸乙酯过底，可以适当减少定容体积。

四、国内外酒中氨基甲酸乙酯限量及检测方法

酒类氨基甲酸乙酯限量见表 4-2。

表 4-2　酒类氨基甲酸乙酯限量

国家	产品	限量 μg/L
加拿大	佐餐葡萄酒	30
	强化葡萄酒	100
	蒸馏酒	150
	烈性酒和水果白兰地	400

续表

国家	产品	限量 μg/L
美国	佐餐葡萄酒	15
	餐后甜葡萄酒	60
瑞士	烈性酒和水果白兰地	1000
法国	烈性酒和水果白兰地	1000
韩国	葡萄酒	30
德国	烈性酒和水果白兰地	800

国内外酒中氨基甲酸乙酯的检验方法标准比较见表 4-3。

表 4-3　国内外酒中氨基甲酸乙酯的检验方法标准比较

方法	AOAC 994.07	SN 0285—2012	GB 5009.223—2014
仪器	GC/MS	GC/MS	GC/MS
定量方法	内标法（氨基甲酸丙酯）	外标法	内标法（D_5-氨基甲酸乙酯）
监测离子	62、74、89	62、74、89	44、62、74、89
样品前处理	硅藻土柱层析	二氯甲烷液液萃取、乙腈-正己烷液液分配后 PSA 基质固相萃取净化	碱性硅藻土固相萃取
试剂用量	10g 样品用 160mL 二氯甲烷洗脱，无除杂过程	10g 样品用 30mL 二氯甲烷提取，用 2mL 乙腈和 4mL 正己烷液液分配	2g 样品用 10mL 正己烷淋洗除杂，用 10mL 5%乙酸乙酯/乙醚洗脱
灵敏度	定量限为 10.0μg/kg	检测底限为 10μg/kg	检出限 2.0μg/kg，定量限 5.0μg/kg
标准曲线	100～1600μg/L	无说明，适当	10～1000μg/L
适用范围	酒精饮料、酱油	蒸馏酒、红葡萄酒、啤酒、黄酒、白兰地酒	啤酒、葡萄酒、黄酒、白酒等酒精饮料和酱油等发酵食品

第二节　液相色谱法

一、标准操作程序

酒中氨基甲酸乙酯测定标准操作程序——液相色谱法如下：

1　原理

在盐酸中,氨基甲酸乙酯与9-羟基吨反应,生成具有荧光特性的衍生物,经高效液相色谱的C_{18}色谱柱分离,荧光检测器检测,外标法定量。方法检测限10μg/L。氨基甲酸乙酯与9-羟基吨的衍生反应方程式如下:

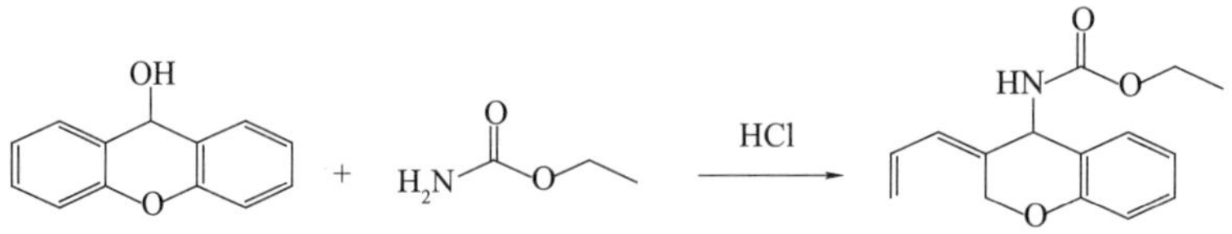

OH　+　H_2N—C(=O)—O—　$\xrightarrow{HCl}$　HN—C(=O)—O—

图4-10　氨基甲酸乙酯与9-羟基吨的衍生反应方程式

2　试剂和溶液

除另有说明外,所有试剂均为分析纯,水为GB/T 6682规定的一级水。

2.1　无水乙酸钠。

2.2　浓盐酸。

2.3　9-羟基咕吨(不小于98%)。

2.4　无水乙醇。

2.5　正丙醇。

2.6　乙腈:色谱纯。

2.7　冰乙酸(≥99.0%)。

2.8　乙酸溶液(1.0%,体积分数):吸取1.0mL冰乙酸于100mL容量瓶中,用水定容至刻度,混匀。

2.9　乙酸钠溶液(0.02mol/L):称取1.64g无水乙酸钠溶解于1000mL水中,用乙酸溶液(1.0%,体积分数)将乙酸钠溶液pH调至7.2。

2.10　盐酸溶液(1.5mol/L):吸取6.2mL的浓盐酸于50mL容量瓶中,用水定容至刻度,混匀。

2.11　9-羟基占吨溶液(0.02mol/L):称取0.198g 9-羟基占吨,用正丙醇溶解并定容至50mL,于0～4℃冰箱避光保存,有效期一个月。

2.12　乙醇溶液(15%,体积分数):吸取15mL无水乙醇于100mL容量瓶中,用水定容至刻度,混匀。

2.13 乙醇溶液(40%,体积分数):吸取40mL无水乙醇于100mL容量瓶中,用水定容至刻度,混匀。

2.14　氨基甲酸乙酯标品:纯度≥99%。

2.15　氨基甲酸乙酯储备液(1.0mg/mL):准确称取0.0100g氨基甲酸乙酯,用无水乙醇溶解并定容至10mL混匀。0～4℃低温冰箱保存,有效期6个月。

2.16　系列氨基甲酸乙酯标准工作液:准确吸取氨基甲酸乙酯标准储备液,用乙醇溶液(发酵酒用2.12溶液,白酒用2.13溶液)依次配制成10.00μg/L、20.00μg/L、50.00μg/L、100.00μg/L、200μg/L的系列标准工作溶液。现用现配。

3　仪器和材料

3.1　高效液相色谱仪：配有荧光检测器。

3.2　pH 计。

3.3　分析天平：感量 0.1mg。

3.4　涡旋混合器。

3.5　带塞试管。

3.6　微孔过滤膜：孔径 0.45μm 或 0.22μm(有机系)。

3.7　移液器：1000μL 和 100μL。

4　分析步骤

4.1　样品衍生

准确吸取 1.0mL 样品(白酒样品需要将酒精度含量调整至 38%～42%，体积分数)于衍生管中，加入 100μL 盐酸溶液(2.10)、600μL 9-羟基占吨溶液(2.11)混匀，室温避光衍生(发酵酒 30min；白酒 60min)，经微孔滤膜(3.6)过滤，滤液用于液相色谱测定。

4.2　参考色谱条件

4.2.1　色谱柱 VenusilMP：C_{18} 色谱柱(250mm×4.6mm，5μm)或等效色谱柱。

4.2.2　柱温：30℃。

4.2.3　检测波长：λ_{ex}=233nm，λ_{em}=600nm。

4.2.4　流速：0.8mL/min。

4.2.5　进样体积：20μL。

4.2.6　梯度洗脱，详见表 4-4：

表 4-4　梯度洗脱程序表

时间 min	0.02mol/L 乙酸钠 %	乙腈 %
0.00	70	30
5.00	50	50
25.00	25	75
26.00	10	90
29.00	10	90
30.00	70	30
35.00	70	30

4.3　定性分析

根据氨基甲酸乙酯标品衍生物的保留时间，与待测样品中组分的保留时间进行定性，定性色谱图参见图 4-11。

4.4　外标法定量

分别吸取 1mL 各浓度氨基甲酸乙酯标准工作液，依照 4.1 方法进行衍生，以氨基甲酸乙酯标准工作液系列浓度为横坐标，峰面积响应值为纵坐标绘制标准曲线。得到样品中氨基甲酸乙酯色谱峰面积后，由标准曲线计算样品中的氨基甲酸乙酯含量。

4.5　空白试验

除不称取样品外，均按上述步骤同时完成空白试验。

5　分析结果的表述

样品中氨基甲酸乙酯的含量按式(4-2)计算：

$$X=(c-c_0)\times f \qquad (4\text{-}2)$$

式中：

X——样品中氨基甲酸乙酯的含量，单位为微克每升(μg/L)；

c——从标准曲线求得样品中氨基甲酸乙酯的含量，单位为微克每升(μg/L)；

c_0——从标准曲线求得试剂空白中氨基甲酸乙酯的含量，单位为微克每升(μg/L)；

f——样品中稀释倍数。

以重复性条件下测定获得的两次独立测定结果的算数平均值表示，结果保留两位有效数字。

6　精密度

在重复性测定条件下获得的两次独立测定结果的绝对差值不超过其算术平均值的 10%。

7　附图

图 4-11 和图 4-12 为黄酒和白酒中氨基甲酸乙酯衍生物经高效液相测定色谱图。

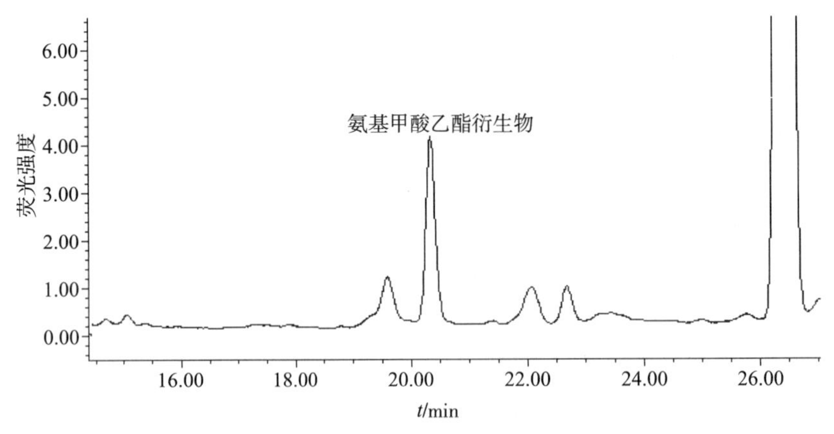

图 4-11　发酵酒中氨基甲酸乙酯衍生物经高效液相测定色谱图

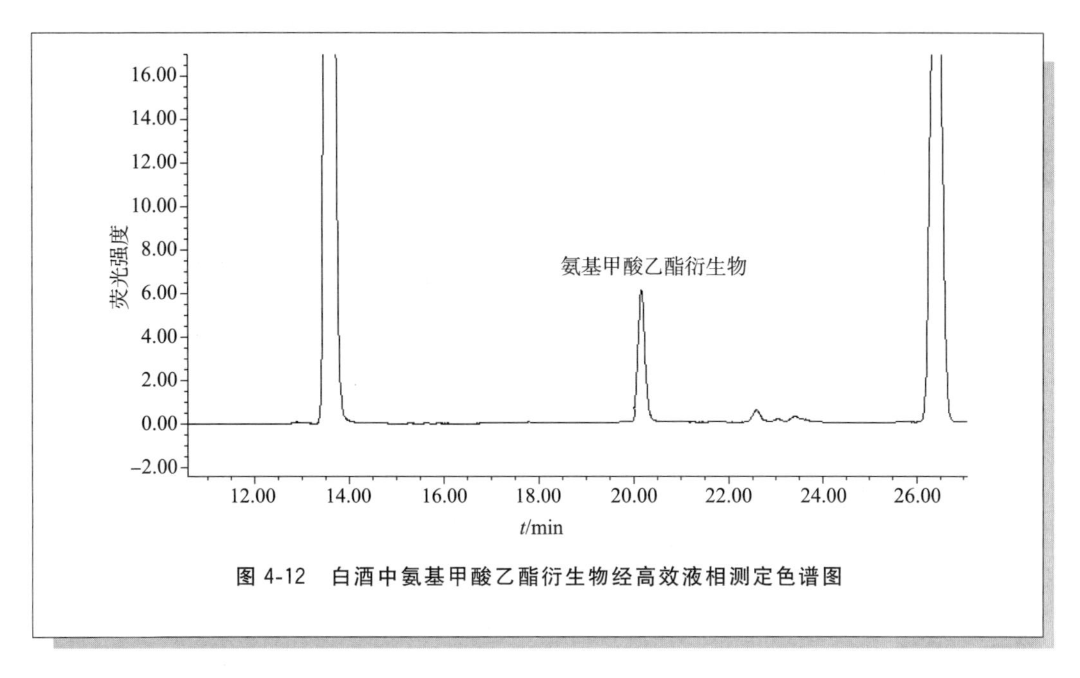

图 4-12　白酒中氨基甲酸乙酯衍生物经高效液相测定色谱图

二、注意事项

1. 衍生试剂配置完成后应 4℃避光保存，在加样时，尽量缩短操作时间，避免衍生试剂见光时间过长分解。

2. 测定白酒样时，需要将酒样酒精度调整到 38%～42%，白酒衍生时间不得少于 60min，发酵酒衍生时间不得少于 30min。

参 考 文 献

[1] GB 5009.223—2014 食品安全国家标准 食品中氨基甲酸乙酯的测定

[2] 钟其顶，姚亮，熊正河. 采用 GC/MS 和 HPLC-FLD 2 种方法测定黄酒中的 EC 含量[J]. 食品与发酵工业，2007，33(3)：115-119.

[3] GUOHUi Li，QINGDING ZHONG，DAOBING WANG，et al. Determination and formation of Ethyl Carbamate in Chinese spirits[J]. Food control，2015 (56)：167-174.

第五章

酒中邻苯二甲酸酯的测定标准操作程序

第一节　气相色谱-质谱法

一、概述

邻苯二甲酸酯(Phthalates EsterAcids,PAEs)又称塑化剂、起云剂,起初用于增加塑料制品尤其是PVC材质的呈塑性。随着近代工业化的发展,邻苯二甲酸酯也被广泛的应用于不同领域,如油漆、涂料及化妆品领域。根据世界卫生组织(World Health Organization)的调查,全球每年生产的邻苯二甲酸酯达到800万吨。相关研究表明,邻苯二甲酸酯每年通过各种途径如迁移,挥发等因素进入到环境中的剂量占据年产量的1.8%。

邻苯二甲酸酯为内分泌干扰物质,可影响人体生殖健康,诱发多种疾病。针对邻苯二甲酸酯使用和管理,欧盟No.10/2011法规及我国GB 9685—2008《食品容器、包装材料用添加剂使用卫生标准》规定了邻苯二甲酸酯的特定迁移限量及最大残留量,其中,邻苯二甲酸二正丁酯DBP.0.3mg/kg,邻苯二甲酸二(α-乙基已酯)DEHP.1.5mg/kg(图5-1为邻苯二甲酸酯、DBP、DEHP结构式)。在台湾起云剂事件中,原卫生部于2011年将17种邻苯二甲酸酯列入《食品中可能违法添加的非食用物质和易滥用的食品添加剂名单(第六批)》。

我国白酒中的邻苯二甲酸酯主要来源于生产过程中的蒸馏管道及食品接触材料中的渗出。目前我国针对白酒基质的塑化剂检测方法目前主要为GB/T 21911—2008《食品中邻苯二甲酸酯的测定》,然而随着白酒塑化剂事件的发生,国标法针对检测白酒基质存在着一定局限性,如酒精含量对样品前处理的影响等,亟需改进。

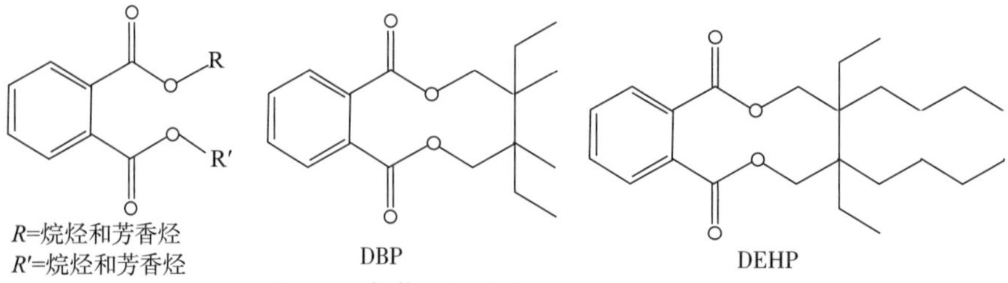

R=烷烃和芳香烃
R′=烷烃和芳香烃
DBP
DEHP

图5-1　邻苯二甲酸酯、DBP、DEHP结构式

二、测定标准操作程序

酒中邻苯二甲酸酯测定(GC-MS方法)标准操作程序如下：

1　范围

本程序规定了酒中邻苯二甲酸酯含量的测定方法。

本程序适用于白酒、啤酒、黄酒和葡萄酒中邻苯二甲酸酯含量的测定。

2　原理

在试样中加入氘代的邻苯二甲酸酯作为内标，白酒经甲苯提取，其它酒样经正己烷提取，提取液离心后，采用选择离子扫描(SIM)的气相色谱-质谱法测定，以保留时间和定性离子碎片丰度比进行定性，内标法定量。

3　试剂和材料

注：除非另有说明，本方法所用试剂均为分析纯，水为GB/T 6682规定的一级水。

3.1　试剂

3.1.1　正己烷(C_6H_{14})：色谱纯。

3.1.2　甲苯(C_7H_8)：色谱纯。

3.2　标准品

邻苯二甲酸二甲酯(DMP)、邻苯二甲酸二乙酯(DEP)、邻苯二甲酸二异丁酯(DIBP)、邻苯二甲酸二丁酯(DBP)、邻苯二甲酸(2-甲氧基)乙酯(DMEP)、邻苯二甲酸二(4-甲基-2-戊基)酯(BMPP)、邻苯二甲酸二(2-乙氧基)乙酯(DEEP)、邻苯二甲酸二戊酯(DPP)、邻苯二甲酸二己酯(DHXP)、邻苯二甲酸丁基苄基酯(BBP)、邻苯二甲酸二(2-丁氧基)乙酯(DBEP)、邻苯二甲酸二环己酯(DCHP)、邻苯二甲酸二(2-乙基)己酯(DEHP)、邻苯二甲酸二苯酯(DphP)、邻苯二甲酸二正辛酯(DNOP)、邻苯二甲酸二异辛酯(DINP)、邻苯二甲酸二壬酯(DNP)，纯度见表5-3。

3.3　标准溶液的配制

3.3.1　16种邻苯二甲酸酯混合标准储备液(1000mg/L)

分别准确称取邻苯二甲酸酯标准品10mg(精确至0.1mg)于10mL容量瓶，以正己烷溶解，并定容至刻度，配制成内标的标准储备溶液，用铝箔纸隔离瓶盖后密封，于−20℃避光保存，有效期3个月。

3.3.2　16种邻苯二甲酸酯混合标准中间液1(10mg/L)

准确移取邻苯二甲酸酯标准储备溶液(1000mg/L)100μL于10mL容量瓶，以正己烷溶解并稀释至刻度，配制成中间液，用铝箔纸隔离瓶盖后密封，于−20℃避光保存，有效期3个月。

3.3.3　16种邻苯二甲酸酯混合标准中间液2(1mg/L)

准确移取16种邻苯二甲酸酯混合标准中间液1(10mg/L)1.0mL于10mL容量瓶，以正己烷溶解并稀释至刻度，配制成中间液，用铝箔纸隔离瓶盖后密封，于

－20℃避光保存，有效期 3 个月。

3.3.4　DINP 标准储备溶液（5000mg/L，溶剂为正己烷）

准确称取 DINP 标准品 50mg（精确至 0.1mg）于 10mL 容量瓶，以正己烷溶解，并定容至刻度，配制成标准储备溶液，用铝箔纸隔离瓶盖后密封，于－20℃避光保存，有效期 3 个月。

3.3.5　DINP 标准中间液 1（100mg/L）

准确移取 DINP 标准储备溶液（5000mg/L）200μL 于 10mL 容量瓶，以正己烷溶解并稀释至刻度，配制成中间液，用铝箔纸隔离瓶盖后密封，于－20℃避光保存，有效期 3 个月。

3.3.6　DINP 标准中间液 2（10mg/L）

准确移取 DINP 标准中间液 1（100mg/L）1.0mL 于 10mL 容量瓶，以正己烷溶解并稀释至刻度，配制成中间液，用铝箔纸隔离瓶盖后密封，于－20℃避光保存，有效期 3 个月。

3.3.7　氘代同位素的标准储备溶液（1000mg/L）

分别准确称取 D_4-邻苯二甲酸酯标准品 10mg（精确至 0.1mg）于 10mL 容量瓶，以正己烷溶解，并定容至刻度，配制成内标的标准储备溶液，用铝箔纸隔离瓶盖后密封，于－20℃避光保存，有效期3 个月。

3.3.8　氘代同位素的标准中间液 1（50mg/L）

临用时，准确移取内标的标准储备溶液 1000μL（精确至 0.1μL）0.5mL，于 10mL 容量瓶，以正己烷稀释至刻度，配制成内标的中间液，用铝箔纸隔离瓶盖后密封，于－20℃避光保存，有效期 3 个月。

3.3.9　氘代同位素的标准中间液 2（1mg/L）

临用时，准确移取内标的标准中间液 1（50mg/L）200μL，于 10mL 容量瓶，以正己烷稀释至刻度，配制成内标的中间液，用铝箔纸隔离瓶盖后密封，于－20℃避光保存，有效期 3 个月。

3.3.10　系列标准溶液

准确移取邻苯二甲酸酯及其氘代同位素内标的中间液配制成系列标准溶液，含 D_4-邻苯二甲酸酯浓度为 0.5mg/L，含 16 种邻苯二甲酸酯的浓度为 0、0.02mg/L、0.05mg/L、0.1mg/L、0.2mg/L、0.5mg/L 和 1.0mg/L；DINP 浓度为 0、0.5mg/L、1.0mg/L、2.0mg/L、5.0mg/L、8.0mg/L和 10.0mg/L。于－20℃避光保存，有效期 3 个月。

4　仪器与设备

4.1　气相色谱-质谱联用仪。

4.2　涡旋混匀器。

4.3　马弗炉。

4.4　离心机：转速不低于 3000r/min。

4.5　分析天平：感量为 0.0001g 和 0.001g。

4.6　氮吹仪。

5　分析步骤

5.1　白酒

5.1.1　酒精度调整

根据试样标称的酒精度，先称取 2g 样品于 10mL 玻璃离心管中，再按表 5-1 比例加水稀释，调整酒精度。

表 5-1　酒精度稀释表

酒精度	取样量	水	稀释比例
＞60％	1 份	2 份	1∶2
40％～60％	1 份	1 份	1∶1
＜40％	2 份	1 份	2∶1

5.1.2　样品提取

于上述 10ml 玻璃离心管中，加 20μL D_4-标准中间液（10mg/L）和提取溶剂甲苯 2mL，涡旋振荡 1min，在 3000r/min 下离心 3min，取上清液，待测。

5.2　其他酒（啤酒、黄酒、葡萄酒）

准确称取试样 2g，于 10ml 的玻璃离心管中，啤酒样品除去气泡，加 20μL D_4-标准使用液（10mg/L）和提取溶剂正己烷 2mL，涡旋震荡 1min，在 3000r/min 下离心 3min，取上清液，待测。

5.3　空白样品

除不含试样外，按照 5.1 或 5.2 步骤操作。

5.4　回收试验样品

准确移取 2mL 样品，于 10mL 玻璃离心管中，加 20μL D_4-标准使用液（10mg/L）及邻苯二甲酸酯标准中间液（10mg/L）10μL，按照 5.1 和 5.2 步骤处理后，上清液进气相-质谱法检测。

5.5　测定条件

5.5.1　气相色谱参考条件

5.5.1.1　色谱柱：ZB-5ms 石英毛细管色谱柱，柱长 30m，内径 0.25mm，膜厚 0.25μm。

5.5.1.2　进样口温度：250℃。

5.5.1.3　升温程序：初温 60℃，保持 1min，以 20℃/min 升至 220℃，保持 1min，再以 5℃/min 升至 280℃，保持 1min；以 20℃/min 升至 300℃，保持 4min。

5.5.1.4　载气：高纯氦气，纯度≥99.999％，流速 1.0mL/min。

5.5.1.5　进样方式：柱上不分流进样。

5.5.1.6 进样量：1μL。

5.5.2 质谱参考条件

5.5.2.1 电离方式：电子轰击源(EI)。

5.5.2.2 电离能量：70eV。

5.5.2.3 传输线温度：280℃。

5.5.2.4 离子源温度：250℃。

5.5.2.5 监测方式：选择离子扫描(SIM)，监测离子参见附录B。

5.5.2.6 溶剂延迟：6min。

5.6 定性确定

试样待测液和标准品的选择离子在相同保留时间处(±0.5%)出现，并且对应质谱碎片离子的质核比与标准品一致，其丰度比与标准品相比应符合表5-2，可定性确证目标分析物。各邻苯二甲酸酯类的保留时间、定性离子和定量离子参见附录B。

表5-2 离子相对丰度比最大允许偏差

相对丰度比(%基峰)	允许偏差
>50	±10%
20～50	±15%
10～20	±20%
≤10	±50%

5.7 标准曲线的制作

准确移取邻苯二甲酸酯及其氘代同位素内标的中间液，配制成系列标准溶液，含D_4-邻苯二甲酸酯浓度为0.5mg/L，含16种邻苯二甲酸酯的浓度为0、0.02mg/L、0.05mg/L、0.1mg/L、0.2mg/L、0.5mg/L和1.0mg/L；DINP浓度为0、0.5mg/L、1.0mg/L、2.0mg/L、5.0mg/L、8.0mg/L和10.0mg/L。

5.8 试样溶液的测定

将10μL的待测试样溶液注入气相色谱质谱仪中，测量峰面积，根据标准曲线得到待测液中邻苯二甲酸酯的浓度。

5.9 分析结果的表述

按本方法做出17种邻苯二甲酸酯的标准工作曲线，DINP测定时，以D_4-DNOP校正定量，样品和标准均需进行手动积分后计算测定。根据标准曲线计算测定液中各邻苯二甲酸酯类化合物的含量浓度c_i，过程空白测定值为c_b。样品中邻苯二甲酸酯类化合物含量按式(5-1)计算，结果保留小数点后两位：

$$X=\frac{(c_i-c_b)\times L}{M} \quad \cdots\cdots (5\text{-}1)$$

式中：

X——试样中各邻苯二甲酸酯类含量，单位为毫克每千克(mg/kg)；

M——试样的取样量，单位为千克(kg)；

c_i——各邻苯二甲酸酯含量，单位为毫克每升(mg/L)；

c_b——过程空白实验中对应邻苯二甲酸酯类化合物含量，单位为毫克每升(mg/L)；

L——定容体积，单位为升(L)。

以重复条件下获得的两次独立测定结果的算术平均值表示，结果保留三位有效数字。

5.10　检出限和精密度

邻苯二甲酸二异壬酯(DINP)的检出限为0.5mg/kg，定量限为1.5mg/kg；其余16种邻苯二甲酸酯的检出限均为0.03mg/kg，定量限均为0.1mg/kg。

在重复性条件下获得的两次独立测定结果的绝对差值不得超过算术平均值的10%。

6　附表及附图

表5-3　邻苯二甲酸酯及其氘代内标的信息

序号	化合物中文名称	英文名称	分子式	CAS号	纯度%
1	邻苯二甲酸二甲酯	DMP	$C_{10}H_{10}O_4$	131-11-3	≥95.0
2	D_4-邻苯二甲酸二甲酯	D_4-DMP	$C_{10}H_6O_4D_4$	93951-89-4	≥95.0
3	邻苯二甲酸二乙酯	DEP	$C_{12}H_{14}O_4$	84-66-2	≥95.0
4	D_4-邻苯二甲酸二乙酯	D_4-DEP	$C_{12}H_{10}O_4D_4$	93952-12-6	≥95.0
5	邻苯二甲酸二异丁酯	DIBP	$C_{16}H_{22}O_4$	84-69-5	≥95.0
6	D_4-邻苯二甲酸二异丁酯	D_4-DIBP	$C_{16}H_{18}O_4$	D_4/	≥95.0
7	邻苯二甲酸二丁酯	DBP	$C_{16}H_{22}O_4$	84-74-2	≥95.0
8	D_4-邻苯二甲酸二丁酯	D_4-DBP	$C_{16}H_{18}O_4D_4$	93952-11-5	≥95.0
9	邻苯二甲酸(2-甲氧基)乙酯	DMEP	$C_{14}H_{18}O_6$	117-82-8	≥95.0
10	D_4-邻苯二甲酸(2-甲氧基)乙酯	D_4-DMEP	$C_{14}H_{14}O_6D_4$	/	≥95.0
11	邻苯二甲酸二(4-甲基-2-戊基)酯	BMPP	$C_{20}H_{30}O_4$	146-50-9	≥95.0
12	D_4-邻苯二甲酸二(4-甲基-2-戊基)酯	D_4-BMPP	$C_{20}H_{26}O_4D_4$	/	≥95.0

续表

序号	化合物中文名称	英文名称	分子式	CAS 号	纯度 %
13	邻苯二甲酸二(2-乙氧基)乙酯	DEEP	$C_{16}H_{22}O_6$	605-54-9	≥95.0
14	D_4-邻苯二甲酸二(2-乙氧基)乙酯	D_4-DEEP	$C_{16}H_{18}O_6D_4$	/	≥95.0
15	邻苯二甲酸二戊酯	DPP	$C_{18}H_{26}O_4$	131-18-0	≥95.0
16	D_4-邻苯二甲酸二戊酯	D_4-DPP	$C_{18}H_{22}O_4D_4$	358730-89-9	≥95.0
17	邻苯二甲酸二己酯	DHXP	$C_{20}H_{30}O_4$	84-75-3	≥95.0
18	D_4-邻苯二甲酸二己酯	D_4-DHXP	$C_{20}H_{26}O_4D_4$	1015854-55-3	≥95.0
19	邻苯二甲酸丁基苄基酯	BBP	$C_{19}H_{20}O_4$	85-68-7	≥95.0
20	D_4-邻苯二甲酸丁基苄基酯	D_4-BBP	$C_{19}H_{16}O_4D_4$	93951-88-3	≥95.0
21	邻苯二甲酸二(2-丁氧基)乙酯	DBEP	$C_{20}H_{30}O_6$	117-83-9	≥95.0
22	D_4-邻苯二甲酸二(2-丁氧基)乙酯	D_4-DBEP	$C_{20}H_{26}O_4D_4$	1398065-96-7	≥95.0
23	邻苯二甲酸二环己酯	DCHP	$C_{20}H_{26}O_4$	84-61-7	≥95.0
24	D_4-邻苯二甲酸二环己酯	D_4-DCHP	$C_{20}H_{22}O_4D_4$	358731-25-6	≥95.0
25	邻苯二甲酸二(2-乙基)己酯	DEHP	$C_{24}H_{38}O_4$	117-81-7	≥95.0
26	D_4-邻苯二甲酸二(2-乙基)己酯	D_4-DEHP	$C_{24}H_{34}O_4D_4$	93951-87-2	≥95.0
27	邻苯二甲酸二苯酯	DphP	$C_{20}H_{14}O_4$	84-62-8	≥95.0
28	D_4-邻苯二甲酸二苯酯	D_4-DphP	$C_{20}H_{10}O_4D_4$	/	≥95.0
29	邻苯二甲酸二正辛酯	DNOP	$C_{24}H_{38}O_4$	117-84-0	≥95.0
30	D_4-邻苯二甲酸二正辛酯	D_4-DNOP	$C_{24}H_{34}O_4D_4$	93952-13-7	≥95.0
31	邻苯二甲酸二异壬酯	DINP	$C_{26}H_{42}O_4$	/	≥95.0
32	邻苯二甲酸二壬酯	DNP	$C_{26}H_{42}O_4$	84-76-4	≥95.0
33	D_4-邻苯二甲酸二壬酯	D_4-DNP	$C_{26}H_{38}O_4D_4$	/	≥95.0

表 5-4　监测的主要碎片离子

	化合物名称	保留时间 min	监测离子 m/z
1	D_4-DMP	7.71	167 * ,181,198,137
2	DMP(D_4-DMP 校正)	7.71	163 * ,177,194,133
3	D_4-DEP	8.58	153 * ,181,109,197
4	DEP(D_4-DEP 校正)	8.58	149 * ,177,105,193
5	D_4-DIBP	10.38	153 * ,227,108,171
6	DIBP(D_4-DIBP 校正)	10.39	149 * ,223,104,167
7	D_4-DBP	11.17	153 * ,227,209,108
8	DBP(D_4-DBP 校正)	11.20	149 * ,223,205,104
9	D_4-DMEP	11.50	153 * ,108,180,125
10	DMEP(D_4-DMEP 校正)	11.51	121,149 * ,104,176
11	D_4-BMPP	12.22	153 * ,171,85,255
12	BMPP(D_4-BMPP 校正)	12.24	149 * ,167,85,251
13	D_4-DEEP	12.62	153 * ,108,197,225
14	DEEP(D_4-DEEP 校正)	12.64	221,149 * ,104,193
15	D_4-DPP	13.09	153 * ,241,223,108
16	DPP(D_4-DPP 校正)	13.09	149 * ,237,219,104
17	D_4-DHXP	15.32	153 * ,255,108,237
18	DHXP(D_4-DHXP 校正)	15.35	149 * ,251,104,233
19	D_4-BBP	15.40	95,153 * ,210,136
20	BBP(D_4-BBP 校正)	15.40	149 * ,91,206,132
21	D_4-DBEP	16.97	153 * ,105,197,89
22	DBEP(D_4-DBEP 校正)	16.99	149 * ,101,85,193
23	D_4-DCHP	17.67	153 * ,171,253,108
24	DCHP(D_4-DCHP 校正)	17.70	149 * ,167,249,104

续表

	化合物名称	保留时间(min)	监测离子 m/z
25	D_4-DEHP	17.70	153*,171,283,117
26	DEHP(D_4-DEHP 校正)	17.75	149*,167,279,113
27	D_4-DphP	18.01	81,229*,108,157
28	DphP(D_4-DpHP 校正)	18.03	225*,77,104,153
29	D_4-DNOP	20.47	61,283*,108,265
30	DNOP(D_4-DNOP 校正)	20.50	279*,104,261,57
31	DINP(D_4-DNP 校正)	19.00—21.00	127,293*,167,275
32	D_4-DNP	23.19	153*,297,171,279
33	DNP(D_4-DNP 校正)	23.21	149*,293,167,275

注：* 为定量离子。

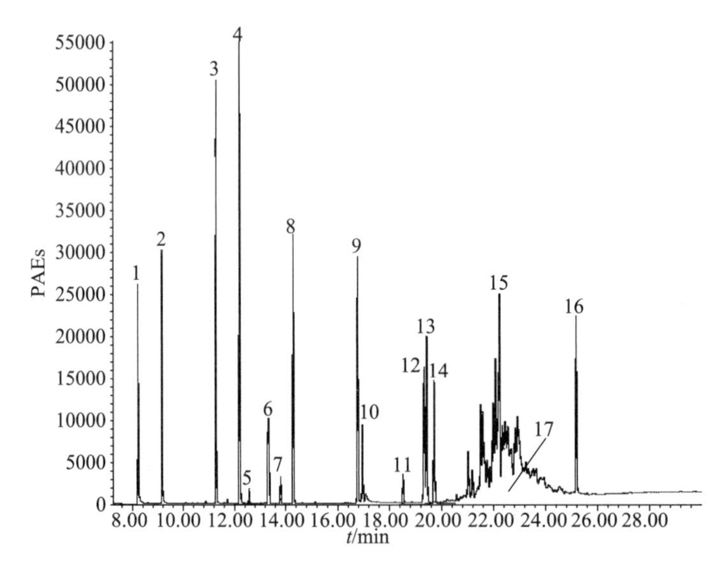

1. DMP；2. DEP；3. DIBP；4. DBP；5. DMEP；6. BMPP；7. DEEP；8. DPP；9. DHXP；10. BBP；11. DBEP；12. DCHP；13. DEHP；14. DphP；15. DNOP；16. DNP；17. DINP。

图 5-2　邻苯二甲酸酯标准溶液选择离子色谱图

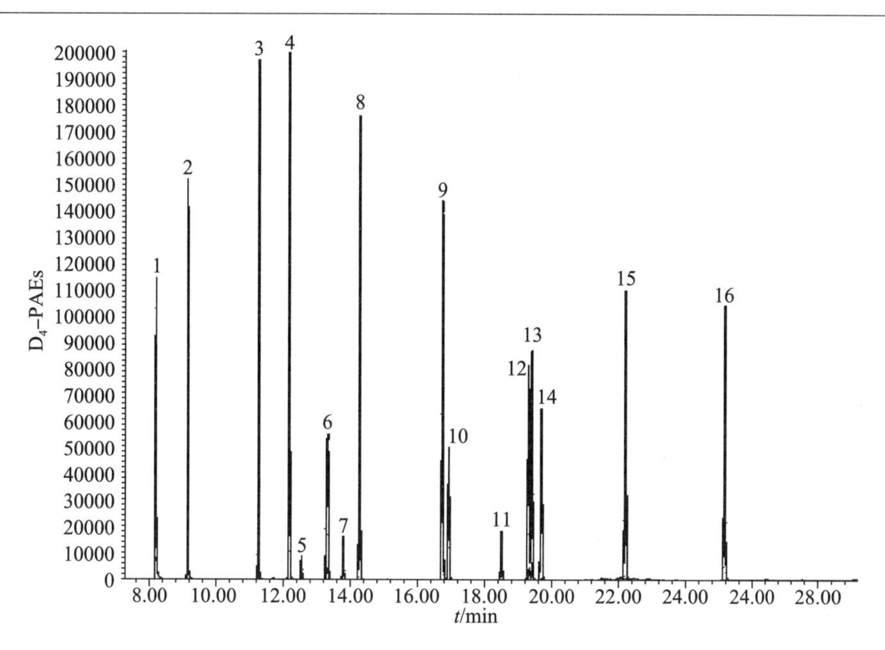

1. DMP；2. D_4-DEP；3. D_4-DIBP；4. D_4-DBP；5. D_4-DMEP；6. D_4-BMPP；
7. D_4-DEEP；8. D_4-DPP；9. D_4-DHXP；10. D_4-BBP；11. D_4-DBEP；
12. D_4-DCHP；13. D_4-DEHP；14. D_4-DphP；15. D_4-DNOP；16. D_4-DNP。

图 5-3 邻苯二甲酸酯标准溶液内标选择离子色谱图

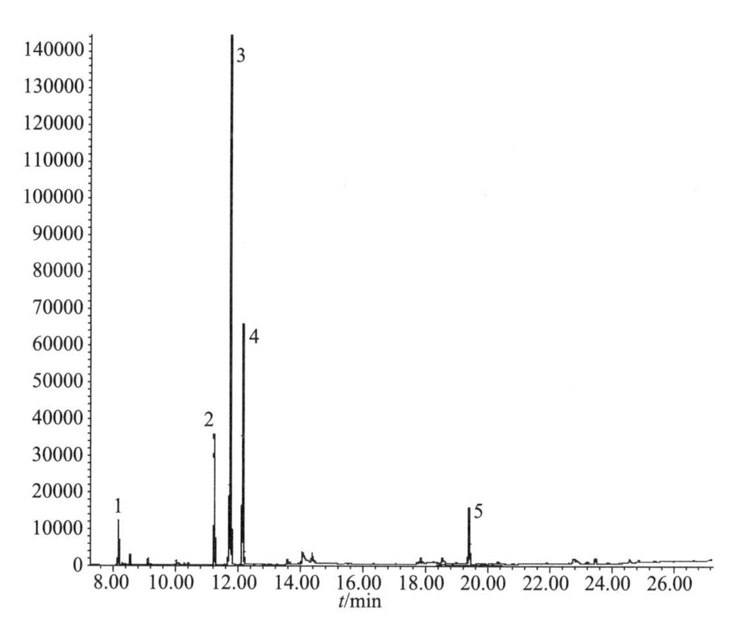

1. DMP；2. DIBP；3. 杂质；4. DBP；5. DEHP。

图 5-4 白酒样品选择离子色谱图

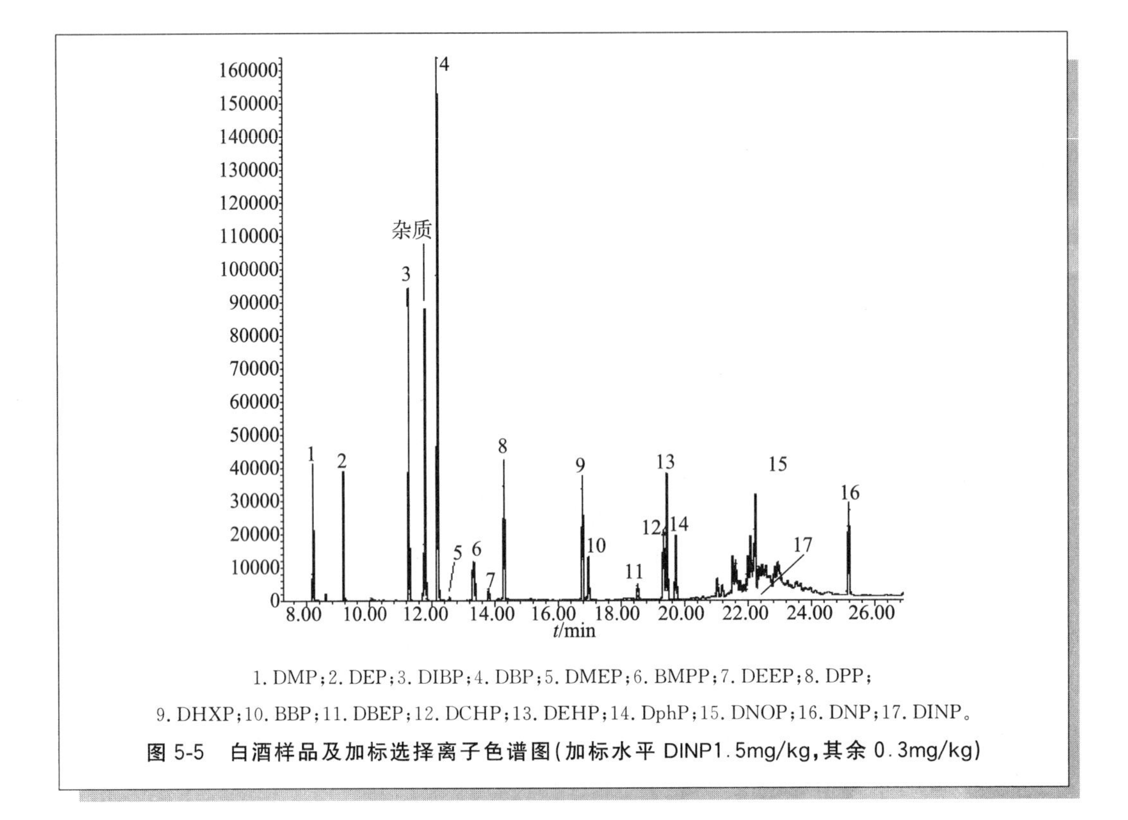

1. DMP；2. DEP；3. DIBP；4. DBP；5. DMEP；6. BMPP；7. DEEP；8. DPP；9. DHXP；10. BBP；11. DBEP；12. DCHP；13. DEHP；14. DphP；15. DNOP；16. DNP；17. DINP。

图 5-5　白酒样品及加标选择离子色谱图(加标水平 DINP1.5mg/kg，其余 0.3mg/kg)

三、注意事项

1. 试验过程中严禁使用塑料制品，试样不得与塑料制品接触，特别是含 PVC 的制品。

2. 玻璃器皿：玻璃器皿用沸水浸泡 0.5h，以去离子水清洗后，于重铬酸钾洗液中浸泡24h，再以去离子水清洗，正己烷洗涤后，放入 400℃ 马弗炉中烘烤 2h 以上，放冷至室温备用。

3. 试剂：试验所需试剂(甲苯、正己烷、去离子水)进行 GC-MS 分析，邻苯二甲酸酯类物质的含量水平均需处于检出限以下。

4. 进样瓶：以铝箔纸代替进样瓶垫，密封进样瓶。

5. 手套：实验时需佩戴丁腈手套。

6. 空白试验和加标回收试验：空白试验中邻苯二甲酸酯类物质的含量水平均需处于检出限以下；各邻苯二甲酸酯类相对加标回收率在 70%～120%之间。平行测试次数至少为 3 次。

四、国内外酒中邻苯二甲酸酯限量及检测方法

1. 世界卫生组织

1996 年世界卫生组织(World health organization，WHO)提出饮用水中 DEHP 含量不得高于 8μg/L。FAO/WHO 食品添加剂联合专家委员会(FAO/WHO joint expert-committee on food additives，JECFA)在第三十三次报告中公布，考虑到此物质的迁移量

和食品接触材料中含量、时间、温度以及储存条件有关，且DEHP易溶于脂性食品，一些国家禁止含有DEHP的食品接触材料接触脂性食品，委员会建议DEHP的迁移量应达到技术允许的最低量，避免含有DEHP的食品接触材料接触脂性食品，尽快研究出可替代的增塑剂，并在替代品使用前对其安全性进行评估。

2.欧盟

欧盟委员会No.10/2011法规对几种邻苯二甲酸酯做出了规定。DEHP用作添加剂，特定迁移量(specific migration limit，SML)为1.5mg/kg，此类物质总迁移量(overall migration limit，OML)不得超过60mg/kg，仅用于接触非脂类食品；用作助剂时，成品中残留量应小于0.1%。DINP与DIDP要求相同，作为添加剂，用于制造重复使用材料，或用于接触非脂类物质的一次性材料(不包括婴儿配方食品、较大婴儿配方食品、谷基食品或婴幼儿食品)；作为助剂时，成品中残留量应小于0.1%。DINP与DIDP的迁移总量不得超过9mg/kg，此类物质的OML不得超过60mg/kg。DAP用作起始物质或单体，在成品中不得检出(not detected，ND)。DIOP用作添加剂，SML为0.3mg/kg，用于接触非脂类食品的重复使用材料。作为助剂用时，成品中残留量应小于0.05%。DBP作为添加剂，SML为0.3mg/kg，用于接触非脂类食品的重复使用材料。作为助剂用时，成品中残留量应小于0.05%，此类物质的OML不得超过60mg/kg。由于迁移并不是暴露的唯一途径，欧盟要求在测定食品中的此类物质时，应同时考虑其他因素。

3.美国

美国联邦法规第21章中规定了DEHP在1957年之前已经在美国市场上使用，可以作为增塑剂用在食品包装材料中，但只能用于与高水分含量的食品接触，具体规定如下：当DEHP用于粘合剂时，对其最大使用量未作规定；当DEHP用作流动性促进剂时，其占所在单体的比重不能超过3%(质量分数)；当DEHP用于玻璃纸时，DEHP本身或DEHP和其他邻苯二甲酸酯类物质的总量占用于包装玻璃纸比例不能超过5%(质量分数)；用于金属商品生产过程中的表面润滑剂时，对其最大使用量未作规定。DINP可用于PVC中，使用量不超过43%(质量分数)，且仅用于室温下接触非油性物质，接触食品时聚合物厚度不超过0.005in[①]。DMP可用于粘合剂、丙烯酸或改性丙烯酸的塑料(刚性或半刚性)及交联聚脂树脂，按照生产需要适量使用。DAP可用于粘合剂及纸和纸板，按照生产需要适量使用。DIBP可用于玻璃纸和粘合剂。DIOP与DEHP相同，属于1957年之前已经用于食品接触的物质，具体可用于粘合剂和树脂聚合物涂层。DBP可用于玻璃纸(DBP或与其他邻苯二甲酸酯总用量不得超过5%，质量分数)、交联聚酯树脂、重复使用橡胶(用量不得超过产品的30%，质量分数)、粘合剂、树脂聚合物涂层(当用于重复使用盛放含8%以上乙醇的液体时，仅可用于容量大于1000加仑的容器)以及纸和纸板(用于杀菌剂)。

4.中国

邻苯二甲酸酯在我国除化工工业用外，有少部分作为食品相关产品，用于食品包装材料的生产。现行标准GB 9685—2008《食品容器、包装材料用添加剂使用卫生标准》中

---

① 1in=0.0254m。

规定可以使用的此类物质有 8 种：DEHP、DBP、DINP、DIDP、DMP、DAP、DIBP、DIOP。不同物质分别允许添加在塑料、粘合剂、涂料、橡胶和纸中，每种物质均对具体的使用范围、使用量以及迁移量和残留量进行了规定。并对此类物质统一要求仅用于接触非脂类食品的材料，不得用于接触婴幼儿食品用的材料。

我国对于食品包装材料安全性的管理，除通过食品安全国家标准 GB 9685《食品容器、包装材料用添加剂卫生标准》规定用于食品容器、包装材料的添加剂类物质名单及限制性要求外，还通过制定各类食品容器、包装材料的产品标准，对容器和材料能够允许溶出到食品中的各类有害物质的总量进行了限定，以保证终产品的安全。台湾塑化剂事件发生后，《卫生部办公厅关于通报食品及食品添加剂中邻苯二甲酸酯类物质最大残留量的函》（卫办监督函[2011]511 号）规定，食品、食品添加剂中的 DEHP 和 DBP 最大残留量分别为 1.5 和 0.3，该 551 函不是食品安全国家标准，仅用作排查违法添加行为。

2014 年，国家食品安全风险评估中心根据国际通用原则和方法，依据我国居民食物消费量和主要食品中塑化剂含量数据，对成人饮酒者的健康风险进行了评估。国家食品安全风险评估专家委员会根据评估结果认为，白酒中 DEHP 和 DBP 的含量分别在 5mg/kg和 1mg/kg 以下时，对饮酒者的健康风险处于可接受水平。该风险评估结果是从保护健康角度得出的，未考虑其他相关因素，因此不是食品安全国家标准。

5. 中国香港地区

2013 年 2 月香港食品安全中心根据风险评估结果及参考欧洲国家的数据，提出烈酒中 DEHP 的行动水平为 5mg/kg。

目前，国内外针对邻苯二甲酸酯的检测方法标准主要采用 GC-MS 和 LC-MS/MS 法，定量方法有内标法或外标法，具体操作特点见表 5-5。

表 5-5　国内酒中邻苯二甲酸酯的检验方法比较

方　法	GB/T 21911—2008	SN/T 3147—2012	SN/T 3147—2012
仪　器	GC-MS	GC-MS	LC-MS/MS
定量方法	外标法	外标法	外标法
样品前处理	非油脂类试样液液萃取；油脂类试样液液萃取后凝胶渗透色谱净化	根据食品类型分为液液萃取法，QuECHERS 法和 SPE 法	根据食品类型分为液液萃取法，QuECHERS 法和 SPE 法
试剂用量	非油脂类食品液体 5.0mL，2mL 正己烷萃取。纯油脂类 0.5g，混合溶液定容至 10mL 净化，浓缩至 2mL；含油脂类 0.5g，20mL 正己烷萃取 3 次，最终浓缩至 2mL	根据食品性状分多种方法，试剂用量及种类具体见标准文本	根据食品性状分多种方法，试剂用量及种类具体见标准文本
灵敏度	检出限为含油脂类 1.5mg/kg，非油脂类 0.05mg/kg	定量限为 DINP、DIDP 为 0.5mg/kg，其他0.1mg/kg	定量限为 DAP 为 0.01mg/kg，其他0.1mg/kg
线性范围	未说明	未说明	0.01～1mg/L
适用范围	非油脂类食品和含油脂类食品	多种食品	多种食品

第二节 超高效液相色谱-高分辨串联质谱法

一、测定标准操作程序

白酒中塑化剂测定(UPLC/HRMS方法)标准操作程序如下：

1 范围

本程序规定了白酒中塑化剂的含量的测定方法。

本程序适用于白酒中塑化剂的测定。

2 原理

白酒试样直接用液相色谱高分辨质谱法进行测定,外标法定量。

3 试剂和材料

注:除非另有说明,本方法所用试剂均为分析纯,水为GB/T 6682规定的一级水。

3.1 试剂

3.1.1 乙腈:色谱纯。

3.1.2 甲酸:色谱纯。

3.2 标准品

3.2.1 邻苯二甲酸二甲酯(DMP)、邻苯二甲酸二乙酯(DEP)、邻苯二甲酸二异丁酯(DIBP)、邻苯二甲酸二丁酯(DBP)、邻苯二甲酸丁基苄基酯(BBP)、邻苯二甲酸二环己酯(DCHP)、邻苯二甲酸二(2-乙基)己酯(DEHP)、邻苯二甲酸二戊酯(DPP)、邻苯二甲酸二甲氧乙酯(DMEP)、邻苯二甲酸双-4-甲基-2-戊酯(BMPP)、邻苯二甲酸双-2-乙氧基乙酯(DEEP)、邻苯二甲酸二(2-丙基)庚酯(DPhP)、邻苯二甲酸二己酯(DHXP)、邻苯二甲酸二丁氧基乙酯(DBEP)、邻苯二甲酸二壬酯(DNP)、邻苯二甲酸二正辛酯(DNOP)、邻苯二甲酸二异壬酯(DINP):纯度均大于96.5%。

3.3 标准溶液配制

3.3.1 塑化剂贮备液(1.0mg/mL):准确称取各塑化剂标准品0.01g(精确至0.0001g)于10mL容量瓶中,以乙腈定容,配制成1.0mg/mL的标准储备溶液,冷冻(−18℃以下)贮存。

3.3.2 10.0μg/mL塑化剂混合中间液:各准确吸取1.0mg/mL塑化剂标准贮备液1.0mL,用乙腈定容至100mL,4℃保存。

3.3.3 1.0μg/mL塑化剂混合工作液:准确吸取10.0μg/mL塑化剂混合中间液1.0mL,用乙腈定容至10mL,4℃保存。

3.3.4　标准曲线工作溶液：分别准确吸取 1.0μg/mL 塑化剂混合工作液 5μL、10μL、20μL、50μL、100μL、200μL 于 6 个 1mL 容量瓶中，用乙腈定容至刻度，得到 5.0ng/mL、10.0ng/mL、20.0ng/mL、50.0ng/mL、100.0ng/mL、200.0ng/mL 的标准曲线工作液，现配现用。

4　仪器和设备

4.1　超高效液相色谱高分辨质谱仪，带 ESI 源。

4.2　漩涡混匀器。

4.3　天平：感量为 0.1mg 和 0.01g。

5　分析步骤

5.1　试样制备

直接吸取白酒试样供 UPLC/HRMS 分析。部分试样（塑化剂含量>200.0ng/mL）需经一定比例水稀释后供 UPLC/HRMS 分析。

5.2　超高效液相色谱高分辨质谱仪分析参考条件

5.2.1　UPLCBEHphenyl 色谱柱：1.7μm，　2.1×100mm 或相当色谱柱。

5.2.2　流动相：A 为含 0.1%甲酸的水溶液；B 为含 0.1%甲酸的乙腈。

5.2.3　梯度洗脱：0～3min，50%B；3～8min，50%～70%B；8～12min，70%～100%B；12～15min，100%～50%B。

5.2.4　进样量：10μL。

5.2.5　流速：400μL/min。

5.2.6　柱温：40℃。

5.2.7　离子源：采用加热电喷雾离子化（HESI）方式。

5.2.8　喷雾电压：3.5kV。

5.2.9　毛细管温度：325℃。

5.2.10　加热器温度：350℃。

5.2.11　扫描模式：tMSMS，正离子采集模式；分辨率采用 70000 FWHM。

5.2.12　塑化剂定性定量离子信息见表 5-6。

表 5-6　塑化剂的母离子、碎片离子及 LOD 和 LOQ

PAEs	保留时间	母离子 m/z	碎片离子 m/z	碰撞能量 %	LODs (μg/L)	LOQs (μg/L)
DMP	1.08	195.0655	163.0391*;77.0396	15	1	2
DEP	1.50	223.0965	149.0236*;177.0469	45	1	2
DIBP	4.14	279.1590	149.0235*;57.0709	25	2	5
DBP	4.44	279.1590	149.0235*;205.0871	25	2	5
DMEP	1.09	283.1175	59.0501*;207.0652	25	0.5	1
BMPP	7.79	335.2219	149.0235*;167.0341	35	0.5	1

续表

PAEs	保留时间	母离子 m/z	碎片离子 m/z	碰撞能量 %	LODs (μg/L)	LOQs (μg/L)
DEEP	1.51	311.1495	73.0656*;221.0799	15	0.5	1
DPP	6.70	307.19051	149.0236*;285.0282	25	0.5	1
DHXP	8.39	335.2219	149.0233*;233.1168	15	0.5	2
BBP	4.72	313.1435	91.0547*;149.0236	45	0.5	2
DBEP	4.78	367.2116	101.0965*;83.0861	20	0.5	2
DCHP	6.87	331.19051	149.0236*;167.0337	45	0.5	2
DEHP	10.27	391.2843	149.0235*;71.0862	35	0.5	2
DPhP	4.16	319.0967	225.0543*;149.0235	20	0.5	2
DNOP	10.45	391.2843	149.0235*;261.1482	25	0.5	2
DNP	10.95	419.3152	149.0235*;275.1638	20	0.5	2
DINP	10.81	419.3158	71.0864*;149.0235	35	1	5

*定量离子。

5.3　标准曲线的制作

将塑化剂混合标准使用液 5.0ng/mL、10.0ng/mL、20.0ng/mL、50.0ng/mL、100.0ng/mL、200.0ng/mL 进行超高效液相色谱高分辨质谱仪测定，以各塑化剂浓度为横坐标，标准溶液中各塑化剂峰面积为纵坐标，绘制标准曲线。

5.4　试样测定

将试样溶液同标准溶液进行测定，根据测定液中塑化剂的含量计算试样中塑化剂的含量。试样含低浓度的塑化剂采用 5.0ng/mL、10.0ng/mL、20.0ng/mL、50.0ng/mL、100.0ng/mL、200.0ng/mL 的标准使用液绘制标准曲线；部分试样（塑化剂含量>200.0ng/mL）需经一定比例水稀释后供 UPLC/HRMS 分析后用上述标准曲线测定。

6　分析结果的表述

试样中塑化剂含量按式(5-2)计算：

$$X=\frac{c\times V\times f\times 1000}{m\times 1000} \quad \cdots\cdots (5\text{-}2)$$

式中：

X——样品中塑化剂含量，单位为微克每升(μg/L)；

c——测定液中塑化剂的含量，单位为纳克每毫升(ng/mL)；

V——样品的定容体积，单位为毫升(mL)；

f——稀释倍数；

m——样品质量，单位为毫升(mL)。

计算结果以重复性条件下获得的两次独立测定结果的算术平均值表示，保留3位有效数字(或小数点后一位)。

7　灵敏度和精密度

本方法各塑化剂的检出限和定量限见表5-7。

在重复性条件下获得的两次独立测定结果的相对偏差，但含量小于50μg/L，不得超过算术平均值的15%，但含量大于50μg/L，不得超过算术平均值的10%。

8　附图

图5-6为塑化剂在20.0ng/mL浓度下的提取离子图。

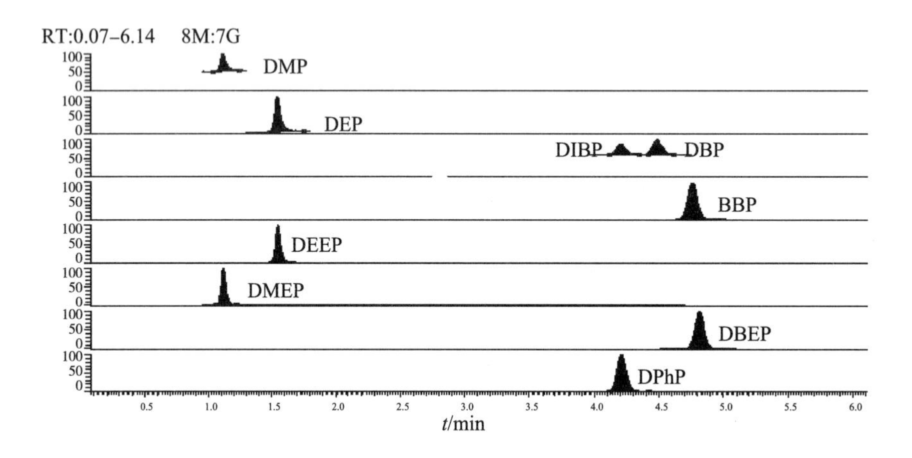

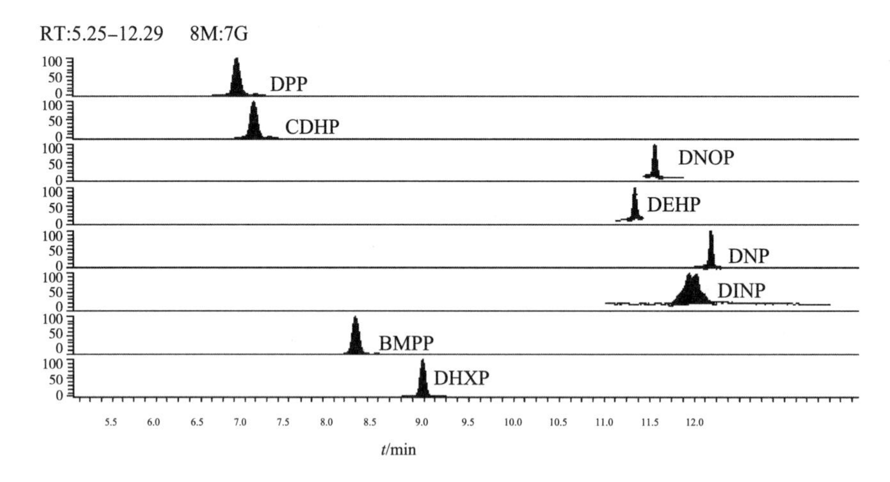

图5-6　塑化剂在20.0ng/mL浓度下的提取离子图

三、注意事项

1. 背景值控制：塑化剂极易污染溶剂、器皿，因此要求在样品检测分析过程中，以过程空白试验检查所用溶剂、器皿是否受塑化剂污染。取样时使用玻璃滴管，避免接触塑料制品。所有有机溶剂，在使用前，应进行空白实验，应选择无本底值或本底值更低的有机溶剂；或对本底值高于定量限的有机溶剂进行重蒸，直至本底值低于定量限。所有溶剂和试剂均保存在玻璃试剂瓶中。玻璃器皿清洗后，使用超纯水淋洗三次，以重铬酸钾洗液浸泡清洗后在 200℃下烘烤 2h，冷却至室温备用。所有溶液的配制及稀释均使用玻璃移液管或玻璃微量注射器。

2. 为了保证分析结果的准确，要求在分析每批样品时，视样品含量进行加标试验，添加回收率应在 70%～120%范围之内；定量时如果样品中塑化剂含量过高，需要用水对试样进行稀释进而分析测定。

参考文献

[1] WHO 1992: Diethylhexyl phthalate, Environmental Health Criteria 131.

[2] Hubert W. W., Grasl-Kraupp B., Schulte-Hermann R. Hepatocarcinogenic potential of di(2-ethylhexyl)phthalate in rodents and its implications on human risk[J]. Critical Rev. in Toxicol., 1996(26):365-481.

[3] Corton, J. C., Lapinskas, P. J. Peroxisome proliferator-activated recepters: mediators of phthalate esterinduced effects in the male reproductive tract[J]. Review Toxicol. Sci., 2005, 83(1): 4-17.

[4] Sher, S., Steve, S. L. Phthalates: Toxicoge nomics and inferred human diseases[J]. Genomics, 2011, 97(3): 148-157.

[5] Official Journal of the European Union. COMMISSION REGULATION (EU) No. 10/2011 of 14 January 2011 on plastic materials and articles intended to come into contact with food [S]. 2011-01-15.

[6] GB 9685—2008　食品容器、包装材料用添加剂使用卫生标准

[7] http://www.nhfpc.gov.cn/sps/s7892/201406/3d82efba36ad4adea736a7a59c26f865.shtml.

[8] GB/T 21911—2008 食品中邻苯二甲酸酯的测定

[9] SN/T 3147—2012 出口食品中邻苯二甲酸酯的测定

[10] Guidelines for the analysis of phthalates in flavourings, made by the Working Group on Methods of Analysis of the International Organization of the Flavor Industry (IOFI).

第六章

酒中尿素的测定标准操作程序——液相色谱法

一、概述

尿素，又称碳酰胺，为一种白色晶体，是最简单的有机化合物之一。分子式为 $H_2NCONH_2(CO(NH_2)_2)$。是哺乳动物和某些鱼类体内蛋白质代谢分解的主要含氮终产物。多数发酵食品中都包含微量尿素，这主要是由于发酵过程中酵母代谢产生。酵母具有超强的降解精氨酸的能力，然而却无法代谢尿素，因此尿素就聚集在发酵食品中。食品中的尿素是氨基甲酸乙酯(EC)的前体物质，我国黄酒中90%的EC是通过尿素与乙醇反应生成，尿素已成为涉及食品安全的重要监测指标之一。在酸性环境、蒸馏、长期储存的条件下尿素与乙醇反应向EC的转变。

$$NH_2CONH_2 + C_2H_5OH = C_2H_5OCONH_2 + NH_3$$

发酵食品(包括饮料酒)中的EC因原料、生产工艺及环境的不同而具有多种天然形成方式。其中，最常见的产生方式之一就是在酸性环境下尿素与乙醇反应生成氨基甲酸乙酯。尿素作为一种普遍存在于奶酪、面包、饮料酒等发酵食品原料(在牛奶中含量甚至可以达到数百毫克每升)及生产过程中的化合物，是绝大多数发酵食品中EC的主要前驱物。1999年，Arena等人发现在葡萄发酵过程中，经精氨酸代谢产生的尿素含量以mg/L计。

目前，尿素的检测方法主要包括分光光度法、比色法、酶法等化学方法，检测对象主要集中土壤、水、饲料以及牛奶中，但是此方法灵敏度相对较低；毛细管电泳等电化学方法以及气相色谱质谱法，主要测定生物样本中尿素含量，气相色谱质谱法通常需要复杂的前处理衍生过程；高效液相色谱法，测定准确、快速不需要复杂的衍生化过程，但不同的检测器要求的前处理过程不同。其中，液相色谱方法具有良好的应用前景。

本方法采用9-羟基呫吨(xanthydrol)柱前衍生高效液相色谱荧光检测器法进行尿素测定，反应式如图6-1：

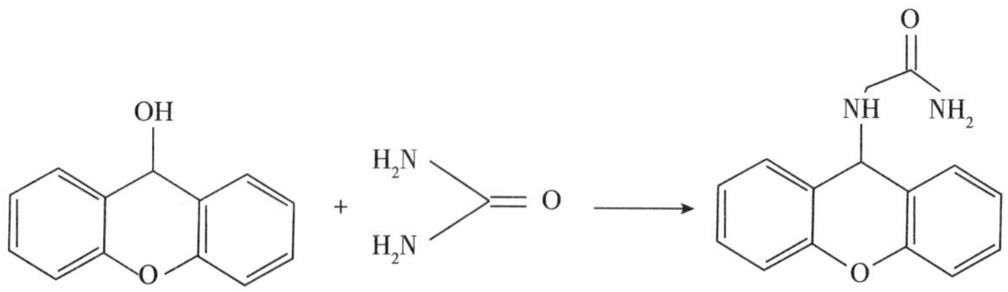

图 6-1　衍生反应示意图

二、测定标准操作程序

酒中尿素测定（液相色谱-荧光法）标准操作程序如下：

1　范围

本标准规定了发酵酒（黄酒、啤酒）中尿素的高效液相色谱测定方法。

本标准适用于黄酒、啤酒中尿素的测定，尿素的检出限为：0.02mg/L。

2　原理

采用 9-羟基咕吨衍生剂与发酵酒中的尿素进行衍生反应，尿素衍生产物具有荧光特性，经色谱柱分离后，荧光检测器测定，外标法定量分析。

3　材料与试剂

除另有说明外，所有试剂均为分析纯，水为 GB/T 6682 规定的一级水。

3.1　无水乙酸钠。

3.2　浓盐酸。

3.3　9-羟基咕吨（≥98%）。

3.4　无水乙醇。

3.5　正丙醇。

3.6　乙腈：色谱纯。

3.7　冰乙酸（≥99.0%）。

3.8　乙酸溶液（1.0%，体积分数）：吸取 1.0mL 冰乙酸于 100mL 容量瓶中，用水定容至刻度，混匀。

3.9　乙酸钠溶液（0.02mol/L）：称取 1.64g 无水乙酸钠溶解于 1000mL 水中，用乙酸溶液（1.0%，体积分数）将乙酸钠溶液 pH 调至 7.2。

3.10　盐酸溶液（1.5mol/L）：吸取 6.2mL 的浓盐酸于 50mL 容量瓶中，用水定容至刻度，混匀。

3.11　9-羟基占吨溶液（0.02mol/L）：称取 0.198g9-羟基占吨，用正丙醇溶解并定容至 50mL，于 0～4℃冰箱避光保存，一个月内使用。

3.12　尿素标准品：纯度≥99%。

3.13　尿素标准储备液(1.0mg/mL):准确称取0.100g尿素,用无水乙醇溶解并定容至100mL混匀。0～4℃低温冰箱保存,一个月内使用。

3.14　尿素标准工作液:准确吸取尿素标准储备液,用无水乙醇依次配制成1.00mg/L,2.00mg/L,4.00mg/L,8.00mg/L,20.00mg/L的系列标准工作溶液,现配现用。

4　仪器和设备

4.1　高效液相色谱仪:配有荧光检测器。

4.2　pH计。

4.3　分析天平:感量为0.1mg。

4.4　涡旋混合器。

4.5　带塞试管。

4.6　微孔过滤膜:孔径0.45μm(有机系)。

4.7　移液管:1.0mL和2.0mL。

5　分析步骤

5.1　样品衍生

准确吸取2.0mL样品,于10mL容量瓶中,用无水乙醇(3.4)定容至刻度,混匀,准确吸取0.40mL稀释后的样品,置于带塞试管中,加入0.10mL盐酸溶液(3.10)、0.60mL9—羟基占吨溶液(3.11)混匀,室温避光衍生30min,经0.45μm有机系滤膜过滤,用于液相色谱测定。

5.2　参考色谱条件

5.2.1　色谱柱:Venusil MP C_{18}色谱柱(250mm×4.6mm,5μm)或等效色谱柱。

5.2.2　柱温35℃。

5.2.3　检测波长:λ_{ex}=213nm,λ_{em}=308nm。

5.2.4　流速:1.0mL/min。

5.2.5　进样体积:10μL。

5.2.6　梯度洗脱,详见表6-1。

表6-1　梯度洗脱程序表

时间 min	0.02mol/L 乙酸钠 %	乙腈 %
0.00	80	20
12.00	50	50
15.60	0	100
22.00	0	100
23.00	80	20
30.00	80	20

5.3　定性分析

根据尿素标准品衍生物的保留时间，与待测样品中组分的保留时间进行定性，定性色谱图参见图 6-2。

5.4　外标法定量

分别吸取 0.40mL 尿素标准工作液(3.14)，依照 5.1 方法进行衍生，以标准系列浓度为横坐标，峰面积为纵坐标绘制标准工作曲线，测定样品中尿素色谱峰面积，由标准工作曲线计算样品中的尿素浓度。

5.5　空白试验

除不称取样品外，均按上述步骤同时完成空白试验。

6　分析结果的表述

样品中尿素的含量按式(6-1)计算：

$$X=(c-c_0)\times f \quad (6\text{-}1)$$

式中：

X——样品中尿素的含量，单位为毫克每升(mg/L)；

c——从标准曲线查得样品中尿素的含量，单位为毫克每升(mg/L)；

c_0——从标准曲线查得试剂空白中尿素的含量，单位为毫克每升(mg/L)；

f——样品稀释倍数。

以重复性条件下获得的两次独立测定结果的算术平均值表示，结果保留两位有效数字。

7　精密度

本方法尿素的检出限为 0.02mg/L，定量限为 0.06mg/L 在重复性测定条件下获得的两次独立测定结果的绝对差值不超过其算术平均值的 10%。

8　色谱图

标品及样品的色谱图见图 6-2 和图 6-3。

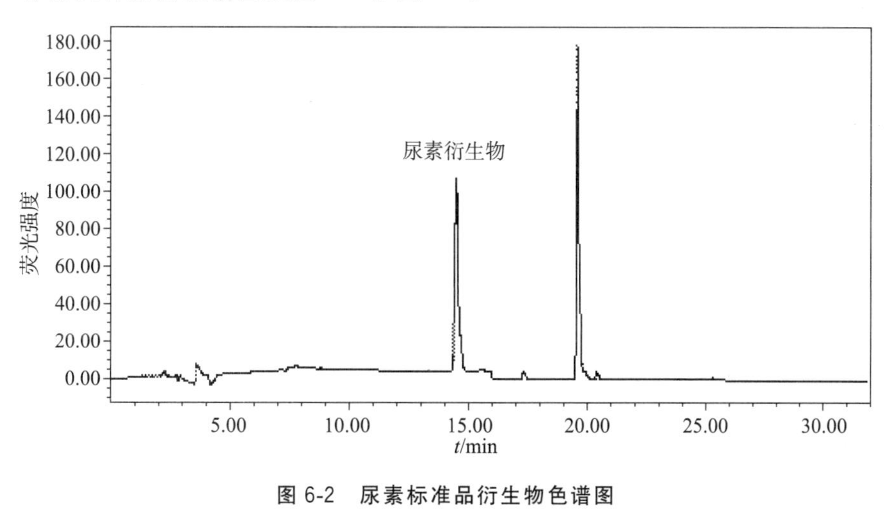

图 6-2　尿素标准品衍生物色谱图

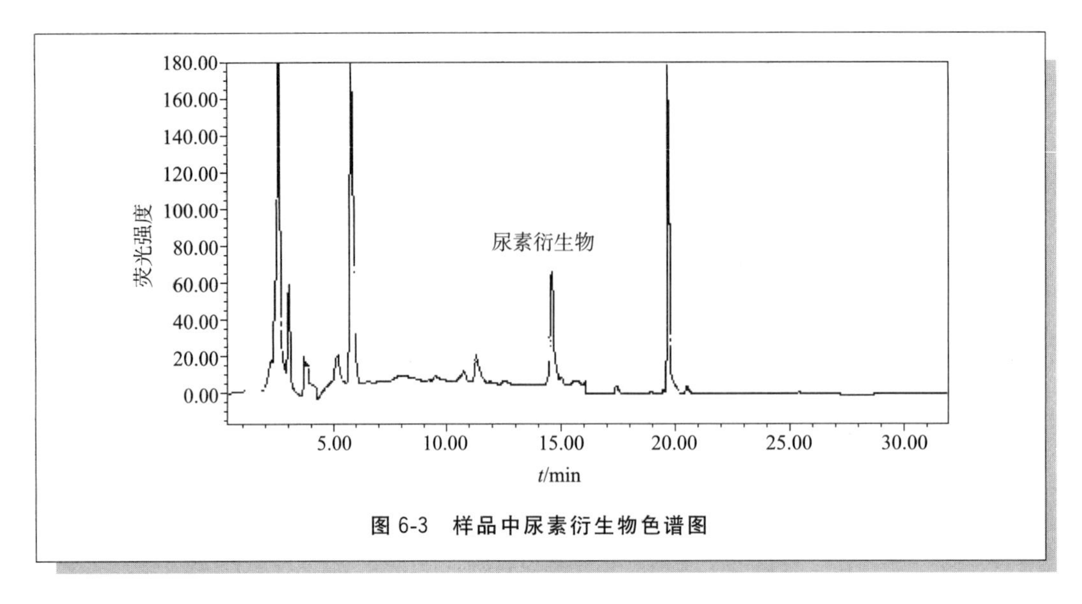

图 6-3　样品中尿素衍生物色谱图

三、注意事项

1. 衍生试剂配制完成后应 4℃避光保存；在加样时尽量缩短操作时间，避免衍生试剂见光时间过长导致分解，衍生反应需要避光；衍生时间应大于 30min。

2. 为了保证分析结果的准确，要求在分析每批样品时，视样品含量进行加标试验，添加回收率应在 80%～120%范围之内。

四、尿素的不同测定方法比较

不同尿素测定方法比较及特点描述见表 6-2。

表 6-2　不同尿素测定方法比较及特点描述

	方法名称	特点描述
酶法	脲酶波氏比色法 紫外-谷氨酸脱氢酶	很难排除黄酒中内源性氨的影响 操作困难，成本很高
化学法	对甲基苯甲醛 OPA 法 二乙酰一肟	氨基酸干扰大，灵敏度低 常温可反应，但灵敏度低 灵敏度高，存在一定干扰，需煮沸
色谱法	气相色谱法 液相色谱法	需要复杂的衍生步骤，衍生试剂成本高 灵密度高，衍生试剂选择性大

参 考 文 献

[1] QB/T 4710—2014 发酵酒中尿素的测定方法　高效液相色谱法

[2] 邢江涛，钟其顶，熊正河，等. 高效液相色谱-荧光检测器法测定黄酒中尿素含量[J]. 酿酒科技，2011，3(201)：104-106.

第三部分

真菌毒素的测定

第七章

酿酒原料及酒中黄曲霉毒素B_1、B_2、G_1、G_2的测定标准操作程序

第一节　液相色谱-串联质谱法

一、概述

黄曲霉毒素主要是由黄曲霉(*Aspergillus flavus*)、寄生曲霉(*A. parasiticus*)及集峰曲霉(*A. nominus*)产生的一类二呋喃香豆素的衍生物,农产品中天然污染的黄曲霉毒素包括 B 族和 G 族两大类,主要有黄曲霉毒素 B_1(aflatoxin B_1,以下简称 $AFTB_1$)、$AFTB_2$、$AFTG_1$ 和 $AFTG_2$ 四种,四种黄曲霉毒素的基本结构中都有二呋喃环和香豆素(氧杂萘邻酮),CAS 编号分别是 1162-65-8、22040-96-6、1165-39-5 和 7241-98-7,结构式见图 7-1。四种毒素均为白色或淡黄色粉末。$AFTB_1$、$AFTB_2$、$AFTG_1$、$AFTG_2$ 的分子式分别为 $C_{17}H_{12}O_6$、$C_{17}H_{14}O_6$、$C_{17}H_{12}O_7$ 和 $C_{17}H_{14}O_7$,相对分子质量分别为 312、314、328 和 330,熔点分别为 268～269℃、286～289℃、244～246℃和 237～240℃;在近 350nm 处四种毒素在不同溶液中的摩尔消光系数(ε)不一,在乙腈、甲醇、甲苯-乙腈(9+1)和苯-乙腈(98+2)溶液中 $AFTB_1$ 的 ε 分别为 20700、21500、19300、19800;$AFTB_2$ 的 ε 分别为 22500、21400、21000 和 20900;$AFTG_1$ 的 ε 分别为 17600、17700、16400 和 17100;$AFTG_2$ 的 ε 分别为 18900、19200、18300 和 18200。在紫外光下 $AFTB_1$ 和 $AFTB_2$ 产蓝紫色荧光,$AFTG_1$ 和 $AFTG_2$ 产黄绿色荧光,该特性是检测粮油食品中四种毒素的重要依据。四种毒素非常稳定,268～269℃方被分解,故一般的家庭烹饪温度不破坏其毒性。四种黄曲霉毒素几乎不溶于水,不溶于已烷、石油醚和无水乙醚,易溶于甲醇、乙醇、三氯甲烷、丙酮、乙腈、苯、二甲基甲酰胺等有机溶剂,在乙腈-甲苯-乙腈(9+1)、苯-乙腈(98+2)和甲醇中稳定,0℃密封条件下可保存一年以上。四种毒素一般在中性及酸性溶液中稳定,但在强酸性溶液中稍有分解,在 pH 9～10 的强碱溶液中分解迅速,但此反应可逆,即在酸性条件下又能恢复原来结构。某些化学试剂如 5%次氯酸钠和丙酮可使毒素完全分解。

黄曲霉毒素分子中的二呋喃环是其毒性的重要结构基础,而香豆素可能与致癌作用有关。$AFTB_1$、$AFTB_2$、$AFTG_1$ 和 $AFTG_2$ 对雏鸭经口的 LD_{50} 分别为 0.4mg/kg、1.6mg/kg、0.8mg/kg 和 3.4mg/kg。此外黄曲霉毒素可抑制 DNA 的复制、通过抑制

RNA的合成而影响蛋白质的生物合成、通过干扰氧化磷酸化作用对大鼠线粒体细胞色素氧化酶有抑制作用。黄曲霉毒素对动物肝脏剧毒，并有致畸、致突变和致癌作用，其中以$AFTB_1$毒性最大，并被国际癌症研究机构列为Ⅰ级致癌剂。黄曲霉毒素的毒性、致突变及致癌作用由强到弱的顺序依次为$AFTB_1>AFTG_1>AFTB_2>AFTG_2$。

黄曲霉毒素广泛分布于粮食作物中，以花生及其制品、玉米及其制品、大米和棉籽为重。而大多数的酿酒原料均属于此类范畴，因此做好酿酒原料和酿造酒中黄曲霉素的检测对食品安全很有必要。

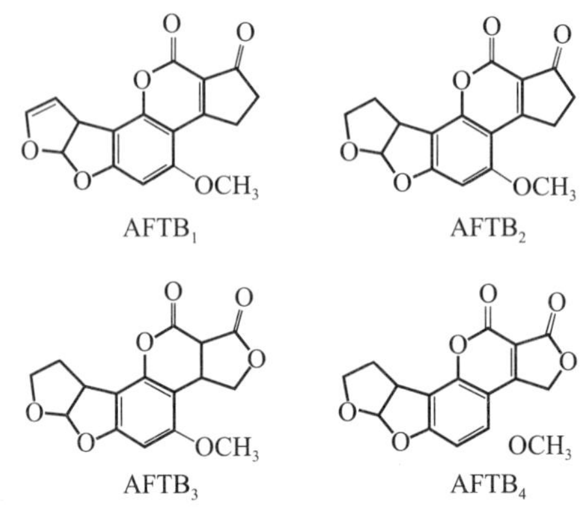

图7-1 四种黄曲霉毒素化学结构式

二、测定标准操作程序

酿酒原料及酒中黄曲霉毒素B_1、B_2、G_1、G_2测定(LC/MS)标准操作程序如下：

1 范围

本程序规定了酿酒原料及酒中黄曲霉毒素B_1、B_2、G_1、G_2的液相色谱质谱法测定。

本程序适用于酿酒原料及酒中黄曲霉毒素B_1、B_2、G_1、G_2的测定。

2 原理

试样中的黄曲霉毒素B_1、B_2、G_1、G_2，用乙腈-水溶液或甲醇-水溶液的混合溶液提取，提取液用含1%Triton X-100(或吐温-20)的磷酸盐缓冲溶液稀释后，通过免疫亲和柱净化和富集，净化液浓缩、定容和过滤后经液相色谱分离，串联质谱检测，同位素内标法定量。

3 试剂和材料

注：除非另有说明，所有试剂均为分析纯。

3.1 试剂

3.1.1 甲醇：色谱纯。

3.1.2 乙腈：色谱纯。

3.1.3 醋酸铵。

3.1.4　氯化钠。

3.1.5　磷酸氢二钠。

3.1.6　磷酸二氢钾。

3.1.7　氯化钾。

3.1.8　浓盐酸。

3.1.9　Triton X-100 或吐温-20。

3.2　试剂配制

3.2.1　醋酸铵水溶液(5mmol/L):称取 0.39g 醋酸铵,用水溶解后稀释至 1000mL。

3.2.2　乙腈-水溶液(84+16):取 840mL 乙腈加入 160mL 水。

3.2.3　甲醇-水溶液(70+30):取 700mL 甲醇加入 300mL 水。

3.2.4　乙腈-甲醇溶液(50+50):取 50mL 乙腈加入 50mL 甲醇。

3.2.5　磷酸盐缓冲溶液(PBS):称取 8.00g 氯化钠,1.20g 磷酸氢二钠(或 2.92g 十二水磷酸氢二钠),0.20g 磷酸二氢钾,0.20g 氯化钾,用 900mL 水溶解,用盐酸调节 pH 至 7.4±0.1,加水稀释至 1000mL。

3.2.6　1% Triton X-100(或吐温-20)的 PBS:取 10mL Triton X-100(或吐温-20),用 PBS 稀释至 1000mL。

3.3　标准品

3.3.1　$AFTB_1$ 标准品($C_{17}H_{12}O_6$):纯度≥98%。

3.3.2　$AFTB_2$ 标准品($C_{17}H_{14}O_6$):纯度≥98%。

3.3.3　$AFTG_1$ 标准品($C_{17}H_{12}O_7$):纯度≥98%。

3.3.4　$AFTG_2$ 标准品($C_{17}H_{14}O_7$):纯度≥98%。

3.3.5　同位素内标$^{13}C_{17}$-$AFTB_1$($C_{17}H_{12}O_6$):纯度≥98%,浓度为 0.5μg/mL。

3.3.6　同位素内标$^{13}C_{17}$-$AFTB_2$($C_{17}H_{14}O_6$):纯度≥98%,浓度为 0.5μg/mL。

3.3.7　同位素内标$^{13}C_{17}$-$AFTG_1$($C_{17}H_{12}O_7$):纯度≥98%,浓度为 0.5μg/mL。

3.3.8　同位素内标$^{13}C_{17}$-$AFTG_2$($C_{17}H_{14}O_7$):纯度≥98%,浓度为 0.5μg/mL。

3.4　标准溶液配制

3.4.1　标准储备溶液(10μg/mL):分别称取 $AFTB_1$、$AFTB_2$、$AFTG_1$ 和 $AFTG_2$ 1mg(精确至 0.01mg),用乙腈溶解并定容至 100mL。此溶液浓度约为 10μg/mL。溶液转移至试剂瓶中后,在−20℃下避光保存,备用。临用前进行浓度校准(校准方法参见 A.1)。

3.4.2　混合标准工作液(100ng/mL):准确移取混合标准储备溶液(1.0μg/mL)1.00mL至 100mL 容量瓶中,乙腈定容。此溶液密封后避光−20℃下保存,三个月有效。

3.4.3　混合同位素内标工作液(100ng/mL):准确移取 0.5μg/mL $^{13}C_{17}$-$AFTB_1$、$^{13}C_{17}$-$AFTB_2$、$^{13}C_{17}$-$AFTG_1$ 和$^{13}C_{17}$-$AFTG_2$ 各 2.00mL,用乙腈定容至 10mL。在−20℃下避光保存,备用。

3.4.4 标准系列工作溶液：准确移取混合标准工作液（100ng/mL）10μL、50μL、100μL、200μL、500μL、800μL、1000μL 至 10mL 容量瓶中，加入 20μL 100ng/mL 的同位素内标工作液，用初始流动相定容至刻度，配制浓度点为 0.1、0.5、1.0、2.0、5.0、8.0、10.0ng/mL 的系列标准溶液。

4 仪器和设备

4.1 高速粉碎机。

4.2 超声波振荡器。

4.3 涡旋混匀器。

4.4 高速均质器：转速 6500～24000r/min。

4.5 固相萃取装置，配真空泵。

4.6 离心机：转速≥6000r/min。

4.7 天平：感量为 0.01mg 和 0.01g。

4.8 玻璃纤维滤纸：快速、高载量、液体中颗粒保留 1.6μm。

4.9 氮吹仪。

4.10 液相色谱－串联质谱仪：带电喷雾离子源。

4.11 液相色谱柱：C_{18} 柱（柱长 100mm，柱内径 2.1mm；填料粒径 1.7μm），或相当者。

4.12 50mL 具塞、具刻度的 PVC 离心管。

4.13 移液管：1.0mL，5.0mL，20.0mL。

4.14 50mL 一次性注射器（使用注射器筒部分）。

4.15 免疫亲和柱：$AFTB_1$ 柱容量≥200ng，$AFTB_1$ 柱回收率≥80%，$AFTG_2$ 的交叉反应率≥80%。

4.16 带刻度的磨口玻璃试管：10mL。

4.17 微孔滤头：带 0.22μm 微孔滤膜（所选用滤膜应采用标准溶液检验确认无吸附现象，方可使用）。

4.18 筛网：1～2mm 孔径。

5 分析步骤

使用不同厂商的免疫亲和柱，在样品的上样、淋洗和洗脱的操作方面可能略有不同，应该按照供应商所提供的操作说明书要求进行操作。

5.1 样品提取

5.1.1 酿酒原料（大米、大麦、高粱等）

在 50mL 离心管中称取 5g 均匀试样（精确至 0.01g），加入 100μL 同位素内标工作液振荡混合后静置 30min，加入 20mL 乙腈-水溶液（84＋16）或甲醇-水溶液（70＋30），涡旋混匀，用均质器均质 3min，置于超声波振荡器中振荡 20min，在 6000r/min 下离心 10min（或均质后玻璃纤维滤纸过滤），准确移取 4mL 上清液（或滤液），加入 46mL 1% Trition X-100（或吐温-20）的 PBS（使用甲醇-水溶液提取时可减半加入），混匀，待净化。

5.1.2 酿造酒(啤酒、黄酒、葡萄酒等)

在50mL离心管中称取5g均匀液体(精确至0.01g,啤酒超声5min脱气后称量),加入100μL同位素内标工作液振荡混合后静置30min,待净化。

5.2 免疫亲和柱净化

将50mL注射器筒与亲和柱的顶部相连,待免疫亲和柱内原有液体流尽后,将上述样液移至50mL注射器筒中,调节下滴速度,控制样液以1~3mL/min的速度稳定下滴。待样液滴完后,往注射器筒内加入2×10mL水,以稳定流速淋洗免疫亲和柱。待水滴完后,用真空泵抽干亲和柱。脱离真空系统,在亲和柱下部放置10mL刻度试管,取下50mL的注射器筒,加入2×1mL甲醇洗脱亲和柱,控制1~3mL/min的速度下滴,再用真空泵抽干亲和柱,收集全部洗脱液至试管中。在50℃下用氮气缓缓地将洗脱液吹至近干,加入1.0mL初始流动相,涡旋30s溶解残留物,0.22μm滤膜过滤,收集滤液于进样瓶中以备进样。

注:全自动(在线)或半自动(离线)的固相萃取仪器可优化操作参数后使用。

5.3 液相色谱参考条件

5.3.1 流动相:A相:5mmol/L醋酸铵水溶液;B相:乙腈-甲醇溶液(50+50)。

5.3.2 梯度洗脱:32% B(0~0.5min),45% B(3~4min),100% B(4.2~4.8min),32% B(5.0~7.0min)。

5.3.3 流速:0.3mL/min

5.3.4 柱温:40℃。

5.3.5 进样体积:10μL。

5.4 质谱参考条件

5.4.1 检测方式:多离子反应监测(MRM)。

5.4.2 离子源控制条件:参见表7-2。

5.4.3 离子选择参数参见表7-3。

5.4.4 子离子扫描图参见图7-1至图7-8。

5.4.5 液相色谱-质谱图见图7-3~图7-11。

5.5 标准曲线的制作

在5.3、5.4液相色谱质谱仪分析条件下,将标准系列溶液由低到高浓度进样检测,以$AFTB_1$、$AFTB_2$、$AFTG_1$和$AFTG_2$色谱峰与内标色谱峰的峰面积比值一浓度作图,得到标准曲线回归方程,其线性相关系数应大于0.99。

5.6 试样测定

取5.2下处理得到的待测溶液进样,内标法计算待测液中目标物质的质量浓度,按5.7计算样品中待测物的含量。待测样液中的响应值应在标准曲线线性范围内,超过线性范围则应适当减少取样量重新测定。

6 分析结果的表述

按式(7-1)计算酿酒原料中$AFTB_1$、$AFTB_2$、$AFTG_1$和$AFTG_2$的残留量,按式(7-2)计算酒中$AFTB_1$、$AFTB_2$.$AFTG_1$和$AFTG_2$的残留量。

$$X = A \times \left(V_1 \times \frac{V_3}{V_2}\right) \times \frac{1}{m} \quad \cdots\cdots (7\text{-}1)$$

$$X = A \times V_3 \times \frac{1}{m} \quad \cdots\cdots (7\text{-}2)$$

式中：

X——试样中 $AFTB_1$、$AFTB_2$、$AFTG_1$ 或 $AFTG_2$ 的含量，单位为微克每千克(μg/kg)；

A——试样中 $AFTB_1$、$AFTB_2$、$AFTG_1$ 或 $AFTG_2$ 按照内标法在标准曲线中对应的浓度，单位为纳克每毫升(ng/mL)；

V_1——加入提取液体积，单位为毫升(mL)；

V_2——用于免疫亲和柱净化的上清液体积，单位为毫升(mL)；

V_3——样品洗脱液的最终定容体积，单位为毫升(mL)；

m——试样的称样量，单位为克(g)。

以重复性条件下获得的两次独立测定结果的算术平均值表示。

计算结果保留三位有效数字。

7 灵敏度和精密度

当称取酿酒原料 5g 时，本方法的检出限：$AFTB_1$：0.03μg/kg、$AFTB_2$：0.03μg/kg、$AFTG_1$：0.03μg/kg、$AFTG_2$：0.03μg/kg；定量限：$AFTB_1$：0.1μg/kg、$AFTB_2$：0.1μg/kg、$AFTG_1$：0.1μg/kg、$AFTG_2$：0.1μg/kg。

当称取酒 5g 时，本方法的检出限：$AFTB_1$：0.006μg/kg、$AFTB_2$：0.006μg/kg、$AFTG_1$：0.006μg/kg、$AFTG_2$：0.06μg/kg；定量限：$AFTB_1$：0.02μg/kg、$AFTB_2$：0.02μg/kg、$AFTG_1$：0.02μg/kg、$AFTG_2$：0.02μg/kg。

在重复性条件下获得的两次独立测定结果的绝对差值不得超过算术平均值的 20%。

8 标准溶液校准方法、免疫亲和柱验证方法和仪器测定条件

8.1 标准浓度校准方法

用苯-乙腈(98+2)或甲苯-乙腈(9+1)或甲醇或乙腈溶液分别配制 8μg/mL～10μg/mL 的 $AFTB_1$、$AFTB_2$、$AFTG_1$ 和 $AFTG_2$ 的标准溶液。根据下面的方法，在最大吸收波段处测定溶液的吸光度，分别确定 $AFTB_1$、$AFTB_2$、$AFTG_1$ 和 $AFTG_2$ 的实际浓度。

用分光光度计在 340～370nm 处测定，扣除溶剂的空白本底，读取标准溶液的吸光度值。在接近 360nm 最大吸收波段 λ_{max} 处，测得吸光度值为 A，根据式(7-3)计算出浓度值(c_i，μg/mL)。

$$c_i = A \times M \times \frac{1000}{\varepsilon} \quad \cdots\cdots (7\text{-}3)$$

式中：

A——在 λ_{max} 处测得的吸光度值；

M——AFTB₁、AFTB₂、AFTG₁ 和 AFTG₂ 的摩尔质量，单位为克每摩尔(g/mol)；

ε——乙腈溶液中的 $AFTB_1$、$AFTB_2$、$AFTG_1$ 和 $AFTG_2$ 的吸光系数，单位为平方米每摩尔(m^2/mol)。

$AFTB_1$、$AFTB_2$、$AFTG_1$ 和 $AFTG_2$ 的摩尔质量及摩尔吸光系数见表 7-1。

表 7-1 $AFTB_1$、$AFTB_2$、$AFTG_1$ 和 $AFTG_2$ 的摩尔质量及摩尔吸光系数

AFT 名称	摩尔质量	溶剂	摩尔吸光系数
$AFTB_1$	312	苯-乙腈(98+2)	19800
		甲苯-乙腈(9+1)	19300
		甲醇	52100
		乙腈	20700
$AFTB_2$	314	苯-乙腈(98+2)	20900
		甲苯-乙腈(9+1)	21000
		甲醇	21400
		乙腈	222100
$AFTG_1$	328	苯-乙腈(98+2)	17100
		甲苯-乙腈(9+1)	16400
		甲醇	17700
		乙腈	17600
$AFTG_2$	330	苯-乙腈(98+2)	18200
		甲苯-乙腈(9+1)	18300
		甲醇	19200
		乙腈	18900

8.2 免疫亲和柱验证方法

8.2.1 柱容量验证：在 30mL 的 1% Triton X-100(或吐温-20)-PBS 中加入 600ng $AFTB_1$ 标准储备溶液，充分混匀。分别取同一批次 3 根免疫亲和柱，每根柱的上样量为 10mL。经上样、淋洗、洗脱，收集洗脱液，用氮气吹干至 1mL，用初始流动相定容至 10mL，用液相色谱仪分离测定 $AFTB_1$ 的含量。

结果判定：结果 $AFTB_1 \geq 160ng$，为可使用商品。

8.2.2 柱回收率验证：在 30mL 的 1% Triton X-100(或吐温-20)-PBS 中加入 600ng $AFTB_1$ 标准储备溶液，充分混匀。分别取同一批次 3 根免疫亲和柱，每根柱的上样量为 10mL。经上样、淋洗、洗脱，收集洗脱液，用氮气吹干至 1mL，用初始流动相定容至 10mL，用液相色谱仪分离测定 $AFTB_1$ 的含量。

结果判定：结果 $AFTB_1$≥160ng，即回收率≥80%，为可使用商品。

8.2.3　交叉反应率验证：在 30mL 的 1% Triton X-100（或吐温-20）-PBS 中加入 300ng $AFTG_2$ 标准储备溶液，充分混匀。分别取同一批次 3 根免疫亲和柱，每根柱的上样量为 10mL。经上样、淋洗、洗脱，收集洗脱液，用氮气吹干至 1mL，用初始流动相定容至 10mL，用液相色谱仪分离测定 $AFTG_2$ 的含量。

结果判定：结果 $AFTG_2$≥80ng，为可同时测定 $AFTB_1$、B_2、G_1、G_2 时使用的商品。

8.3　仪器测定条件

表 7-2　离子源控制条件

电离方式	ESI^+
毛细管电压 kV	3.5
锥孔电压 V	30
射频透镜 1 电压 V	14.9
射频透镜 2 电压 V	15.1
离子源温度 ℃	150
锥孔反吹气流量 L/h	50
脱溶剂气温度 ℃	500
脱溶剂气流量 L/h	800
电子倍增电压 V	650

表 7-3　离子选择参数表

化合物名称	母离子	定量离子	碰撞能量	定性离子	碰撞能量	离子化方式
$AFTB_1$	313	285	22	241	38	ESI^+
$^{13}C_{17}$-$AFTB_1$	330	255	23	301	35	ESI^+
$AFTB_2$	315	287	25	259	28	ESI^+
$^{13}C_{17}$-$AFTB_2$	332	303	25	273	28	ESI^+
$AFTG_1$	329	243	25	283	25	ESI^+
$^{13}C_{17}$-$AFTG_1$	346	257	25	299	25	ESI^+
$AFTG_2$	331	245	30	285	27	ESI^+
$^{13}C_{17}$-$AFTG_2$	348	259	30	301	27	ESI^+

8.4 串联液质法图谱

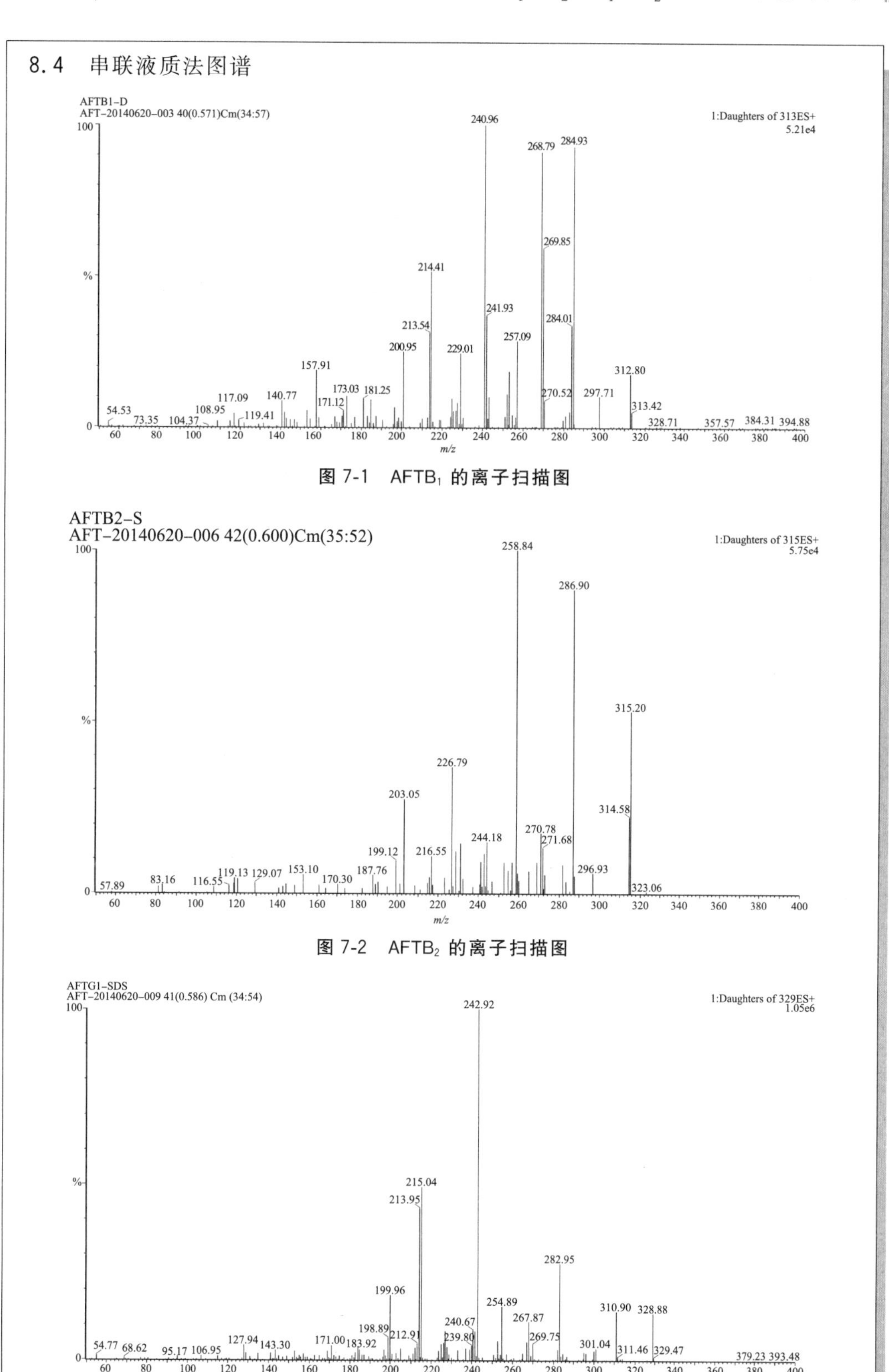

图 7-1　AFTB₁ 的离子扫描图

图 7-2　AFTB₂ 的离子扫描图

图 7-3　AFTG₁ 的离子扫描图

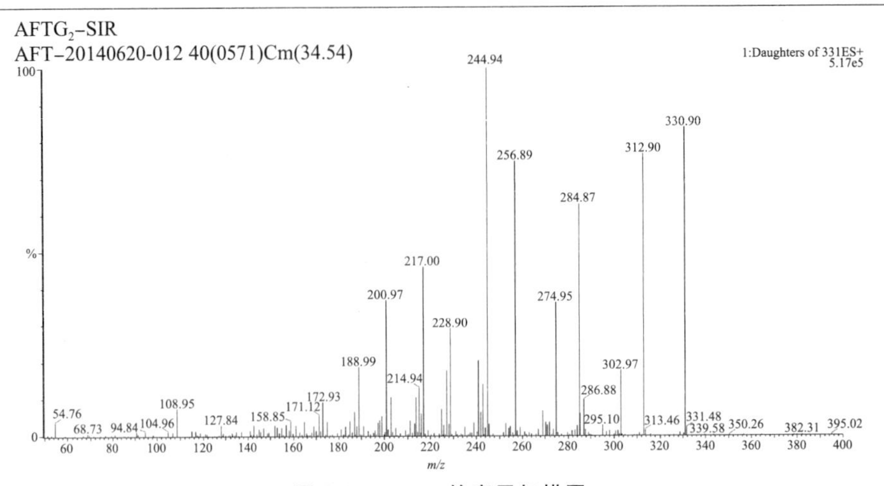

图 7-4　$AFTG_2$ 的离子扫描图

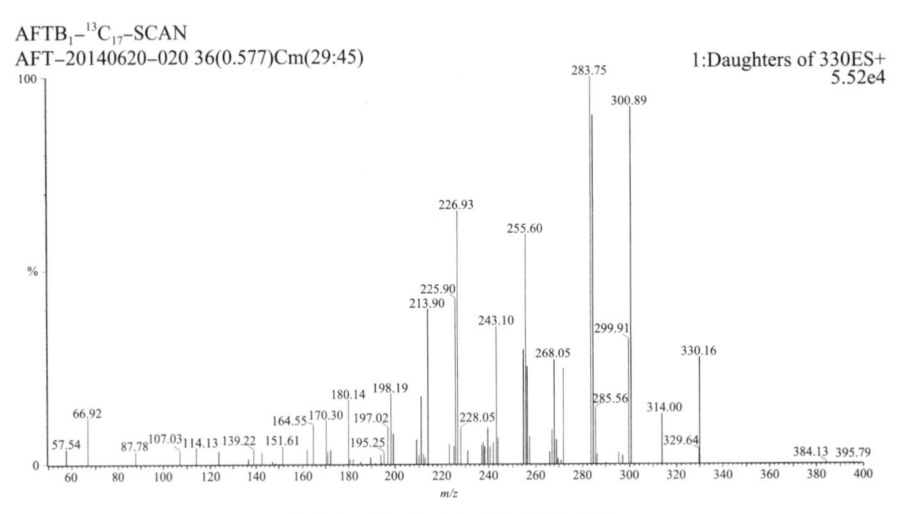

图 7-5　^{13}C-$AFTB_1$ 的离子扫描图

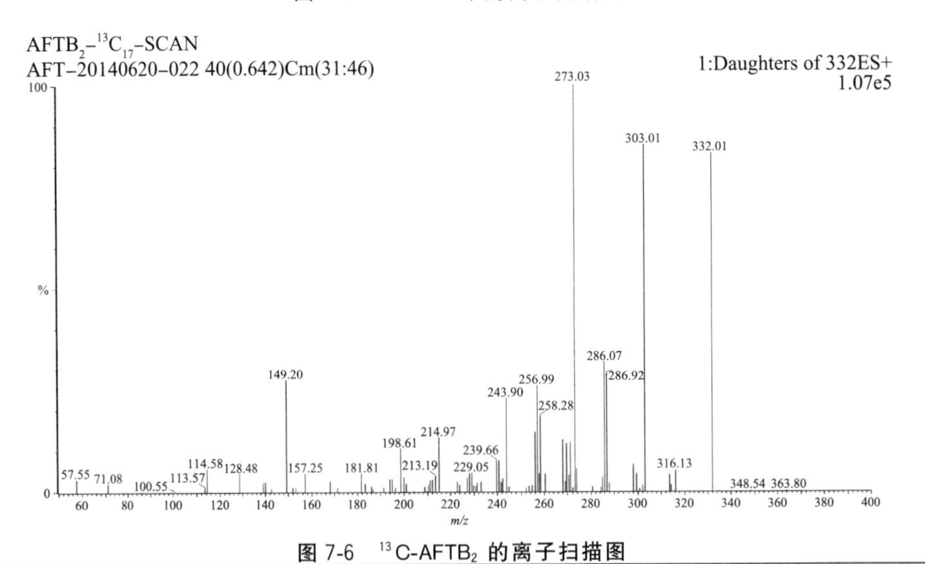

图 7-6　^{13}C-$AFTB_2$ 的离子扫描图

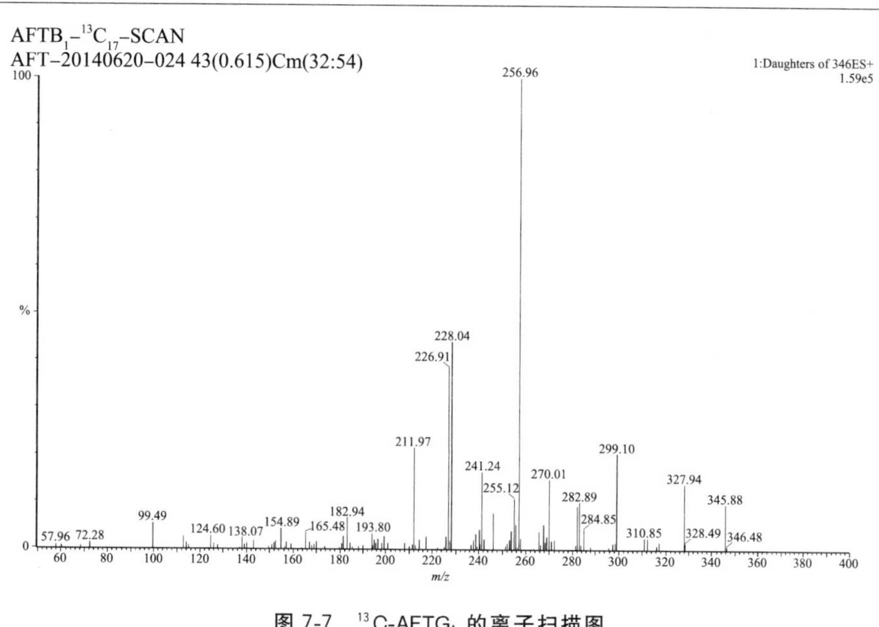

图 7-7　^{13}C-AFTG$_1$ 的离子扫描图

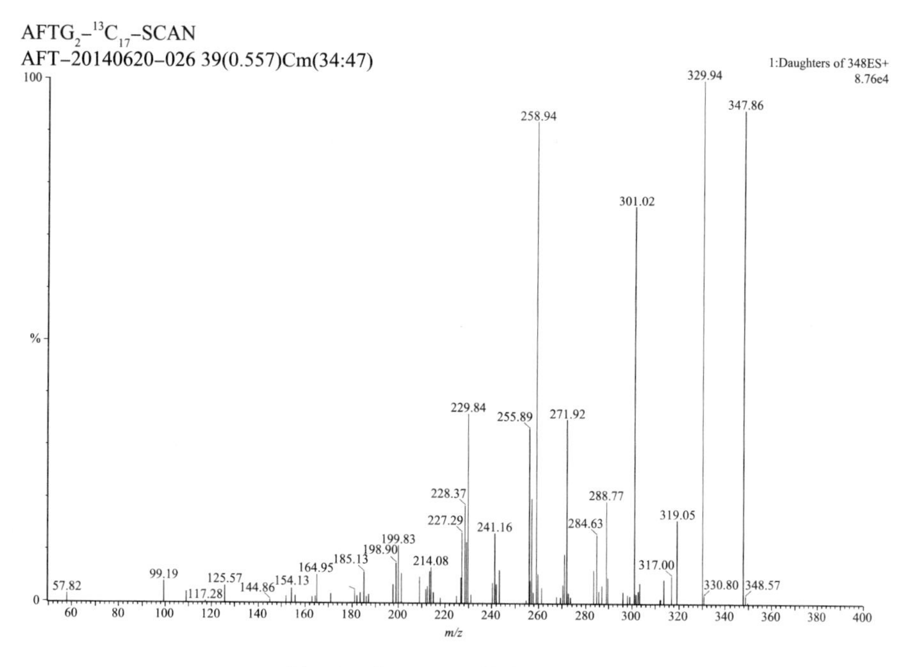

图 7-8　^{13}C-AFTG$_2$ 的离子扫描图

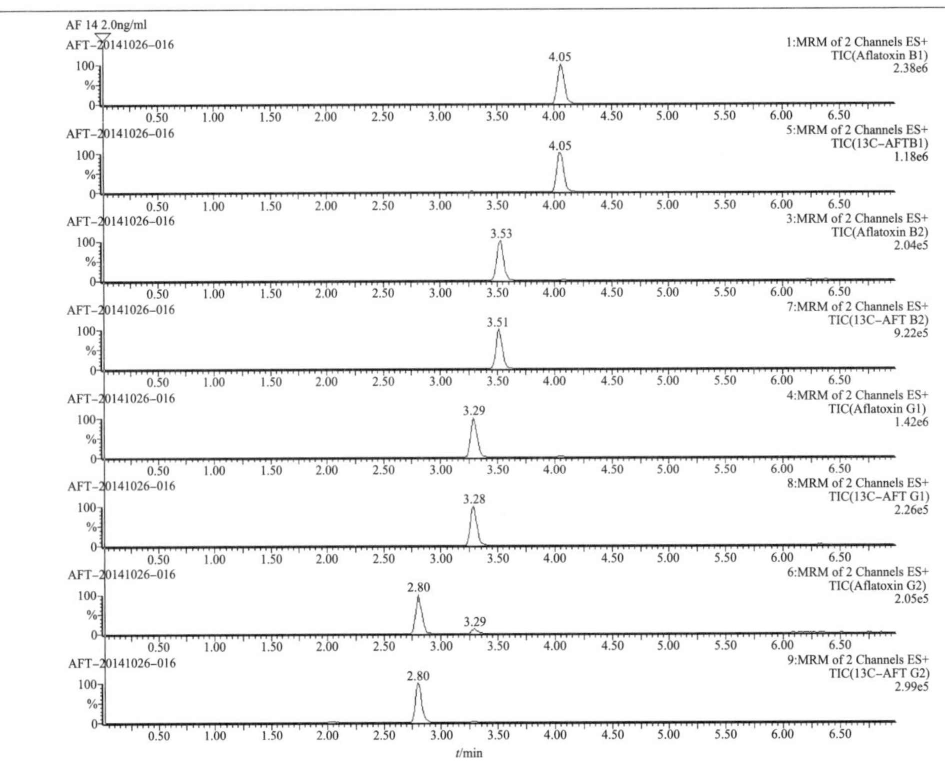

图 7-9 四种黄曲霉毒素和同位素标准品的串联质谱图(出峰顺序 $AFTG_2$ 与其同位素、$AFTG_1$ 与其同位素、$AFTB_2$ 与其同位素和 $AFTB_1$ 与其同位素)

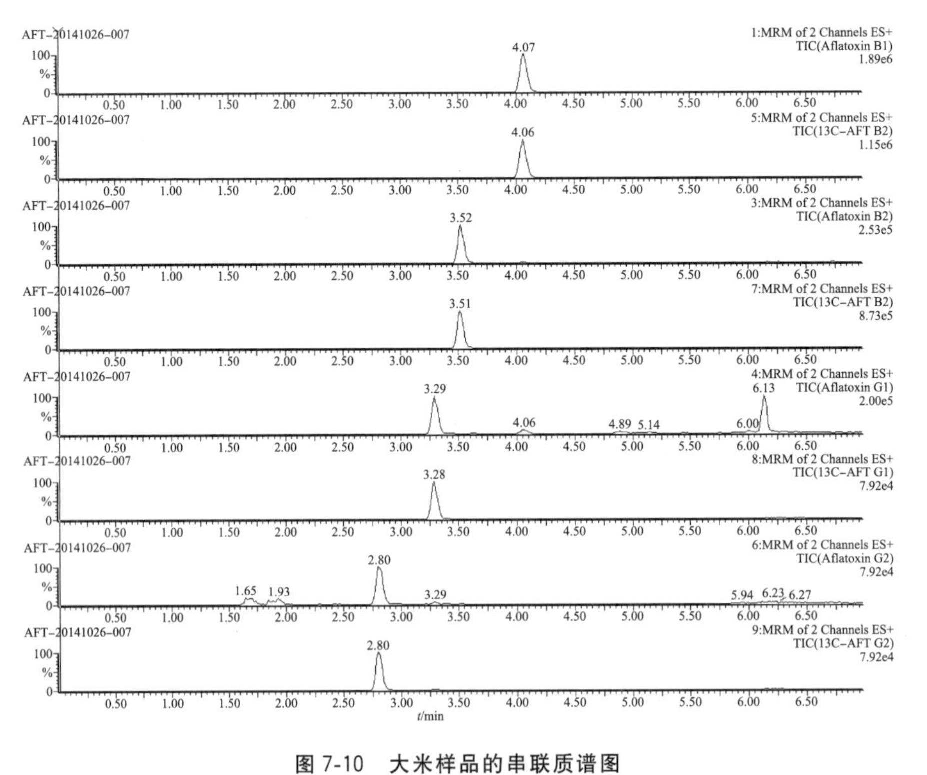

图 7-10 大米样品的串联质谱图

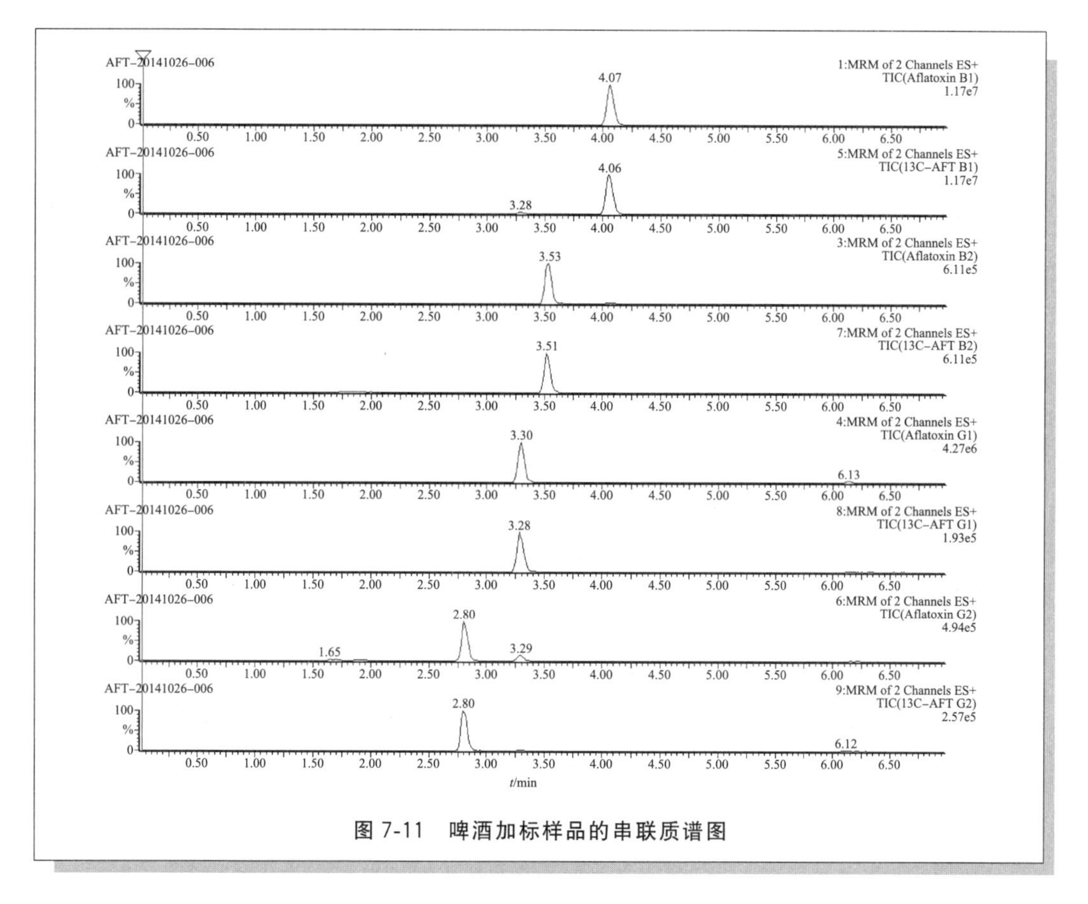

图 7-11　啤酒加标样品的串联质谱图

三、注意事项

1. 在检测中可以只使用$^{13}C_{17}$-$AFTB_1$一种同位素内标，但需要对被测定试样基质进行加标实验，评估$^{13}C_{17}$-$AFTB_1$与其他几种被测黄曲霉毒素在同一基质中的离子化效率。

2. 检测样品时，对于不同批次的亲和柱在使用前需质量验证。

3. 整个分析操作过程应在指定区域内进行。该区域应避光(直射阳光)、具备相对独立的操作台和废弃物存放装置。在整个实验过程中，操作者应按照接触剧毒物的要求采取相应的保护措施。

4. 使用免疫亲和柱时，需回复到室温，以保证实验结果的准确性。

5. 黄曲霉毒素在氮吹过干时，容易损失，因此要控制温度和氮吹速度。

四、国内外酿酒原料及酒中黄曲霉毒素限量

谷物中黄曲霉毒素限量见表 7-4。

表 7-4　谷物中黄曲霉毒素限量

国家/地区	产品	限量/(μg/kg)
中国	玉米	20
	稻谷(以糙米计)、大米	10
	小麦、大麦	5
	(去壳)谷物	5
欧盟	小麦、大米在食用前用于储存或物理处理	5
日本	谷物	10

粮谷类食品及其制品中黄曲霉毒素的检验方法标准比较见表 7-5。

表 7-5　黄曲霉毒素的检验方法标准比较

方法	AOAC 993.17	AOAC 2005.08	NY/T 1286—2007	GB/T 5009.23—2006
仪器	TLC	FLR-HPLC	FLR-HPLC	FLR-HPLC
定量方法	按荧光强度定量	液相色谱(外标法)	液相色谱(外标法)	液相色谱(外标法)
样品前处理	85%甲醇-水溶液振荡提取	25g 样品加 5g NaCl 和 125mL 提取液，均质提取，用水稀释后过免疫亲和柱净化	20g 样品经提取、浓缩柱前衍生	20g 样品加 80mL 提取液，振荡提取，多功能柱净化
灵敏度	—	—	B_1:1.0μg/kg	B_1 和 G_1:0.2μg/kg; B_2 和 G_2:0.05μg/kg
标准曲线	点对点计算	—	—	B_1 和 G_1:0.5~100μg/L; B_2 和 G_2:0.125~25μg/L
适用范围	玉米、花生	玉米、花生和花生酱	花生	大米、玉米、花生、杏仁、核桃和松子

第二节　液相色谱法

一、标准操作程序

酿酒原料及酒中黄曲霉毒素 B_1、B_2、G_1、G_2 测定标准操作程序——液相色谱法如下：

1 范围

本程序规定了酿酒原料及酒中黄曲霉毒素 B_1、B_2、G_1、G_2 的液相色谱测定。

本程序适用于酿酒原料及酒中黄曲霉毒素 B_1、B_2、G_1、G_2 的测定。

2 原理

试样中的黄曲霉毒素 B_1、B_2、G_1、G_2，用甲醇-水溶液的混合溶液提取，提取液经免疫亲和柱净化和富集，净化液浓缩、定容和过滤后经液相色谱分离，柱前、柱后(碘或溴试剂衍生、光化学衍生、电化学衍生等)或无衍生器法衍生，经荧光检测器检测，外标法定量。

3 试剂和材料

注：除非另有说明，所有试剂均为分析纯。

3.1 试剂

3.1.1 甲醇：色谱纯。

3.1.2 乙腈：色谱纯。

3.1.3 正己烷：色谱纯。

3.1.4 三氟乙酸：色谱纯。

3.1.5 氯化钠。

3.1.6 磷酸氢二钠。

3.1.7 磷酸二氢钾。

3.1.8 氯化钾。

3.1.9 浓盐酸。

3.1.10 Triton X-100 或吐温-20。

3.1.11 碘衍生使用试剂：碘。

3.1.12 溴衍生使用试剂：三溴化吡啶。

3.1.13 电化学衍生使用试剂：溴化钾。

3.1.14 电化学衍生使用试剂：浓硝酸。

3.2 试剂配制

3.2.1 甲醇-水溶液(70＋30)：取 700mL 甲醇加入 300mL 水。

3.2.2 乙腈-水溶液(84＋16)：取 840mL 乙腈加入 160mL 水。

3.2.3 乙腈-甲醇溶液(50＋50)：取 500mL 乙腈加入 500mL 甲醇。

3.2.4 磷酸盐缓冲溶液(PBS)：称取 8.00g 氯化钠，1.20g 磷酸氢二钠，0.20g 磷酸二氢钾，0.20g 氯化钾，用 900mL 水溶解，用浓盐酸调节 pH 值至 7.4，用水定容至 1000mL。

3.2.5 1% Triton X-100(或吐温-20)的 PBS：取 10mL Triton X-100(或吐温-20)，用 PBS 稀释至 1000mL。

3.2.6 0.05%碘溶液：称取 0.1g 碘，用 20mL 甲醇溶解，加水定容至 200mL，用 0.45μm的滤膜过滤，现配现用(仅碘柱后衍生法使用)。

3.2.7 5mg/L 三溴化吡啶水溶液：称取 5mg 三溴化吡啶溶于 1L 水中，用 0.45μm 的滤膜过滤，现配现用(仅溴柱后衍生法使用)。

3.3 标准品

3.3.1 $AFTB_1$标准品($C_{17}H_{12}O_6$)：纯度≥98%。

3.3.2 $AFTB_2$标准品($C_{17}H_{14}O_6$)：纯度≥98%。

3.3.3 $AFTG_1$标准品($C_{17}H_{12}O_7$)：纯度≥98%。

3.3.4 $AFTG_2$标准品($C_{17}H_{14}O_7$)：纯度≥98%。

3.4 标准溶液配制

3.4.1 标准储备溶液(10μg/mL)：分别称取 $AFTB_1$、$AFTB_2$、$AFTG_1$ 和 $AFTG_2$ 1mg(精确至 0.01mg)，用乙腈溶解并定容至 100mL。此溶液浓度约为 10μg/mL。溶液转移至试剂瓶中后，在－20℃下避光保存，备用。

3.4.2 混合标准工作液($AFTB_1$ 和 $AFTG_1$：100ng/mL，$AFTB_2$ 和 $AFTG_2$：30ng/mL)：准确移取 $AFTB_1$ 和 $AFTG_1$ 标准储备溶液各 1mL，$AFTB_2$ 和 $AFTG_2$ 标准储备溶液各 300μL 至 100mL 容量瓶中，乙腈定容。密封后避光－20℃下保存，三个月内有效。

3.4.3 标准曲线工作溶液

3.4.3.1 柱后衍生和无衍生器法：分别准确移取混合标准工作液 10μL、50μL、200μL、500μL、1000μL、2000μL、4000μL 至 10mL 容量瓶中，用初始流动相定容至刻度(含 $AFTB_1$ 和 $AFTG_1$ 浓度为 0.1μL、0.5μL、2.0μL、5.0μL、10.0μL、20.0μL、40.0ng/mL，$AFTB_2$ 和 $AFTG_2$ 浓度为 0.03、0.15、0.6、1.5、3.0、6.0、12ng/mL 的系列标准溶液)。

3.4.3.2 柱前衍生法：分别准确移取混合标准工作液 10μL、50μL、200μL、500μL、1000μL、2000μL、4000μL 于 10mL 离心管中，加入 200μL 正己烷和 100μL 三氟乙酸，涡旋 30s，在 40±1℃的恒温箱中衍生 15min，衍生结束后，在 50℃下用氮气缓缓地将液体吹至近干，加入 1.0mL 初始流动相，涡旋 30s 溶解残留物，继续用初始流动相定容至 10mL(含 $AFTB_1$ 和 $AFTG_1$ 浓度为 0.1ng/mL、0.5ng/mL、2.0ng/mL、5.0ng/mL、10.0ng/mL、20.0ng/mL、40.0ng/mL，$AFTB_2$ 和 $AFTG_2$ 浓度为 0.03ng/mL、0.15ng/mL、0.6ng/mL、1.5ng/mL、3.0ng/mL、6.0ng/mL、12ng/mL 的系列标准溶液)。

4 仪器和设备

4.1 高速粉碎机。

4.2 超声波振荡器。

4.3 漩涡混匀器。

4.4 高速均质器：转速 6500～24000r/min。

4.5 固相萃取装置，配真空泵。

4.6 离心机：转速≥6000r/min。

4.7　天平：感量为0.01mg和0.01g。

4.8　玻璃纤维滤纸：快速、高载量、液体中颗粒保留1.6μm。

4.9　氮吹仪。

4.10　液相色谱仪：配荧光检测器（带一般体积流动池或者大体积流通池）。

注：当带大体积流通池时不需要再使用任何型号或任何方式的柱后衍生器。

4.11　液相色谱柱：

C_{18}柱（柱长150mm或250mm，柱内径4.6mm；填料粒径5μm），或相当者（柱后衍生方法使用）。

C_{18}柱（柱长100mm，柱内径2.1mm；填料粒径1.7μm），或相当者（大流通池检测使用）。

4.12　光化学柱后衍生器。

4.13　溶剂柱后衍生装置。

4.14　电化学柱后衍生器。

4.15　50mL具塞离心管。

4.16　移液管：1.0mL，5.0mL，20.0mL。

4.17　50mL一次性注射器（使用注射器筒部分）。

4.18　免疫亲和柱※：$AFTB_1$柱容量≥200ng，$AFTB_1$柱回收率≥80%，$AFTG_2$的交叉反应率≥80%。

4.19　一次性微孔滤头：带0.22μm微孔滤膜（所选用滤膜应采用标准溶液检验确认无吸附现象，方可使用）。

4.20　筛网：1～2mm试验筛孔径。

4.21　带刻度的磨口玻璃试管：10mL。

5　分析步骤

使用不同厂商的免疫亲和柱，在样品的上样、淋洗和洗脱的操作方面可能略有不同，应该按照供应商所提供的操作说明书要求进行操作。

5.1　样品提取

5.1.1　酿酒原料（大米、大麦、高粱等）

在50mL离心管中称取5g均匀试样（精确至0.01g），加入20mL乙腈一水溶液（84＋16）或甲醇一水溶液（70＋30），涡旋混匀，用均质器均质3min，置于超声波振荡器中振荡20min，在6000r/min下离心10min（或均质后玻璃纤维滤纸过滤），准确移取4mL上清液（或滤液），加入46mL 1% Trition X-100（或吐温-20）的PBS（使用甲醇-水溶液提取时可减半加入），混匀，待净化。

5.1.2　酿造酒（啤酒，黄酒，葡萄酒等）

在50mL离心管中称取5g均匀液体（精确至0.01g，啤酒超声5min脱气后称量），待净化。

5.2 免疫亲和柱净化

将 50mL 注射器筒与亲和柱的顶部相连，待免疫亲和柱内原有液体流尽后，将上述样液移至 50mL 注射器筒中，调节下滴速度，控制样液以 1～3mL/min 的速度稳定下滴。待样液滴完后，往注射器筒内加入 2×10mL 水，以稳定流速淋洗免疫亲和柱。待水滴完后，用真空泵抽干亲和柱。脱离真空系统，在亲和柱下部放置 10mL 刻度试管，取下 50mL 的注射器筒，加入 2×1mL 甲醇洗脱亲和柱，控制 1～3mL/min 的速度下滴，再用真空泵抽干亲和柱，收集全部洗脱液至试管中。在 50℃下用氮气缓缓地将洗脱液吹至近干。

注：全自动（在线）或半自动（离线）的固相萃取仪器可优化操作参数后使用。

5.3 衍生

5.3.1 柱前衍生

在试管中分别加入 200μL 正己烷和 100μL 三氟乙酸，涡旋 30s，在 40±1℃的恒温箱中衍生 15min，衍生结束后，在 50℃下继续用氮气缓缓地将净化液吹至近干，加入 1.0mL 初始流动相，涡旋 30s 溶解残留物，过 0.22μm 滤膜，收集滤液于进样瓶中以备进样。

5.3.2 柱后衍生

在试管中加入 1.0mL 初始流动相，涡旋 30s 溶解残留物，0.22μm 滤膜过滤，收集滤液于进样瓶中以备进样。

注：全自动（在线）或半自动（离线）的固相萃取仪器可优化操作参数后使用。

5.4 仪器参考条件

5.4.1 无衍生器法（大流通池直接检测）

流动相：A 相：水，B 相：乙腈-甲醇（50＋50）。

等梯度洗脱条件：A：65％，B：35％。

流速：0.3mL/min。

柱温：40℃。

进样量：10μL。

激发波长：365nm。

发射波长：436nm（$AFTB_1$、$AFTB_2$），463nm（$AFTG_1$、$AFTG_2$）。

液相色谱图见图 7-12。

5.4.2 柱前衍生法

流动相：A 相：水，B 相：乙腈-甲醇溶液（50＋50）。

梯度洗脱条件：24％ B（0～6min），35％ B（8.0～10.0min），100％ B（10.2～11.2min），24％ B（11.5min）。

流速：1.0mL/min。

色谱柱柱温：40℃。

进样量：50μL。

荧光检测器:激发波长 360nm;发射波长 440nm。

液相色谱图见图 7-13。

5.4.3　柱后光化学衍生法

流动相:A 相:水,B 相:乙腈-甲醇(50+50)。

等梯度洗脱条件:A:68%,B:32%。

流速:1.0mL/min。

柱温:40℃。

进样量:50μL。

光化学柱后衍生器。

激发波长:360nm;发射波长:440nm。

液相色谱图见图 7-14。

5.4.3　柱后碘或溴试剂衍生法

5.4.4　柱后碘衍生法

流动相:A 相:水,B 相:乙腈-甲醇(50+50)。

等梯度洗脱条件:A:68%,B:32%。

流速:1.0mL/min。

柱温:40℃。

进样量:50μL。

柱后衍生化系统。

衍生溶液:0.05%碘溶液。

衍生溶液流速:0.2mL/min。

衍生反应管温度:70℃。

激发波长:360nm;发射波长:440nm。

液相色谱图见图 7-15。

5.4.5　柱后溴衍生法

流动相:A 相:水,B 相:乙腈-甲醇(50+50)。

等梯度洗脱条件:A:68%,B:32%。

流速:1.0mL/min。

色谱柱柱温:40℃。

进样量:50μL。

柱后衍生系统。

衍生溶液:5mg/L 三溴化吡啶水溶液。

衍生溶液流速:0.2mL/min。

衍生反应管温度:70℃。

激发波长:360nm;发射波长:440nm。

液相色谱图见图 7-16。

5.4.6　柱后电化学衍生法

流动相：A 相：水(1L 水中含 119mg 溴化钾，350μL 4mol/L 硝酸)；B 相：甲醇

柱温：40℃。

流速：1.0mL/min。

进样量：50μL。

电化学柱后衍生器：反应池工作电流 100μA；1 根的 PEEK 反应管路(长度 50cm，内径 0.5mm)。

激发波长：360nm；发射波长：440nm。

液相色谱图见图 7-17。

5.5　标准曲线的制作

系列标准工作溶液由低到高浓度依次进样检测，以峰面积为纵坐标，浓度为横坐标作图，得到标准曲线回归方程。

5.6　试样测定

待测样液中待测化合物的响应值应在标准曲线线性范围内，浓度超过线性范围的样品则应重新按 5.1 和 5.2 进行处理后再进样分析。

6　分析结果的表述

按式(7-4)计算酿酒原料中 $AFTB_1$、$AFTB_2$、$AFTG_1$ 和 $AFTG_2$ 的残留量，按式(7-5)计算酒中 $AFTB_1$、$AFTB_2$、$AFTG_1$ 和 $AFTG_2$ 的残留量。

$$X=A\times\left(V_1\times\frac{V_3}{V_2}\right)\times\frac{1}{m} \quad\cdots\cdots\cdots\cdots (7\text{-}4)$$

$$X=A\times V_3\times\frac{1}{m} \quad\cdots\cdots\cdots\cdots (7\text{-}5)$$

式中：

X——试样中 $AFTB_1$、$AFTB_2$、$AFTG_1$ 或 $AFTG_2$ 的含量，单位为微克每千克(μg/kg)；

A——试样中 $AFTB_1$、$AFTB_2$、$AFTG_1$ 或 $AFTG_2$ 按照外标法在标准曲线中对应的浓度，单位为纳克每毫升(ng/mL)；

V_1——加入提取液体积，单位为毫升(mL)；

V_2——用于免疫亲和柱净化的上清液体积，单位为毫升(mL)；

V_3——样品洗脱液的最终定容体积，单位为毫升(mL)；

m——试样的称样量，单位为克(g)。

以重复性条件下获得的两次独立测定结果的算术平均值表示。

计算结果保留三位有效数字。

7　灵敏度和精密度

当称取酿酒原料 5g 时，柱后光化学衍生法、柱后溴衍生法、柱后碘衍生法、柱后电化学衍生法检出限：$AFTB_1$：0.03μg/kg、$AFTB_2$：0.01μg/kg、$AFTG_1$：0.03μg/kg、$AFTG_2$：0.01μg/kg；无衍生器法检出限：$AFTB_1$：0.02μg/kg、$AFTB_2$：

0.003μg/kg、$AFTG_1$：0.02μg/kg、$AFTG_2$：0.003μg/kg；柱前衍生法检出限：$AFTB_1$：0.03μg/kg、$AFTB_2$：0.03μg/kg、$AFTG_1$：0.03μg/kg、$AFTG_2$：0.03μg/kg；

柱后光化学衍生法、柱后溴衍生法、柱后碘衍生法、柱后电化学衍生法定量限：$AFTB_1$：0.1μg/kg、$AFTB_2$：0.03μg/kg、$AFTG_1$：0.1μg/kg、$AFTG_2$：0.03μg/kg；无衍生器法定量限：$AFTB_1$：0.05μg/kg、$AFTB_2$：0.01μg/kg、$AFTG_1$：0.05μg/kg、$AFTG_2$：0.01μg/kg；柱前衍生法检出限：$AFTB_1$：0.1μg/kg、$AFTB_2$：0.1μg/kg、$AFTG_1$：0.1μg/kg、$AFTG_2$：0.1μg/kg。

当称取酒5g时，柱后光化学衍生法、柱后溴衍生法、柱后碘衍生法、柱后电化学衍生法检出限：$AFTB_1$：0.006μg/kg、$AFTB_2$：0.002μg/kg、$AFTG_1$：0.006μg/kg、$AFTG_2$：0.002μg/kg；无衍生器法检出限：$AFTB_1$：0.004μg/kg、$AFTB_2$：0.0006μg/kg、$AFTG_1$：0.004μg/kg、$AFTG_2$：0.0006μg/kg；柱前衍生法检出限：$AFTB_1$：0.006μg/kg、$AFTB_2$：0.006μg/kg、$AFTG_1$：0.006μg/kg、$AFTG_2$：0.006μg/kg；

柱后光化学衍生法、柱后溴衍生法、柱后碘衍生法、柱后电化学衍生法定量限：$AFTB_1$：0.02μg/kg、$AFTB_2$：0.006μg/kg、$AFTG_1$：0.02μg/kg、$AFTG_2$：0.006μg/kg；无衍生器法定量限：$AFTB_1$：0.01μg/kg、$AFTB_2$：0.002μg/kg、$AFTG_1$：0.01μg/kg、$AFTG_2$：0.002μg/kg；柱前衍生法检出限：$AFTB_1$：0.02μg/kg、$AFTB_2$：0.02μg/kg、$AFTG_1$：0.02μg/kg、$AFTG_2$：0.02μg/kg。

在重复性条件下获得的两次独立测定结果的绝对差值不得超过算术平均值的20%。

8 色谱图

见图7-12～图7-19。

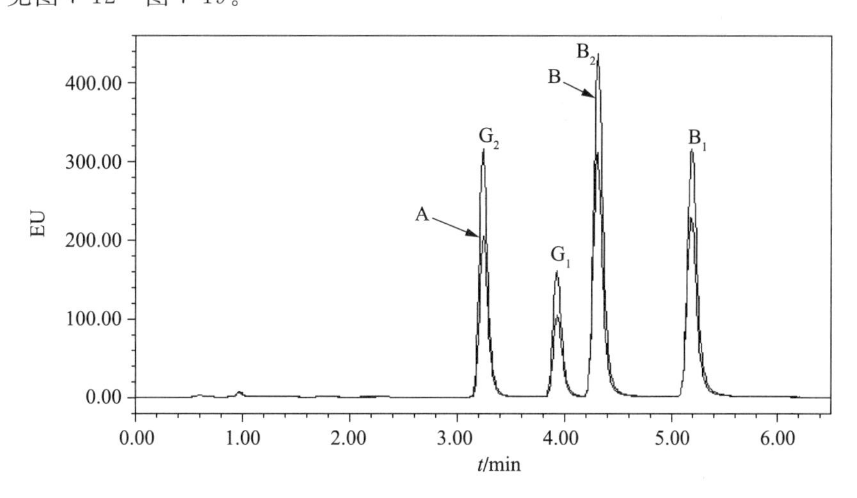

注：A—蓝色色谱图对应激发波长：365nm；发射波长：463nm。

B—黑色色谱图对应激发波长：365nm；发射波长：436nm。

图7-12 四种黄曲霉毒素大流通池检测色谱图（双波长检测）（2ng/mL 标准溶液）

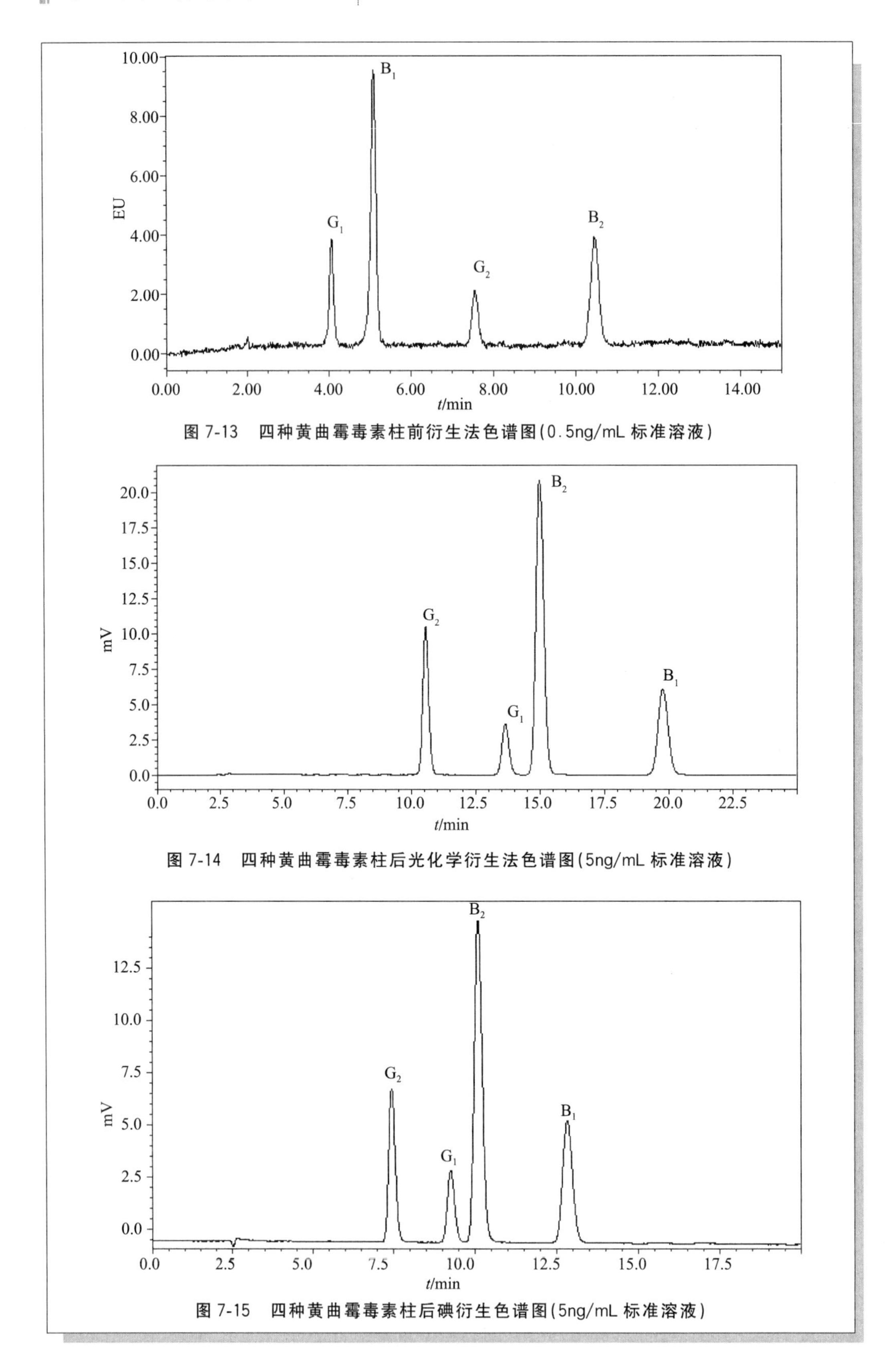

图 7-13　四种黄曲霉毒素柱前衍生法色谱图(0.5ng/mL 标准溶液)

图 7-14　四种黄曲霉毒素柱后光化学衍生法色谱图(5ng/mL 标准溶液)

图 7-15　四种黄曲霉毒素柱后碘衍生色谱图(5ng/mL 标准溶液)

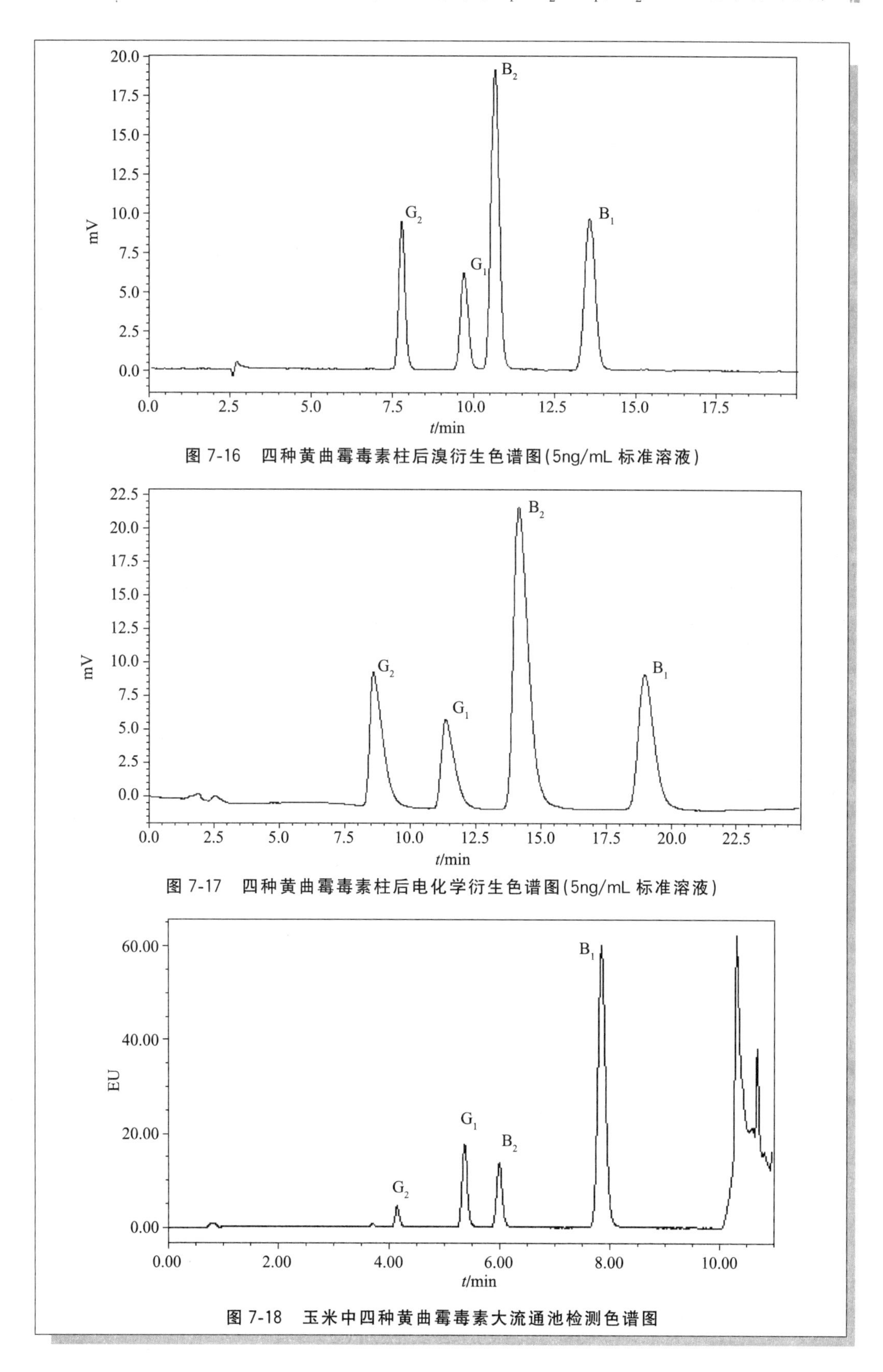

图 7-16　四种黄曲霉毒素柱后溴衍生色谱图(5ng/mL 标准溶液)

图 7-17　四种黄曲霉毒素柱后电化学衍生色谱图(5ng/mL 标准溶液)

图 7-18　玉米中四种黄曲霉毒素大流通池检测色谱图

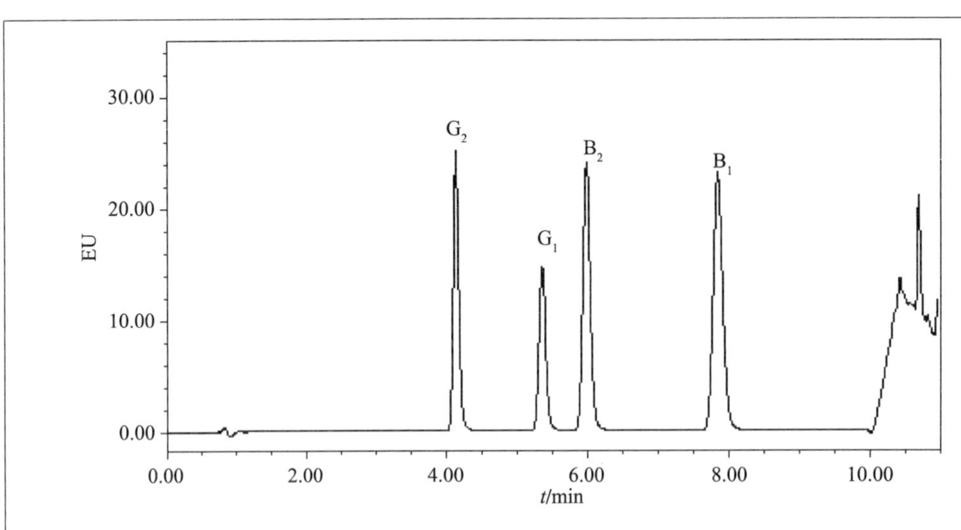

图 7-19 啤酒加标样品中四种黄曲霉毒素大流通池检测色谱图

9 不同分析方法间的比较数据

不同分析方法间的比较数据见表 7-6～表 7-9。

表 7-6 多种检测方法测得 $AFTB_1$ 含量

样品	HPLC					UPLC	LC-MS
	柱前衍生	光化学衍生	电化学衍生	溴衍生	碘衍生		
玉米 1	3.333	4.451	4.155	3.909	3.891	3.456	3.957
玉米 2	6.099	7.560	7.027	6.659	6.613	6.477	6.973
小麦	0.786	0.882	0.838	0.754	0.782	0.80	0.880
啤酒(加标)	4.663	4.653	4.873	4.387	5.147	4.440	4.333
黄酒(加标)	4.224	4.887	3.997	4.533	4.150	4.383	4.623

表 7-7 多种检测方法测得 $AFTB_2$ 含量

样品	HPLC					UPLC	LC-MS
	柱前衍生	光化学衍生	电化学衍生	溴衍生	碘衍生		
玉米 1	0.521	0.544	0.629	0.525	0.503	0.421	0.580
玉米 2	0.716	0.675	0.716	0.671	0.697	0.667	0.693
小麦	0.0480	0450	0440	0450	0430	0390	047
啤酒(加标)	5.347	5.703	3.715	5.490	4.247	5.080	4.530
黄酒(加标)	4.288	4.579	4.139	4.107	3.451	3.691	3.748

表 7-8 多种检测方法测得 $AFTG_1$ 含量

样品	HPLC					UPLC	LC-MS
	柱前衍生	光化学衍生	电化学衍生	溴衍生	碘衍生		
玉米 1	—	—	—	—	—	—	—
玉米 2	—	—	—	—	—	—	—
小麦	—	—	—	—	—	—	—
啤酒(加标)	3.497	4.083	4.233	4.243	3.687	3.343	3.970
黄酒(加标)	3.586	3.463	3.496	4.150	3.770	4.103	4.056

表 7-9 多种检测方法测得 $AFTG_2$ 含量

样品	HPLC					UPLC	LC-MS
	柱前衍生	光化学衍生	电化学衍生	溴衍生	碘衍生		
玉米 1	—	—	—	—	—	—	—
玉米 2	—	—	—	—	—	—	—
小麦	—	—	—	—	—	—	—
啤酒(加标)	4.297	4.473	4.247	4.097	3.923	4.230	3.807
黄酒(加标)	4.763	4.800	3.587	4.103	4.023	4.647	4.608

二、注意事项

1. 检测样品时,对于不同批次的亲和柱在使用前需质量验证。

2. 整个分析操作过程应在指定区域内进行。该区域应避光(直射阳光)、具备相对独立的操作台和废弃物存放装置。在整个实验过程中,操作者应按照接触剧毒物的要求采取相应的保护措施。

3. 使用免疫亲和柱时,需回复到室温,以保证实验结果的准确性。

4. 黄曲霉毒素在氮吹过干时,容易损失,因此要控制温度和氮吹速度。

5. 柱后电化学衍生器管路不能用乙腈直接冲洗,因此,在清洗液相系统时,应先拆下电化学衍生器,再用纯乙腈冲洗整个液相系统。

参考文献

[1] International agency for research on cancer (IARC)－Summaries and evaluations. 1993,56:245.

[2] GB 5009.24—2010 食品安全国家标准 食品中黄曲霉毒素 M_1 和 B_1 的测定

[3] GB/T 23212—2008 牛奶和奶粉中黄曲霉毒素 B_1、B_2、G_1、G_2、M_1、M_2 的测定液

相色谱一荧光检测法

[4] GB/T 5009.22—2003 食品中黄曲霉毒素 B_1 的测定

[5] GB/T 5009.23—2006 食品中黄曲霉毒素 B_1、B_2、G_1、G_2 的测定

[6] GB/T 18979—2003 食品中黄曲霉毒素的测定 免疫亲和层析净化高效液相色谱法和荧光光度法液相色谱-荧光检测

[7] SN/T 1664—2005 牛奶和奶粉中黄曲霉毒素 M_1、B_1、B_2、G_1、G_2 含量的测定

[8] SN/T 1101—2002 进出口油籽及粮谷中黄曲霉毒素的检验方法

[9] SN 0637—1997 出口油籽、坚果及坚果制品中黄曲霉毒素残留量检验方法液相色谱法

[10] SN/T 1736—2006 进出口蜂蜜中黄曲霉毒素的检验方法 高效液相色谱法

[11] SN 0339—1995 出口茶叶中黄曲霉毒素 B_1 检验方法

[12] NY/T 1286—2007 花生黄曲霉毒素 B_1 的测定 高效液相色谱法

[13] COMMISSION REGULATION (EC) No. 1881/2006 of 19 December 2006. Setting maximum levels for certain contaminants in foodstuffs.

[14] HUANG BF, HAN Z, CAI ZX, et al. Simultaneous determination of aflatoxins B_1, B_2, G_1, G_2, M_1 and M_2 in peanuts and their derivative products by ultra-high-performance liquid chromatography-tandem mass spectrometry [J]. Anal Chem Acta, 2010, 662(1): 62-68.

[15] GB 2761—2011 食品安全国家标准 食品中真菌毒素限量

第八章

酒中脱氧雪腐镰刀菌烯醇的测定标准操作程序

第一节　液相色谱-串联质谱法

一、概述

脱氧雪腐镰刀菌烯醇(deoxynivalenol,DON)又称呕吐毒素(vomitoxin),是由禾谷镰刀菌(Fusariumgrami nearum)和黄色镰刀菌(Fusarium culmorum)产生的单端孢霉烯族化合物(Trichothecene,TRICs)B组中的一种毒素,主要污染小麦、大麦、燕麦、玉米、黑小麦等谷物及其制品,是谷物中检出率最高、污染最重、分布最广、与人类健康最密切、历史上导致人和动物急性中毒的一种镰刀菌毒素。

DON的CAS名称为12,13环氧-3,7,15-三羟基一单端孢-9-烯-8-酮(12,13 epoxy-3,4,15-trihydroxytrichothec-9-en-8-one),编号是51481-10-8,结构式见图8-1;分子式$C_{15}H_{20}O_6$,相对分子质量296;DON纯品为无色针状结晶,熔点151～153℃,比旋光度$[\alpha]_D^{20}$ 6.35。可溶于水和极性溶剂如含水甲醇、含水乙醇或乙酸乙酯等,在乙酸乙酯中可长期保存。120℃稳定,在酸性条件下不被破坏,3%～5%的次氯酸钠溶液可以破坏DON,低浓度碱可增加这种破坏能力。由于DON不易挥发,且分子中含有极性基团羟基,因此分析前须将其衍生化成酯。

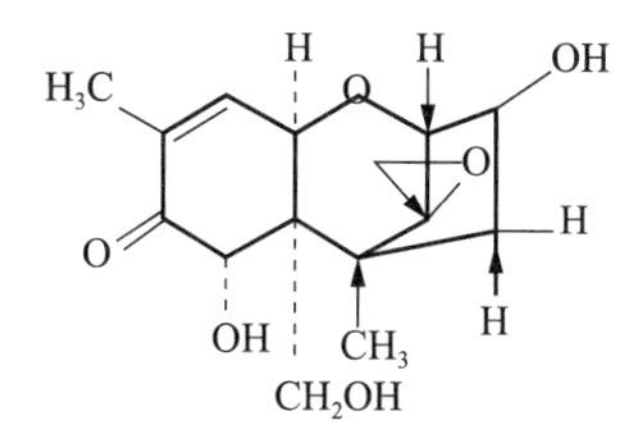

图8-1　DON的结构示意图

动物的急性毒性试验表明,DON对鸡、ddy小鼠和断乳B6C3F1小鼠经口的LD_{50}分别为140mg/kg体重、46mg/kg体重和78mg/kg体重,对ddy小鼠和断乳B6C3F1小鼠腹膜内注射的LD_{50}分别为70mg/kg体重和49mg/kg体重,对十日龄北京鸭的LD_{50}为

27mg/kg 体重。DON 致动物呕吐和厌食的能力较强，猪对其最敏感，腹腔注射 DON 导致猪呕吐的最小剂量为 0.1mg/kg。已报道 DON 引起的人类急性中毒均与摄食赤霉病谷物有关，到目前为止，世界上报道的由 DON 引起的人类赤霉病谷物中毒主要发生在中国和印度。据不完全统计，1985 年—1992 年，我国河南、广西、河北、安徽和江苏等省的部分地区共发生赤霉病麦或玉米导致的人畜 DON 中毒 15 起，受累及人数达 137112 人。特别是 1991 年春夏之交，我国部分省市遭受特大洪涝灾害，尤以安徽、江苏，河南等省为重，仅安徽一省就有 13 万多人，主要症状有头晕，恶心，呕吐、腹痛、腹泻、乏力等，严重危害消费者健康和生命安全。短期试验结果显示，DON 对 3 周龄 ICR 小鼠的最小有害作用剂量水平(LOEL)为 0.37mg/(kg 体重・d)，未观察到的有害作用剂量水平(NOAEL)为 0.81mg/(kg 体重・d)，对 Swiss-Webster 断乳雄性小鼠和猪的 NOAEL 分别为 0.9mg/(kg 体重・d)和 0.08mg/(kg 体重・d)。DON 有生殖毒性，可导致生殖力下降，并有胚胎毒性和致畸作用；还可影响动物的免疫系统，改变其免疫应答，主要表现在抗体生成、同种异基因移植的排斥、迟发型变态反应等。此外可使肾小球基底膜 IgA 沉积，导致血管球性肾炎。DON 既非癌症始动剂也非促癌剂，不引起基因突变，但体内外均可导致染色体异常。

目前世界上许多国家制定了食品中 DON 的限量标准(见表 8-5)，欧盟国家广泛采用供人类食用的谷物中 DON 含量不超过 750μg/kg 的限量标准，而中国、美国、保加利亚、匈牙利、伊朗、以色列、拉脱维亚、摩尔多瓦共和国、俄罗斯联邦、乌克兰、乌拉圭等国家则采用 1000μg/kg，加拿大、捷克共和国为 2000μg/kg。面粉及谷物制品中 DON 限量在世界各国的规定在 200～750μg/kg 范围内。

二、测定标准操作程序

酒中脱氧雪腐镰刀菌烯醇及其乙酰化衍生物含量测定(LC/MS 方法)标准操作程序如下：

1　范围

本程序规定了酿酒原料大米、大麦、小麦以及啤酒等酿酒原料和发酵酒食品中脱氧雪腐镰刀菌烯醇及其乙酰化衍生物液相色谱质谱法测定。

本程序适用于酿酒原料大米、大麦、小麦以及啤酒等酿酒原料和发酵酒食品中脱氧雪腐镰刀菌烯醇及其乙酰化衍生物的测定。

2　原理

试样中的脱氧雪腐镰刀菌烯醇及其衍生物用水和乙腈的混合溶液提取，提取清液经固相萃取柱或多功能柱净化，浓缩、定容和过滤后，液相色谱分离，串联质谱检测，同位素内标法定量。

3　试剂和材料

注：除非另有说明，所有试剂均为分析纯。

3.1　试剂

3.1.1　乙腈(CH_3CN)：色谱纯。

3.1.2　甲醇(CH_3OH)：色谱纯。

3.1.3　正己烷(C_6H_{14})。

3.1.4　氨水($NH_3 \cdot H_2O$)

3.1.5　氮气(N_2):纯度≥99.9%。

3.2　试剂配制

3.2.1　乙腈-水溶液(84+16):量取160mL水加入到840mL乙腈中,混匀。

3.2.2　乙腈饱和正己烷溶液:量取200mL正己烷于250mL分液漏斗中,加入少量乙腈,剧烈振摇数分钟,静置分层,弃去下层乙腈曾即得。

3.2.3　5%甲醇-水溶液:量取5mL甲醇加入到95mL水中,混匀。

3.2.4　0.01%氨水溶液:移取100μL氨水加入到500mL水中,混匀。

3.2.5　乙腈-0.01%氨水溶液(10+90):量取100mL乙腈加入到900mL 0.01%氨水溶液中,混匀。

3.3　标准品

3.3.1　脱氧雪腐镰刀菌烯醇($C_{15}H_{20}O_6$,CAS:51481-10-8):纯度≥99%。

3.3.2　3-乙酰脱氧雪腐镰刀菌烯醇($C_{17}H_{22}O_6$,CAS:50722-38-8):纯度≥99%。

3.3.3　15-乙酰脱氧雪腐镰刀菌烯醇($C_{17}H_{22}O_6$,CAS:88337-96-6):纯度≥99%。

3.3.4　$^{13}C_{15}$-脱氧雪腐镰刀菌烯醇($^{13}C_{15}H_{20}O_6$)同位素标准溶液:25μg/mL,纯度≥99%。

3.3.5　$^{13}C_{17}$-3-乙酰化-脱氧雪腐镰刀菌烯醇($^{13}C_{17}H_{22}O_6$)同位素标准溶液:25μg/mL,纯度≥99%。

3.4　标准溶液配制

3.4.1　标准储备溶液(100μg/mL):分别称取脱氧雪腐镰刀菌烯醇、3-乙酰脱氧雪腐镰刀菌烯醇和15-乙酰脱氧雪腐镰刀菌烯醇1mg(准确至0.01mg),分别用乙腈溶解并定容至100mL。将溶液转移至试剂瓶中,在−20℃下密封保存。

3.4.2　混合标准工作溶液(10μg/mL):分别准确吸取100μg/m脱氧雪腐镰刀菌烯醇、3-乙酰脱氧雪腐镰刀菌烯醇和15-乙酰脱氧雪腐镰刀菌烯醇标准贮备液1.00mL于同一10mL容量瓶中,加乙腈稀释至刻度,得到10μg/mL的混合标准液。此溶液密封后−20℃保存,6个月有效。

3.4.3　混合同位素内标工作液(1.2μg/mL):分别准确吸取$^{13}C_{15}$-脱氧雪腐镰刀菌烯醇和$^{13}C_{17}$-3-乙酰化-脱氧雪腐镰刀菌烯醇同位素内标(25μg/mL)1.2mL于同一25mL容量瓶中,加乙腈稀释至刻度,得到1.2μg/mL的混合同位素内标工作液。此溶液密封后−20℃保存,6个月有效。

3.4.4　标准系列工作溶液:准确移取适量混合标准工作溶液和混合同位素内标工作液,用初始流动相配制成5ng/mL、10ng/mL、20ng/mL、40ng/mL、80ng/mL、160ng/mL、320ng/mL、640ng/mL的混合标准系列,每份溶液含96ng/mL的混合同位素内标。

4　仪器和设备

4.1　液相色谱-串联质谱仪:带电喷雾离子源。

4.2　电子天平(感量 0.01g 和 0.0001g)。

4.3　均质机:转速大于 10000r/min。

4.4　高速粉碎机:转速 10000r/min。

4.5　筛网:1～2mm 孔径。

4.6　涡旋混匀器。

4.7　超声波提取器。

4.8　氮吹仪。

4.9　高速离心机:转速不低于 10000r/min。

4.10　移液器:量程 10～100μL 和 100～1000μL。

4.11　多功能净化柱:Mycosep 226 净化柱,或相当者。

4.12　固相萃取装置。

4.13　固相萃取柱:HLB 固相萃取小柱,200mg,6mL,或相当者。

4.14　微孔滤膜:0.22μm(所选用滤膜应采用标准溶液检验确认无吸附现象,方可使用)。

4.15　聚丙烯刻度离心管:具塞,50mL。

5　分析步骤

5.1　试样制备

采样量需大于 1kg,用高速粉碎机将其粉碎,过筛,使其粒径小于 1～2mm,混合均匀后缩分至 100g,储存于样品瓶中,密封保存,供检测用。

5.2　试样提取

5.2.1　谷物及其制品:在 50mL 离心管中称取 2g 已磨细混匀的试样(精确至 0.01g),加入 320μL 混合同位素内标工作液振荡混合后静置 30min。加入 20.0mL 乙腈-水溶液(84＋16),用均质器均质 3min 或置于超声波提取器中超声 20min。10000r/min 离心 5min,收集清液 A 于干净的容器中。

5.2.2　酒类:取脱气酒类试样(含二氧化碳的酒类样品使用前先置于 4℃冰箱冷藏 30min,过滤或超声脱气)或其他不含二氧化碳的酒类试样 5g(精确到 0.01g),加入 160μL 混合同位素内标工作液振荡混合后静置 30min,用乙腈定容至 10mL,混匀,用玻璃纤维滤纸过滤至滤液澄清,收集清液 B 于干净的容器中。

5.3　样品净化

5.3.1　多功能柱净化

取适量清液 A 或清液 B 至多功能净化柱的玻璃管内,将多功能净化柱的填料管插入玻璃管中并缓慢推动填料管至净化液析出,取 5mL 净化液于 40～50℃下氮气吹干,加入 1.0mL 初始流动相溶解残留物,漩涡混匀 10s,用 0.22μm 微孔滤膜过滤于进样瓶中,待进样。

注:使用不同厂商的多功能柱,在上样、净化等操作方面可能略有不同,可按照说明书要求进行操作。

5.3.2　固相萃取柱净化

取5mL清液A或清液B置于50mL离心管中,加入10mL乙腈饱和正己烷溶液,涡旋混合2min,5000r/min离心2min,弃去正己烷层后,于40～50℃下氮气吹干,加入4mL水充分溶解残渣。

将固相萃取柱连接到固相萃取装置,先后用3mL甲醇和3mL水活化平衡,将4mL上述水复溶液上柱,控制流速为每秒1～2滴。用3mL水、1mL 5%甲醇一水溶液依次淋洗柱子后彻底抽干。用4mL甲醇洗脱,收集全部洗脱液后在40～50℃下氮气吹干。加入1.0mL初始流动相溶解残留物,漩涡混匀10s,用0.22μm微孔滤膜过滤于进样瓶中,待进样。

5.4　液相色谱参考条件

液相色谱柱:C_{18}柱(柱长100mm,柱内径2.1mm;填料粒径1.7μm),或相当者。

流动相:A相:0.01%氨水溶液;B相:乙腈。

梯度洗脱:2% B(0～0.8min),24% B(3.0～4.0min),100% B(6.0～6.9min),2% B(6.9～7.0min)。

流速:0.35mL/min。

柱温:40℃。

进样体积:10μL。

5.5　质谱参考条件

电离方式ESI-;毛细管电压:2.5kV;锥孔电压:45V;射频透镜1电压:14.5V;射频透镜2电压:15V;离子源温度:150℃;锥孔反吹气流量:30L/h;脱溶剂气温度:500℃;脱溶剂气流量:900L/h;电子倍增电压:650V。

检测方式:多离子反应监测(MRM)。

见表8-1。

表8-1　脱氧雪腐镰刀菌烯醇及其衍生物参考质谱参数

化合物名称	母离子 (*m/z*)	锥孔电压 eV	定量离子 (*m/z*)	碰撞电压 eV	定性离子 (*m/z*)	碰撞电压 eV
DON	295	14	265	12	138	18
3-ADON	337	12	307	10	173	12
15-ADON	337	12	150	12	219	12
^{13}C-DON	310	16	279	12	145	14
^{13}C-3-ADON	354	18	323	14	230	18

5.6　定性测定

试样中目标化合物色谱峰的保留时间与相应标准色谱峰的保留时间相比较,变化范围应在±2.5%之内。

待测化合物的定性离子的重构离子色谱峰的信噪比应大于等于3($S/N \geqslant 3$)，定量离子的重构离子色谱峰的信噪比应大于等于10($S/N \geqslant 10$)。

每种化合物的质谱定性离子必须出现，至少应包括一个母离子和两个子离子，而且同一检测批次，对同一化合物，样品中目标化合物的两个子离子的相对丰度比与浓度相当的标准溶液相比，其允许偏差不超过表8-2规定的范围。

表8-2　定性时相对离子丰度的最大允许偏差

相对离子丰度	>50%	20%～50%	10%～20%	≤10%
允许的相对偏差	±20%	±25%	±30%	±50%

5.7　标准曲线的制作

在5.4、5.5液相色谱串联质谱仪分析条件下，将标准系列溶液由低到高浓度进样检测，以脱氧雪腐镰刀菌烯醇、3-乙酰脱氧雪腐镰刀菌烯醇和15-乙酰脱氧雪腐镰刀菌烯醇色谱峰与内标色谱峰的峰面积比值一浓度作图，得到标准曲线回归方程，其线性相关系数应大于0.99。

5.8　试样溶液的测定

取5.3下处理得到的待测溶液进样，内标法计算待测液中目标物质的质量浓度，按6计算样品中待测物的含量。待测样液中的响应值应在标准曲线线性范围内，超过线性范围则应适当减少取样量后重新测定。

5.9　空白试验

除不加样品外，采用完全相同的测定步骤进行操作。

6　分析结果的表述

按式(8-1)计算脱氧雪腐镰刀菌烯醇、3-乙酰脱氧雪腐镰刀菌烯醇和15-乙酰脱氧雪腐镰刀菌烯醇的残留量。

$$X = A \times \left(V_1 \times \frac{V_3}{V_2}\right) \times \frac{1}{m} \quad \cdots\cdots\cdots\cdots (8\text{-}1)$$

式中：

X——试样中脱氧雪腐镰刀菌烯醇、3-乙酰脱氧雪腐镰刀菌烯醇或15-乙酰脱氧雪腐镰刀菌烯醇的含量，单位为微克每千克(μg/kg)；

A——试样中脱氧雪腐镰刀菌烯醇、3-乙酰脱氧雪腐镰刀菌烯醇或15-乙酰脱氧雪腐镰刀菌烯醇按照内标法在标准曲线中对应的浓度，单位为纳克每毫升，(ng/mL)；

V_1——试样提取液体积，单位为毫升(mL)；

V_2——用于净化的分取体积，单位为毫升(mL)；

V_3——试样最终定容体积，单位为毫升(mL)；

m——试样的称样量，单位为克(g)。

以重复性条件下获得的两次独立测定结果的算术平均值表示。

计算结果保留小数点后一位。

7　灵敏度和精密度

本方法的检出限：脱氧雪腐镰刀菌烯醇：6 μg/kg、3-乙酰脱氧雪腐镰刀菌烯醇：6 μg/kg；15-乙酰脱氧雪腐镰刀菌烯醇：6 μg/kg。

本方法的定量限：脱氧雪腐镰刀菌烯醇：20 μg/kg、3-乙酰脱氧雪腐镰刀菌烯醇：20 μg/kg；15-乙酰脱氧雪腐镰刀菌烯醇：20 μg/kg。

在重复性条件下获得的两次独立测定结果的相对偏差，但含量小于 50 μg/kg，不得超过算术平均值的 15%，但含量大于 50 μg/kg，不得超过算术平均值的 10%。

8　附图

图 8-2 为脱氧雪腐镰刀菌烯醇母离子扫描图；图 8-3 为脱氧雪腐镰刀菌烯醇子离子扫描图；图 8-4 为 3-乙酰化脱氧雪腐镰刀菌烯醇母离子扫描图；图 8-5 为 3-乙酰化脱氧雪腐镰刀菌烯醇子离子扫描图；图 8-6 为 15-乙酰化脱氧雪腐镰刀菌烯醇母离子扫描图；图 8-7 为 15-乙酰化脱氧雪腐镰刀菌烯醇子离子扫描图；图8-8 为脱氧雪腐镰刀菌烯醇及其衍生物总离子图；图 8-9 为小麦样品以及加标叠加总离子图；图 8-10 为啤酒样品以及加标叠加图谱。

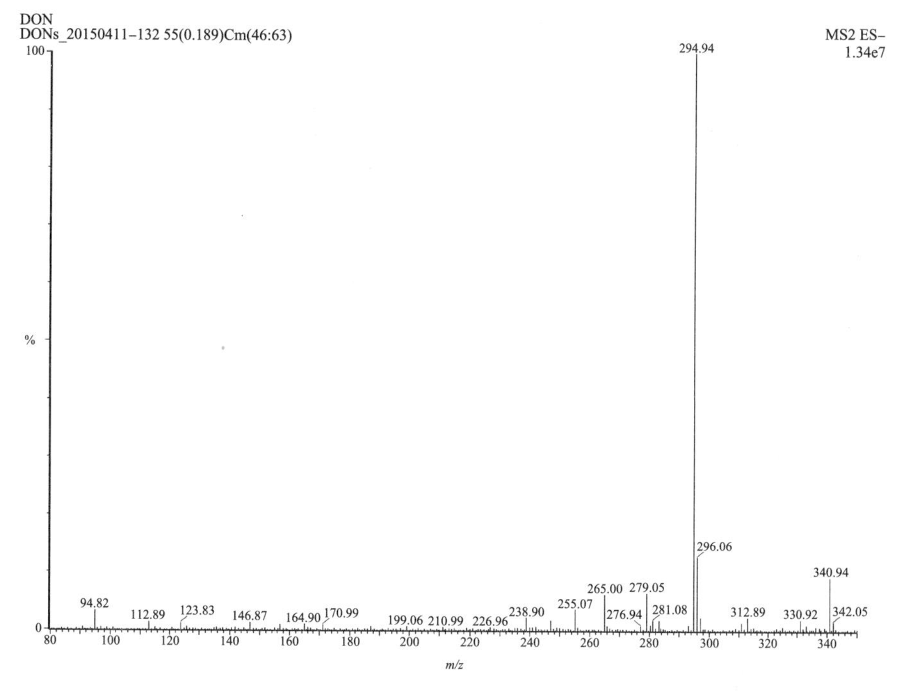

图 8-2　DON 母离子扫描图

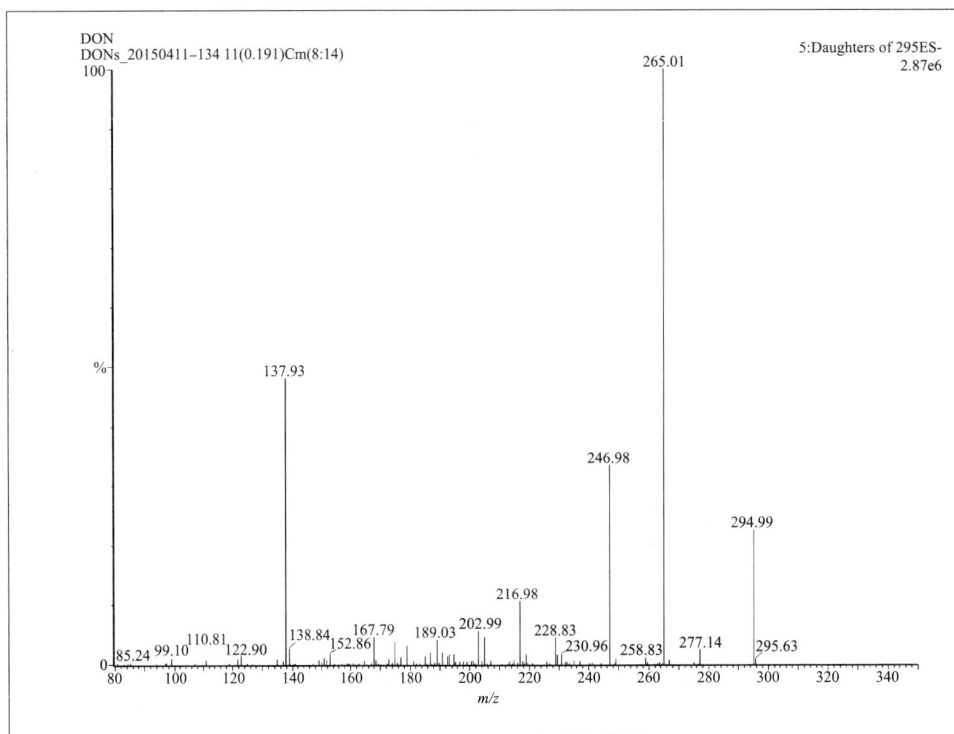

图 8-3 DON 子离子扫描图

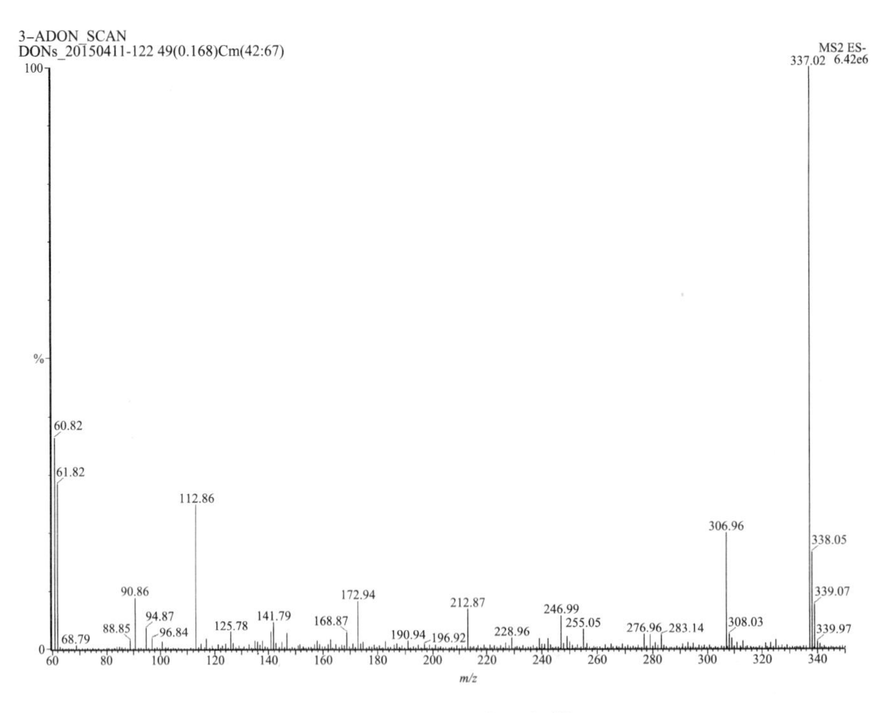

图 8-4 3-ADON 母离子扫描图

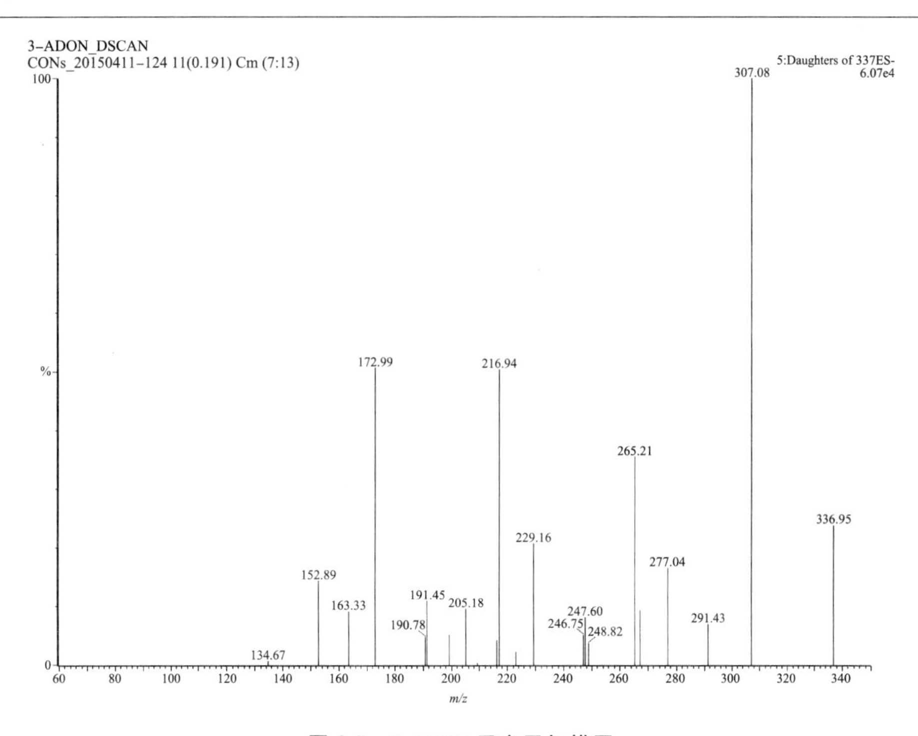

图 8-5 3-ADON 子离子扫描图

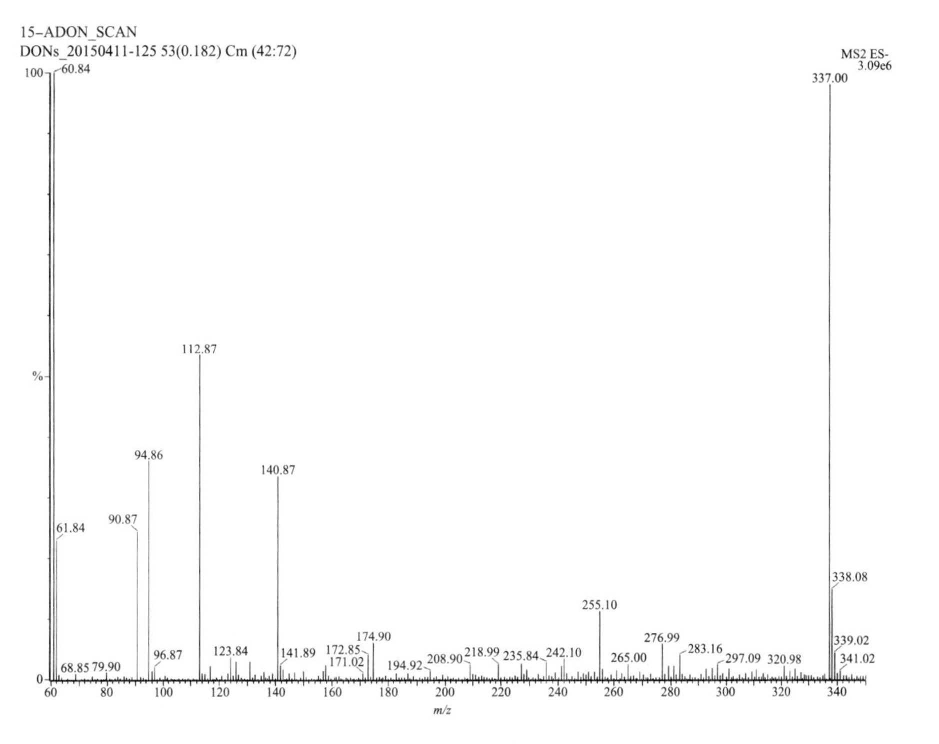

图 8-6 15-ADON 母离子扫描图

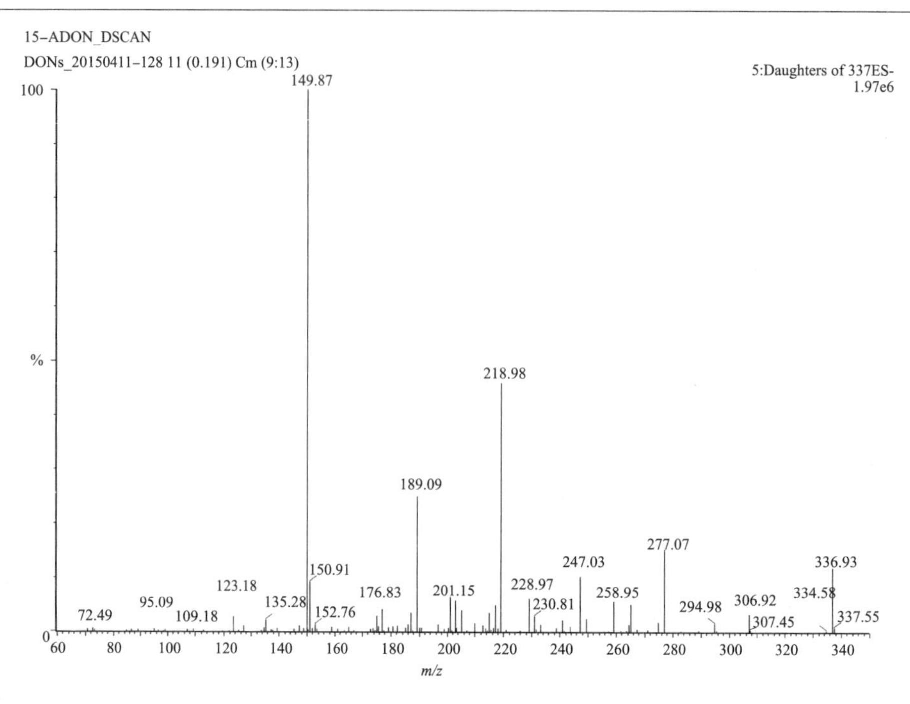

图 8-7 15-ADON 子离子扫描图

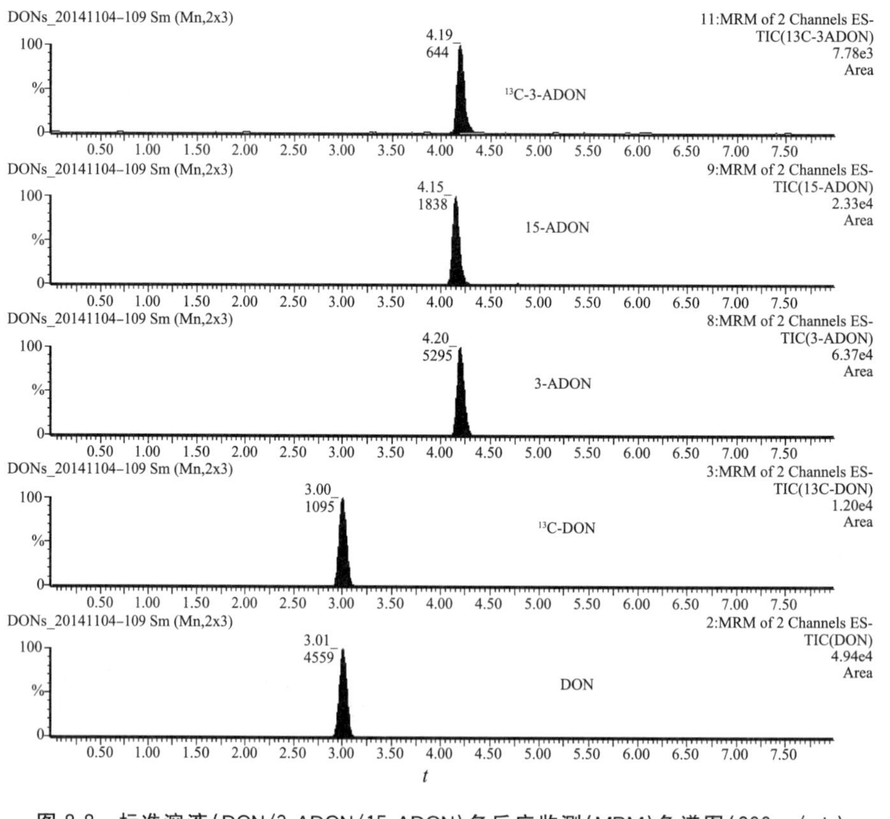

图 8-8 标准溶液(DON/3-ADON/15-ADON)多反应监测(MRM)色谱图(200ng/mL)

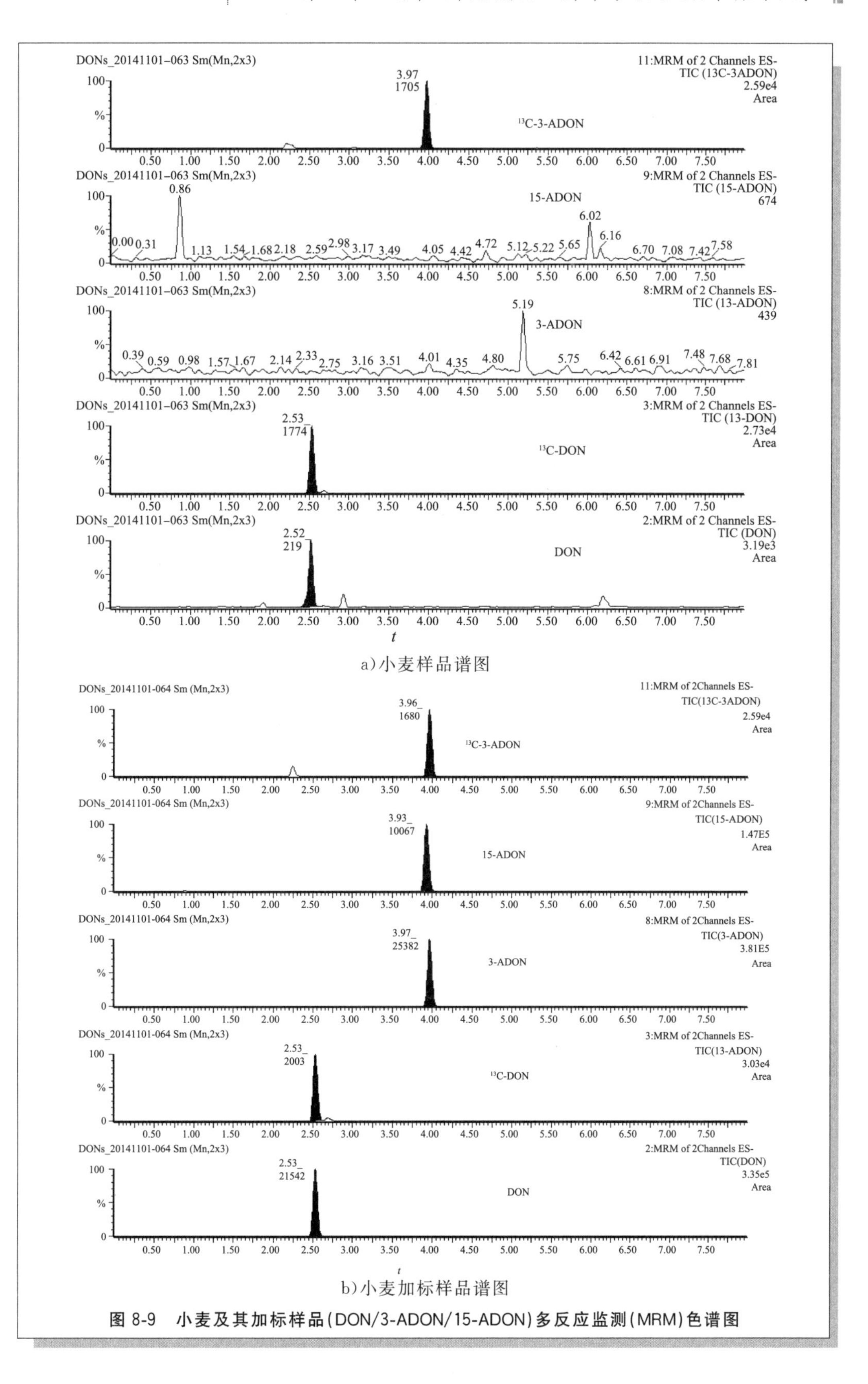

a)小麦样品谱图

b)小麦加标样品谱图

图 8-9　小麦及其加标样品(DON/3-ADON/15-ADON)多反应监测(MRM)色谱图

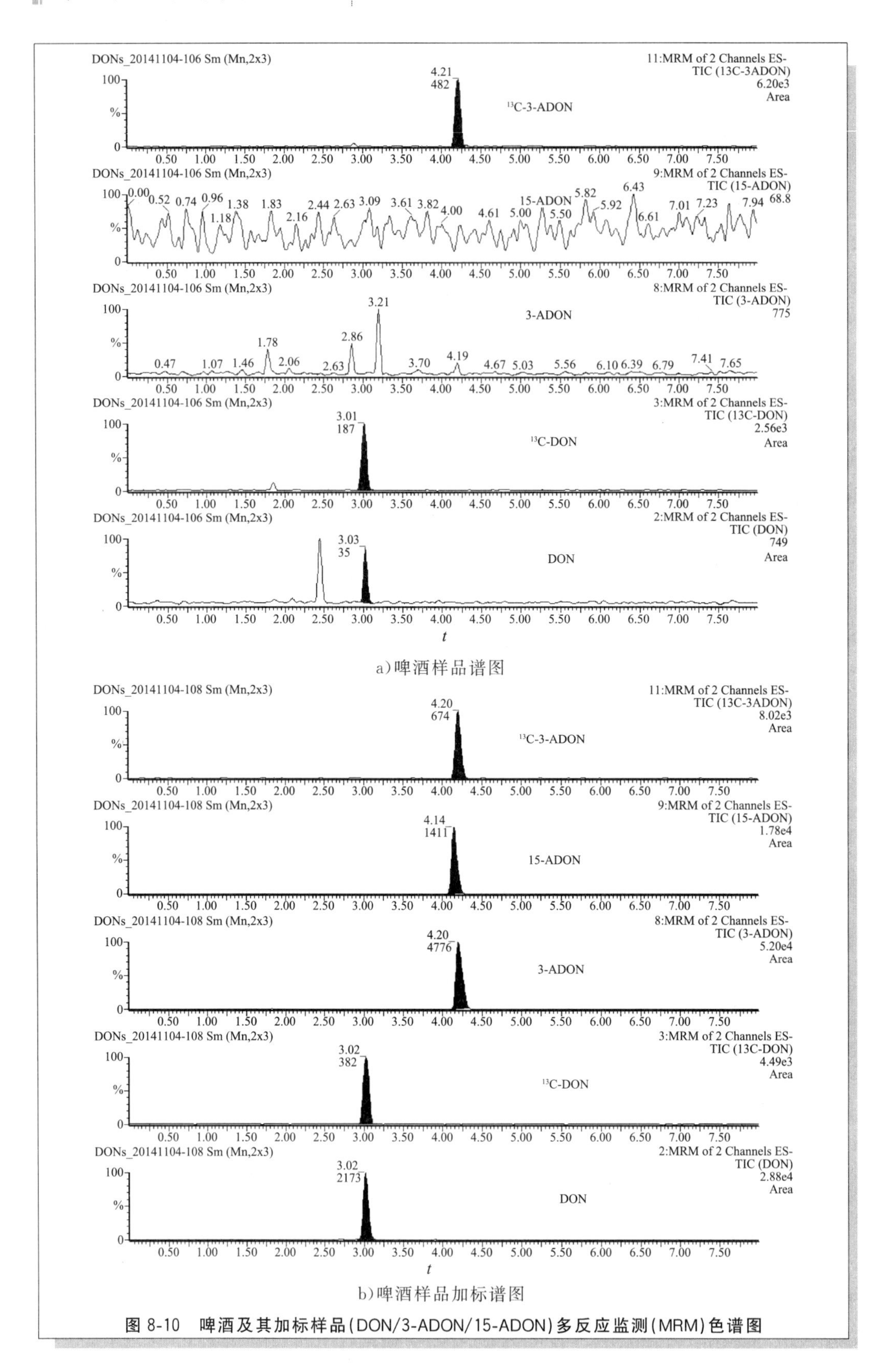

a)啤酒样品谱图

b)啤酒样品加标谱图

图 8-10 啤酒及其加标样品(DON/3-ADON/15-ADON)多反应监测(MRM)色谱图

三、注意事项

1.由于试样中的真菌毒素存在着不均匀性，因此应在抽样中注意抽样量至少 2kg。样品采集和收到后，应尽快粉碎成粉末状，过筛混匀后，放入密闭容器中保存。

2.在检测中，尽可能使用有证标准物质作为质量控制样品，也可采用加标回收试验进行质量控制。

3.质控物质尽量选用与样品基质相同或相似的质控样品作为质量监控的标准。质控样与待测样品按相同方法同时进行处理后，测定其真菌毒素含量。测定结果应在证书给定的标准值±不确定度的范围内。每批样品至少分析 1 个质控样品。

4.加标回收试验采取称取与样品量相同的样品，加入一定浓度的真菌毒素标准混合溶液，然后将其与样品同时处理后进行测定，计算加标回收率。每 10 个样品测定 1 个加标回收率，若样品量少于 10 个，至少测定 1 个加标回收率。加标回收率参考值见表 8-3。

表 8-3　食品中真菌毒素测定的加标回收率参考值

质量范围 μg/kg	≤1	1～10	≥10
加标回收率 %	50～120	70～115	80～110

5.提取的过程需要充分的浸泡和振荡。

6.在使用多功能净化柱时注意需要缓慢的推进；使用 HLB 固相萃取柱时上样速度不宜过快。

7.进样前的定容液用初始流动相定容，尽可能避免溶剂效应。

8.清洗过的所有玻璃容器(试管和进样瓶)要 75℃烘干后，再放入马弗炉 400℃下灼烧，在放入马弗炉和从中取出时，应防止温度的变化引起的爆裂。

四、国内外酿酒原料和酒中脱氧雪腐镰刀菌烯醇限量及检测方法

截至目前，世界各国对粮谷类食品中脱氧雪腐镰刀菌烯醇含量作出了相应的限量规定，对酒类食品中脱氧雪腐镰刀菌烯醇的含量尚未有相应的限量。欧盟国家广泛采用供人类食用的谷物中 DON 含量不超过 750μg/kg 的限量标准，而中国、美国、保加利亚、匈牙利、伊朗、以色列、拉脱维亚、摩尔多瓦共和国、俄罗斯联邦、乌克兰、乌拉圭等国家则采用 1000μg/kg，加拿大、捷克共和国为 2000μg/kg。

国内外粮谷类食品及其制品中脱氧雪腐镰刀菌烯醇的检验方法标准比较见表 8-5。

表 8-4　国内外粮谷类食品及其制品中脱氧雪腐镰刀菌烯醇的检验方法标准比较

方法	AOAC 986.17	AOAC 986.18	EN 15891—2010	GB/T 23503—2009
仪器	TLC	GC	UV-HPLC	UV-HPLC
定量方法	衍生后灰度比较定量	气相色谱（外标法）	液相色谱（外标法）	液相色谱（外标法）

续表

方法	AOAC 986.17	AOAC 986.18	EN 15891—2010	GB/T 23503—2009
样品前处理	84%乙腈-水溶液超声提取	25g样品加10mL水、125mL三氯甲烷-乙醇(8+2)提取，聚丙烯填料小柱净化，衍生化后气相检测	25g样品加200mL水提取，离心后免疫亲和柱净化	适量水提取，离心后免疫亲和柱净化
灵敏度	300ng/g	350ng/g	—	粮食和粮食制品：500ng/g；酒类：100ng/g
标准曲线	点对点计算		谷物食品：100～2000μg/kg；婴幼儿谷物辅食：50～500μg/kg。	400～2000μg/g
适用范围	小麦	小麦	谷物食品以及婴幼儿谷物辅食	粮食和粮食制品、酒类

表 8-5　部分国家粮谷中呕吐毒素的允许限量标准

国家	粮谷种类	允许限量 μg/kg
奥地利	小麦、稞麦	500
	硬麦	700
加拿大	未清洗软质小麦	2000
	供加工婴儿食品的未清洗软质小麦	1000
	供加工麦麸的未清洗软质小麦	2000
	进口的非主食食品(按面粉或麦麸算)	1200
俄罗斯	硬质小麦、面粉、小麦胚芽	1000
美国	供人类食用的磨粉用小麦	2000
	供人类使用的小麦终产品	1000
	加工饲料用的小麦及制品(猪和小动物<10%，其他家畜禽<50%)	4000
中国	大麦、小麦、面粉、玉米、玉米粉	1000
欧盟	食用粮谷农产品	750
	婴幼儿谷类辅食	200

第二节　液相色谱法

一、标准操作程序

酒中脱氧雪腐镰刀菌烯醇测定标准操作程序——液相色谱法如下：

1　原理

用提取液提取试样中的脱氧雪腐镰刀菌烯醇，经免疫亲和柱净化后，用高效液相色谱-紫外检测器测定，外标法定量。

2　试剂和材料

注：除非另有说明，本方法所用试剂均为分析纯，水为 GB/T 6682 规定的一级水。

2.1　试剂

2.1.1　甲醇(CH_3OH)：色谱纯。

2.1.2　聚乙二醇[$HO(CH_2CH_2O)_nH$，相对分子质量 8000]。

2.1.3　氯化钠(NaCl)。

2.1.4　磷酸氢二钠(Na_2HPO_4)。

2.1.5　磷酸二氢钾(KH_2PO_4)。

2.1.6　氯化钾(KCl)。

2.1.7　浓盐酸(HCl)。

2.2　试剂配制

2.2.1　磷酸盐缓冲溶液(PBS)：称取 8.00g 氯化钠，1.20g 磷酸氢二钠，0.20g 磷酸二氢钾，0.20g 氯化钾，用 900mL 水溶解，用盐酸调节 pH 至 7.0，用水定容至 1000mL。

2.2.2　甲醇-水溶液(20+80)：量取 200mL 甲醇加入到 800mL 水中，混匀。

2.3　标准品

脱氧雪腐镰刀菌烯醇($C_{15}H_{20}O_6$，CAS：51481-10-8)：纯度≥99%。

2.4　标准溶液的配制

2.4.1　标准储备溶液(100μg/mL)：准确称取脱氧雪腐镰刀菌烯醇 1mg(准确至 0.01mg)，分别用乙腈溶解并定容至 100mL。将溶液转移至试剂瓶中，在－20℃下密封保存，可使用 3 个月。

2.4.2　标准系列工作溶液：准确移取适量脱氧雪腐镰刀菌烯醇标准储备溶液用 10%乙腈-水溶液稀释，配制成 100ng/mL、200ng/mL、500ng/mL、1000ng/mL、2000ng/mL、5000ng/mL 的标准系列工作液，4℃保存。

3　仪器和设备

3.1　高效液相色谱仪：配有紫外检测器或二极管阵列检测器。

3.2　电子天平(感量 0.01g 和 0.0001g)。

3.3　均质机:转速大于 10000r/min。

3.4　高速粉碎机:转速 10000r/min。

3.5　筛网:1～2mm 孔径。

3.6　涡旋混匀器。

3.7　超声波提取器。

3.8　氮吹仪。

3.9　高速离心机:转速不低于 10000r/min。

3.10　移液器:量程 10～100μL 和 100～1000μL。

3.11　免疫亲和柱:柱容量≥1000ng。

注:对于不同批次的亲和柱在使用前需质量验证。

3.12　玻璃纤维滤纸:直径 11cm,孔径 1.5μm。

3.13　微孔滤膜:0.22μm。

3.14　聚丙烯刻度离心管:具塞,50mL。

3.15　玻璃注射器:10mL。

3.16　空气压力泵。

4　分析步骤

使用不同厂商的免疫亲和柱,在样品上样、淋洗和洗脱的操作方面可能略有不同,应该按照说明书要求进行操作。

4.1　试样制备与提取

4.1.1　粮食和粮食制品:采样量需大于 1kg,用高速粉碎机将其粉碎,过筛,使其粒径小于 1～2mm,混合均匀后缩分至 100g,储存于样品瓶中,密封保存。称取 25g(精确到 0.01g)磨碎的试样于 100mL 容量瓶中加入 5g 聚乙二醇,用水定容至刻度,混匀,转移至均质杯中,高速均质 2min。以玻璃纤维滤纸过滤至滤液澄清,收集滤液 A 于干净的容器中。

4.1.2　酒类:取脱气酒类试样(含二氧化碳的酒类样品使用前先置于 4℃冰箱冷藏 30min,过滤或超声脱气)或其他不含二氧化碳的酒类试样 20g(精确到 0.01g),加入 1g 聚乙二醇,用水定容至 25.0mL,混匀,用玻璃纤维滤纸过滤至滤液澄清,收集滤液 B 于干净的容器中。

4.1.3　酱油、醋、酱及酱制品:称取样品 25g(精确到 0.01g),加入 5g 聚乙二醇,用水定容至 100mL,混匀,转移至均质杯中,高速均质 2min。以玻璃纤维滤纸过滤至滤液澄清,收集滤液 C 于干净的容器中。

4.2　净化

待免疫亲和柱内原有液体流尽后,将上述样液移至玻璃注射器筒中,准确移取上述滤液 A 或 B 或 C 2.0mL,注入玻璃注射器中。将空气压力泵与玻璃注射器相连接,调节下滴速度,控制样液以每秒 1 滴的流速通过免疫亲和柱,直至空气进入亲和柱中。用5mL PBS缓冲盐溶液和5mL水先后淋洗免疫亲和柱，流速约为每秒1～2滴，直至空气进入亲和注中，弃去全部流出液，抽干小柱。

4.3 洗脱

准确加入2×1mL甲醇洗脱亲和柱，控制每秒1滴的下滴速度，收集全部洗脱液至试管中，在50℃下用氮气缓缓地将洗脱液吹至近干，加入1.0mL初始流动相，涡旋30s溶解残留物，0.22μm滤膜过滤，收集滤液于进样瓶中以备进样。

4.4 液相色谱参考条件

液相色谱柱：C_{18}柱（柱长100mm，柱内径2.1mm；填料粒径1.7μm），或相当者。

流动相：乙腈＋水（5＋95）。

流速；0.35mL/min。

色谱柱柱温：40℃。

进样量：10μL。

检测波长：217nm。

4.5 定量测定

4.5.1 标准曲线的制作

以脱氧雪腐镰刀菌烯醇标准工作液浓度为横坐标，以峰面积积分值纵坐标，将系列标准溶液由低到高浓度依次进样检测，得到标准曲线回归方程。

4.5.2 试样溶液的测定

待测样液中的响应值应在标准曲线线性范围内，超过线性范围则应减少称样量重新按4.2和4.3进行处理后再进样分析。

4.6 空白试验

不称取试样，按4.2和4.3的步骤做空白实验。确认不含有干扰待测组分的物质。

5 分析结果的表述

按式(8-2)计算试样中脱氧雪腐镰刀菌烯醇的含量。

$$X=(A_1-A_0)\times V\times f\times \frac{1}{m} \quad \cdots\cdots (8\text{-}2)$$

式中：

X——试样中脱氧雪腐镰刀菌烯醇的含量，单位为微克每千克(μg/kg)；

A_1——试样中脱氧雪腐镰刀菌烯醇的浓度，单位纳克每毫升(ng/mL)；

A_0——空白试样中脱氧雪腐镰刀菌烯醇的浓度，单位纳克每毫升(ng/mL)；

V——样品洗脱液的最终定容体积，单位毫升(mL)；

f——样液稀释因子；

m——试样的称样量，单位克(g)。

以重复性条件下获得的两次独立测定结果的算术平均值表示。

计算结果保留小数点后一位。

6　精密度

在重复性条件下获得的两次独立测定结果的绝对差值不得超过算术平均值的10%。

7　其他

本方法脱氧雪腐镰刀菌烯醇在粮食和粮食制品的检出限为0.5mg/kg，酒类、酱油、醋、酱及酱制品的检出限是0.1mg/kg。

8　附图

图8-11为脱氧雪腐镰刀菌烯醇标准溶液色谱图；图8-12为小麦样品以及加标叠加色谱图。图8-13为黄酒样品以及加标叠加色谱图。

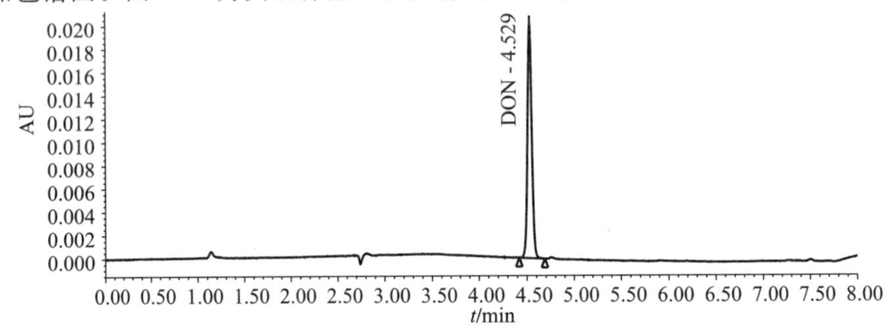

图8-11　脱氧雪腐镰刀菌烯醇标准溶液色谱图

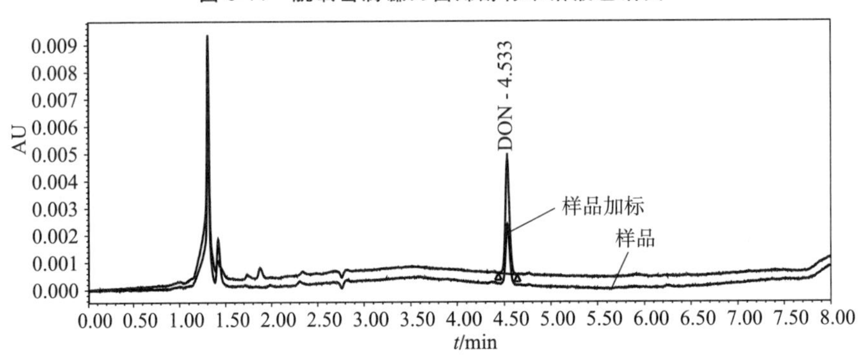

图8-12　小麦样品以及加标叠加色谱图

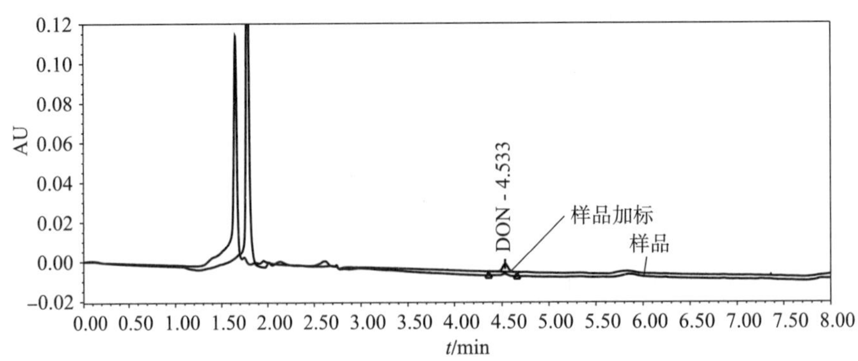

图8-13　黄酒样品以及加标叠加色谱图

二、注意事项

1. 空白试验是为了防止试剂和免疫亲和柱中存在未知干扰物。如果实验使用的试剂和亲和柱是同一批次，且按照要求保存的话，可以使用同一个空白实验结果用于计算。

2. 为了提高回收率，洗脱前可以保留甲醇在小柱内1～2min。洗脱时不可加压，使甲醇的流速缓慢、稳定。

3. 上样前，让柱子内的保护液完全流净。上样时，为了使毒素与抗体充分接触、结合，过柱的速度应尽可能的缓慢、稳定。清洗时，应当适当加压，加快流速。

4. 洗脱液氮吹至干，用流动相定容，保证了出峰的保留时间一致，峰型对称，不出现托尾现象。

参考文献

[1] FORSELL, J. H., JENSEN, R., TAI, J. -H et al. Comparison of acute toxicities of deoxynivalenol (vomitoxin) and 15-acetyldeoxynivalenol in the $B_6C_3F_1$ mouse[J]. Food Chem. Toxicol., 1987(25), 155-162.

[2] THOMPSON, W. L. and WANNEMACHER, R. W. Structure-function relationships of 12, 13-epoxytrichothecene mycotoxins in cell culture: Comparison to whole animal lethality[J]. Toxicon. 1986(24), 985-994.

[3] HUFF, W. E., DOERR, J. A. and HAMILTON, P. B. et al. Acute toxicity of vomitoxin (deoxynivalenol) in broiler chickens[J]. Poultry Sci. 1981(60), 1412-1414.

[4] YOSHIZAWA, T. & MOROOKA, N. Studies on the toxic substances in infected cereals; acute toxicities of new trichothecene mycotoxins: deoxynivalenol and its monoacetate[J]. J. Food Hyg. Soc. Jpn. 1974(15), 261-269.

[5] LUO XY. Outbreaks of moldy cereals poisoning in China[J]. In Issues in Food Safety, Washington DC: Toxicology Forun, Inc., 1988: 56-63.

[6] Fengqin Li, Xueyun Lou and Takumi Yoshizawa. Mycotoxins (trichothecenes, zearalenoneand fumonisins) in cereals associated with human red-mold intoxications stored since 1989 and 1991 in China[J]. Natural Toxins. 1999(7): 93-97.

[7] ROTTER, B. A., THOMPSON, B. K. & Rotter, R. G. Optimization of the mouse bioassay for deoxynivalenol as an alternative to large animal studies[J]. Bull. Environ. Contam. Toxicol. 1994(53), 642-647.

[8] ARNOLD, D. L., MCGUIRE, P. F., Nera, E. A. et al. The toxicity of orally administered deoxynivalenol (vomitoxin) in rats and mice[J]. Food Chem. Toxicol. 1986(24), 935-941.

[9] ROTTER, B. A., THOMPSON, B. K. and Lessard, M. Influence of low-level exposure to fusarium mycotoxins on selected immunological and hematological parameters in young swine[J]. Fundam. Appl. Toxicol. 1994(23), 117-124.

[10] 联合国粮食及农业组织. 2003年全世界食品和饲料真菌毒素法规. 粮农组织食品及营养论文. 罗马, 2004: 47-129.

第九章

酿酒原料及酒中赭曲霉毒素A的测定标准操作程序——液相色谱法

一、概述

赭曲霉毒素 A(OTA)是异香豆素连接到 β-苯基丙氨酸上的衍生物，有 A、B、C、D 4 种化合物，此外还有赭曲霉毒素 A 的甲酯、赭曲霉毒素 B 的甲酯或乙酯化合物。而赭曲霉毒素 A 是其中分布最广，毒性最强，对人类威胁最大的毒素之一，广泛存在于谷物、咖啡、食物和饮料(葡萄酒、啤酒、葡萄汁)中。OTA 是一种稳定的化合物，不会在食品的生产与加工过程中分解，在超过 250℃ 的温度下，加热几分钟，可以降低毒素的含量。因此，在未加工以及加工过的食品类产品中都包含有 OTA。其分子式为 $C_{20}H_{18}ClNO_6$，相对分子质量为 403.8，化学结构见图 9-1，CAS 号：303-47-9。OTA 易溶于水和碳酸氢钠溶液，在极性有机溶剂中稳定，冷藏条件下其乙醇溶液可稳定 1 年以上，但在谷物中随时间延长而降解。在苯-冰乙酸(99∶1，体积分数)溶液中的最大激发波长为 333nm，最大发射波长为 465nm。在荧光灯下呈明亮绿色荧光。OTA 为半抗原，需与大分子物质结合后才具有免疫原性。

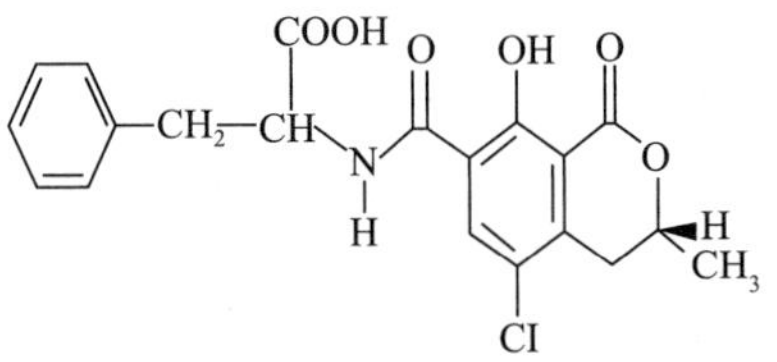

图 9-1　OTA 化学结构

食品中 OTA 的产生与地区的不同存在一定得差异，热带地区农作物中 OTA 的主要产生菌为赭曲霉。在欧洲、北美洲等温带、亚寒带地区谷物和谷物制品中的 OTA 主要是由疣孢青霉所引起。近几年发现一些黑曲霉也可以产生 OTA，并且其与葡萄的霉变有直接关系。

二、测定标准操作程序

酿酒原料及酒中赭曲霉毒素 A 测定(液相色谱-荧光法)标准操作程序如下：

1 范围

本程序规定了酿酒原料及酒中赭曲霉毒素 A 的液相色谱-荧光法测定方法。

本程序适用于酿酒原料及酒中赭曲霉毒素 A 的测定。

2 原理

试样中的赭曲霉毒素 A 用溶剂提取，提取液经固相萃取柱净化、洗脱后，用高效液相色谱荧光检测器测定，外标法定量。

3 试剂和材料

注：除非另有说明，所有试剂均为分析纯，水为 GB/T 6682 规定的二级水要求。

3.1 试剂

3.1.1 乙腈(CH_3CN)：色谱纯。

3.1.2 甲醇(CH_3OH)：色谱纯。

3.1.3 磷酸(H_3PO_4)。

3.2 试剂配制

3.2.1 氢氧化钾溶液(0.1mol/L)：称取氢氧化钠 0.56g，溶于 100mL 水，混匀。

3.2.2 提取液：氢氧化钾溶液(0.1mol/L)＋甲醇＋水＝2＋60＋38。

3.2.3 淋洗液：氢氧化钾溶液(0.1mol/L)＋乙腈＋水＝3＋50＋47。

3.2.4 洗脱液：甲醇＋乙腈＋甲酸＋水＝40＋50＋5＋5。

3.2.5 乙腈-乙酸溶液：分别量取 50mL 乙腈、50mL 乙酸混匀。

3.2.6 磷酸水溶液(0.1mol/L)：移取 0.68mL 磷酸，溶于 100mL 水，混匀。

3.3 标准品

3.3.1 赭曲霉毒素 A(Ochratoxin A，OTA)标准品：纯度≥99%

3.4 标准溶液配制

3.4.1 赭曲霉毒素 A 标准储备溶液(100μg/mL)：准确称取一定量的赭曲霉毒素 A 标准品，用甲醇溶解配制成 100μg/mL 的标准储备液，避光保存于 4℃ 冰箱备用。

3.4.2 赭曲霉毒素A标准工作溶液(1μg/mL):准确吸取一定量的赭曲霉毒素A标准储备液,用甲醇稀释配制成1μg/mL的标准储备液,避光保存于4℃冰箱备用。

4 仪器和设备

4.1 高效液相色谱仪:带荧光检测器。

4.2 分析天平:感量0.1mg。

4.3 固相萃取柱:PAX高分子聚合物基质阴离子交换柱,200mg/3mL。

4.4 氮吹仪。

4.5 涡旋振荡器。

4.6 有机滤膜:0.45μm孔径。

4.7 快速定性滤纸。

5 分析步骤

5.1 试样制备

5.1.1 发酵酒

准确移取葡萄酒样10mL(V_1)于烧杯中,加入6mL提取液,混匀,再用氢氧化钾溶液调pH至约9~10进行固相萃取净化。

5.1.2 玉米

称取试样10g(精确至0.01g),加入三氯甲烷50mL(V_1)和5mL 0.1mol/L的磷酸溶液,于漩涡振荡器上振荡提取3~5min,提取液用定性滤纸过滤,取下层滤液10mL放入100mL平底烧瓶中,于水浴中40℃用旋转蒸发至接近干涸,用20mL石油醚溶解残渣,加入10mL提取液,再用涡旋振荡器振荡提取3~5min,静置分层后取下层溶液,用滤纸过滤,取滤液5mL(V_2)进行固相萃取。

5.1.3 稻谷(糙米)、小麦、小麦粉、大豆

称取试样10g(精确至0.01g),加入提取液50mL(V_1),于漩涡振荡器上振荡提取3~5min,用定性滤纸过滤,取滤液10mL放入100mL平底烧瓶中,加入20mL石油醚,漩涡振荡器振荡提取3~5min,静置分层后取下层溶液,用滤纸过滤,取滤液5mL(V_2)进行固相萃取净化。

5.2 固相萃取净化

分别用5mL甲醇、3mL提取液活化PAX固相萃取柱,然后将制备的样品提取液加入固相萃取柱,调节流速以1~2滴/s的速度通过柱子,分别依次用3mL淋洗液、3mL水、3mL甲醇淋洗柱,抽干,最后用5mL洗脱液洗脱并收集洗脱液于玻璃试管中,于45℃下氮气吹干溶剂,用1.0mL乙腈-乙酸溶液溶解(V_3),过滤后备用。

5.3 标准曲线的制作

赭曲霉毒素A系列标准工作溶液:准确移取适量赭曲霉毒素A标准工作液,用甲醇稀释配制成1ng/mL、2.5ng/mL、5ng/mL、10ng/mL、50ng/mL的系列标准工作溶液。

5.4　高效液相色谱参考条件

5.4.1　Venusic ASB C_{18}色谱柱(250mm×4.6mm,5μm)

5.4.2　激发波长:333nm;发射波长:460nm。

5.4.3　柱温度:30℃。

5.4.4　进样量:10～50μL。

5.4.5　流速:1mL/min。

5.4.6　流动相:A:冰乙酸水溶液(2%,体积比),B:乙腈。

5.4.7　梯度洗脱程序:梯度洗脱条件见表9-1。

表9-1　梯度洗脱条件

时间 min	流动相A %	流动相B %
0	88	12
2	88	12
10	80	20
12	70	30
19	50	50
30	50	50
31	0	100
39	0	100
40	88	12
45	88	12

5.5　标准曲线的制作

将赭曲霉毒素A系列标准工作溶液,注入高效液相色谱仪中,按照5.4参考色谱条件,测定赭曲霉毒素A的峰面积,以系列标准工作溶液的浓度,为横坐标,以相应的峰面积(或峰高)为纵坐标,绘制标准曲线,定性色谱图,见图9-2～图9-4。

5.6　试样溶液的测定

将5.1制备的试样溶液,注入高效液相色谱仪中,按照5.4参考色谱条件测定赭曲霉毒素A的峰面积,根据标准曲线计算得到待测液中赭曲霉毒素A的浓度,定性色谱图见图9-2～图9-4。

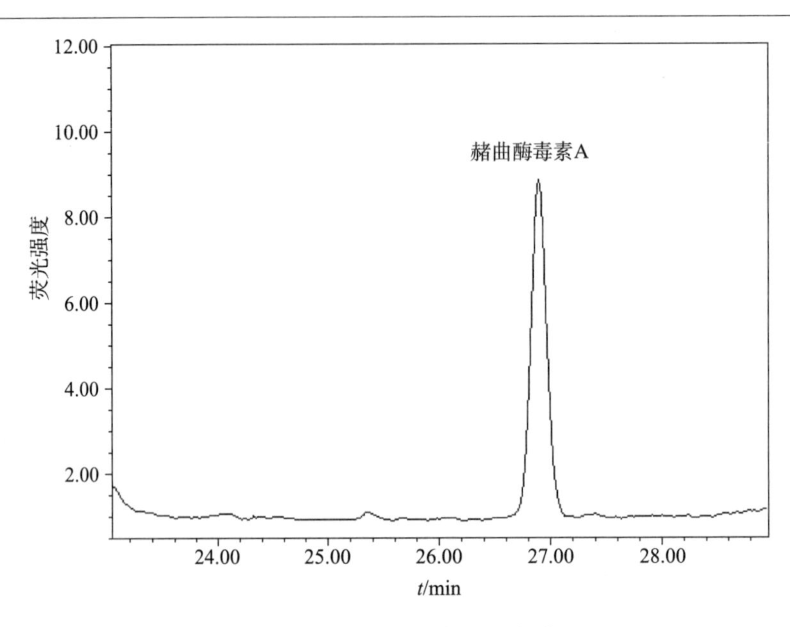

图 9-2 赭曲霉毒素 A 标准品色谱图

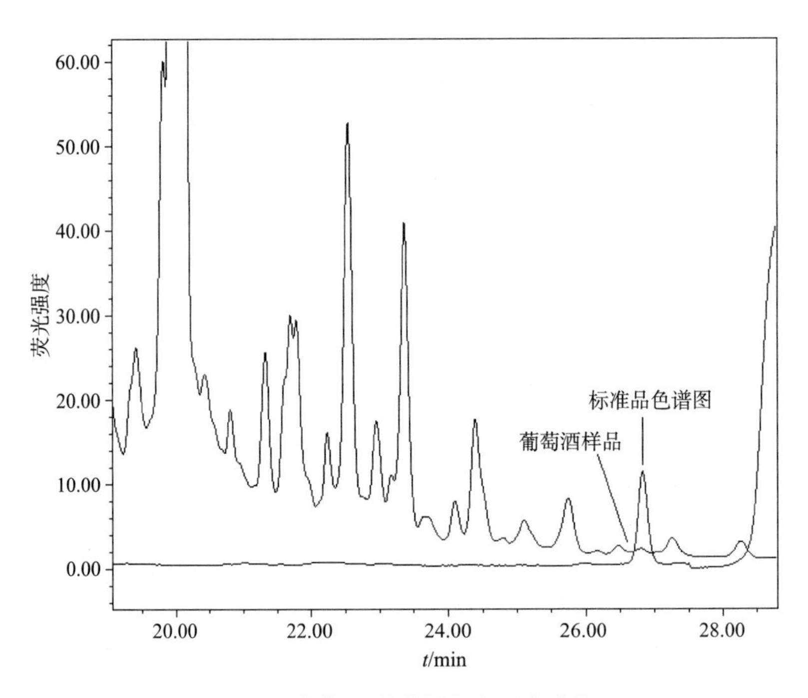

图 9-3 葡萄酒(赭曲霉毒素 A)色谱图

6 分析结果的表述

试样中赭曲霉毒素 A 的含量按式(9-1)、式(9-2)计算：

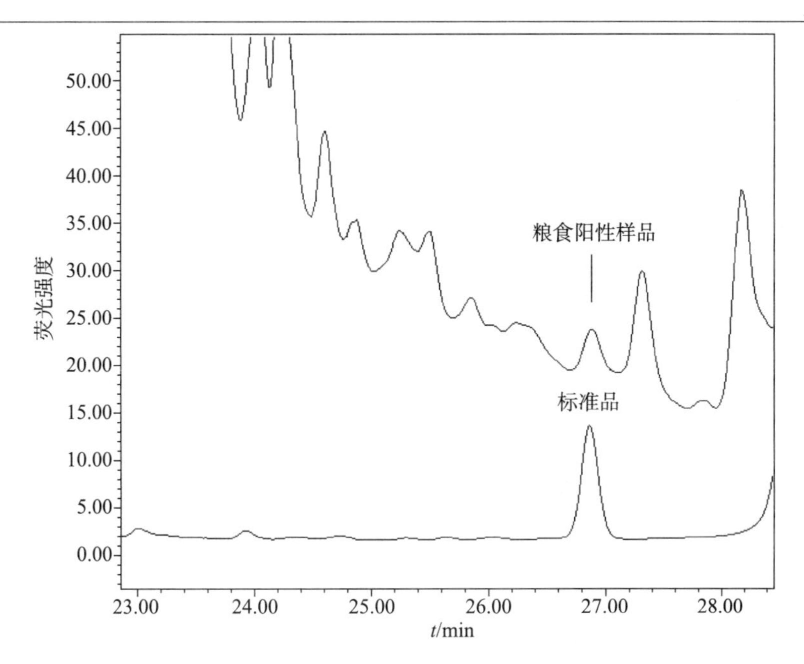

图 9-4　粮食样品(赭曲霉毒素 A)色谱图

$$X_1=\frac{c\times V_1\times V_3\times 1000}{m\times V_2\times 1000}\qquad\cdots\cdots(9\text{-}1)$$

$$X_2=\frac{c\times V_3\times 1000}{V_4\times 1000}\qquad\cdots\cdots(9\text{-}2)$$

式中：

X_1——固体试样中赭曲霉毒素 A 的含量，单位为微克每千克(μg/kg)；

X_2——液体试样中赭曲霉毒素 A 的含量，单位为微克每千克(μg/L)；

c——从标准曲线上获得的赭曲霉毒素 A 的含量，单位为微克每升(ng/mL)；

m——试样质量，单位为克(g)；

V_1——试样总提取液体积，单位为毫升(mL)；

V_2——用于固相萃取的样品提取液体积，单位为毫升(mL)；

V_3——氮吹后试样的定容体积，单位为毫升(mL)；

V_4——液体试样取样体积，单位为毫升(mL)；

1000——单位换算常数。

计算结果以重复性条件下获得的两次独立测定结果的算术平均值表示，结果保留至小数点后两位。

7　精密度

在重复性条件下获得两次独立测定结果的绝对差值不得超过算术平均值的 15%。

葡萄酒中 OTA 的检出限 0.10 μg/L，定量限 0.33 μg/L，粮食样品中 OTA 的检出限 1.0 μg/kg，定量限 3.3 μg/kg。

三、注意事项

1. 赭曲酶毒 A 毒性很强，一般不使用固体标准物质配制相应的标准，采用有证书的标准溶液。

2. 赭曲酶毒 A 具有弱酸性，采用阴离子交换固相柱进行样品前处理时，固相萃取前样液的 pH 调为碱性。

3. 固相萃取时控制样品的流速，流速需为 1～2 滴/秒，氮吹时注意气流量，避免将样液吹溢

4. 为了保证分析结果的准确，要求在分析每批样品时，视样品含量进行加标试验，加标量为 10μg/kg，添加回收率应在 70%～110%范围之内。

四、部分国家和地区赭曲霉毒素 A 的限量

国内外赭曲霉毒素 A 的限量标准比较见表 9-2。

表 9-2　主要组织与国家对 OTA 的限量标准

组织或国家	种类	最大限量 μg/kg
EC （欧盟委员会）	烘烤咖啡	5
	液体咖啡	10
	葡萄干	10
	葡萄酒（白葡萄酒，红葡萄酒，玫瑰葡萄酒） 以及其他葡萄酒和葡萄发酵饮料	2
	葡萄汁以及葡萄为原料的饮料	2
	婴幼儿食品	0.5
	特殊膳食	0.5
	谷物	5
OIV	葡萄酒	2
保加利亚	啤酒	0.2
	葡萄汁	3
意大利	啤酒	0.2
法国	谷物	5
丹麦	谷物与谷物产品	5
瑞典	谷物与谷物产品	5

国内外酿酒原料和酒中赭曲霉毒素 A 的检验方法标准比较见表 9-3。

表 9-3　国内外酿酒原料和酒中赭曲霉毒素 A 的检验方法标准比较

方法	AOAC 2001.01	BS EN 14133—2009	GB/T 23502—2009
仪器	液相色谱-荧光检测器	液相色谱-荧光检测器	液相色谱-荧光检测器
定量方法	外标法	外标法	外标法
样品前处理	乙腈-水提取，免疫亲和柱净化	乙腈-水提取，免疫亲和柱净化	样品提取：粮食及制品采用甲醇与水提取，酒样采用碳酸氢钠提取，酱油、醋等采用甲醇与水提取 样品净化：免疫亲和固相萃取净化
检出限	0.1～2.0ng/mL 白葡萄酒 0.2～3.0ng/mL 红葡萄酒	0.1μg/kg	粮食和粮食制品的检出限为 1.0μg/kg，酒类的检出限为 0.1μg/kg，酱油、醋、酱及酱制品的检出限为 0.5μg/kg
适用范围	啤酒，葡萄酒	啤酒，葡萄酒	粮食和粮食制品、酒类、酱油、醋、酱及酱制品

参考文献

[1] BS EN 14133—2009 Foodstuffs determination of ochratoxin A in wine and beer-HPLC method with immunoaffinity column clean-up
[2] AOAC Official Method 2001.01 Determination of ochratoxin A in wine and beer immunoaffinity column cleanup liquid chromatographic analysis
[3] GB/T 23502—2009 食品中赭曲霉毒素 A 的测定　免疫亲和层析净化高效液相色谱法
[4] 康健，钟其顶，熊正河，等. 葡萄酒中赭曲霉素 A 测定方法的研究[J]. 食品与发酵工业，2009，35(03)：153-156.

第十章

酿酒原料和酒中玉米赤霉烯酮的测定标准操作程序

第一节　液相色谱-串联质谱法

一、概述

玉米赤霉烯酮(zearalenone,ZON),又称 F2 毒素,是由禾谷镰刀菌、三线镰刀菌、尖孢镰刀菌、黄色镰刀菌(*F. culmorum*)、串珠镰刀菌、木贼镰刀菌、燕麦镰刀菌、雪腐镰刀菌等菌种产生的有毒代谢产物,是一种雌激素真菌毒素。化学名为 6-(10-羟基-6 氧基-1-碳烯基)β-雷琐酸-γ-内酯[6-(10-hydroxy-6-oxo-trans-1-undecenyl)β-resoreylic acid lactone],是一种白色的结晶,分子式为 $C_{18}H_{22}O_5$,相对分子质量为 318;熔点为 164～165℃,对热稳定,120℃下加热也未见分解。紫外线光谱最大吸收为 236nm、274nm 和 316nm;红外线光谱最大吸收为 970nm。纯的玉米赤霉烯酮不溶于水、二硫化碳和四氯化碳;溶于碱性水溶液、乙醚、苯、氯仿、二氯甲烷、乙酸乙酯、乙腈和乙醇;微溶于石油醚(沸点 30～60℃),在紫外线照射下呈蓝绿色。玉米赤霉烯酮的化学结构式如图 10-1 所示。

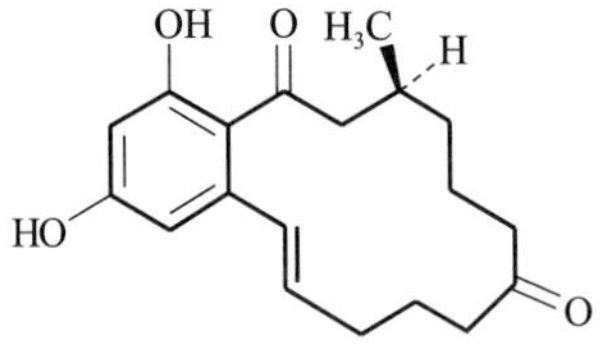

图 10-1　玉米赤霉烯酮的化学结构式

玉米赤霉烯酮主要存在于玉米、玉米制品、干草和青储饲料中,小麦、大麦、高粱、大米、小米、芝麻中也有一定程度的分布。玉米赤霉烯酮主要污染玉米、麦类、谷物等。

玉米赤霉烯酮具有较强的生殖毒性和致畸作用,可引起动物发生雌激素亢进症,导致动物不孕或流产,对家禽特别是猪、牛和羊的影响较大,给畜牧业带来经济损失。饲料中 1mg/kg 的玉米赤霉烯酮就会使动物产生雌性化,更高的浓度(50～100mg/kg)将会对怀孕、排卵、移植、胎儿的发育、新生动物儿的生存力产生不利的影响。

二、测定标准操作程序

酿酒原料和酒中玉米赤霉烯酮测定(LC/MS 方法)标准操作程序如下:

1　适用范围

本程序规定了大米、小麦、玉米等酿酒原料和啤酒中玉米赤霉烯酮液相色谱一质谱法测定。

本程序适用于大米、小麦、玉米等酿酒原料和啤酒中玉米赤霉烯酮的测定。

2　原理

试样加入适量的同位素内标^{13}C-玉米赤霉烯酮(^{13}C-ZON),经乙腈-水溶液浸泡、超声波振荡提取,离心后,上清液经净化柱纯化,浓缩定容后进液相色谱-质谱系统分析,同位素稀释内标法定量。

3　试剂和材料

注:除非另有说明,所用试剂均为分析纯。

3.1　试剂

3.1.1　乙腈:色谱纯。

3.1.2　甲醇:色谱纯。

3.1.3　氨水。

3.2　试剂配制

3.2.1　乙腈-水(84+16,体积分数)提取液:用 1000mL 量筒量取乙腈(分析纯)840mL,加水 160mL,混匀。

3.3　标准品

3.3.1　玉米赤霉烯酮(ZON),纯度≥99.9%。

3.3.2　^{13}C-玉米赤霉烯酮(^{13}C-ZON)液体同位素标准液,纯度≥99.9%。

3.4　标准储备液的配制

3.4.1　玉米赤霉烯酮储备液(0.1mg/mL):精确称取固体标准品 1.000mg,用乙腈溶解定容至 10mL,混匀。存储于棕色玻璃瓶中,−20℃下避光保存。

3.4.2　玉米赤霉烯酮工作液(1μg/mL):精确移取标准储备液 100μL,用乙腈稀释定容至 10mL,混匀。存储于棕色玻璃瓶中,−20℃下避光保存。

3.4.3　^{13}C-玉米赤霉烯酮工作液(1μg/mL):用 500μL 注射器吸取液体同位素标准溶液 2000μL,用 10%的乙腈-水溶液定容 50mL,混匀。存储于棕色玻璃瓶中,−20℃下避光保存。

3.4.4　标准曲线工作溶液:分别准确吸取玉米赤霉烯酮工作液 5μL、10μL、20μL、40μL、80μL 和 100.0μg/mL 于 6 个 1mL 容量瓶中,各加 50μL^{13}C-玉米赤霉烯酮工作液,用 10%的乙腈-水溶液定容至刻度,得到 5ng/mL、10ng/mL、20ng/mL、40ng/mL、80ng/mL、100ng/mL 的标准曲线工作液,现配现用。

4　仪器与耗材

4.1　串联液质联用仪。

4.2　涡旋器。

4.3　高速离心机配有50mL的离心管。

4.4　超声波振荡器。

4.5　氮吹仪。

4.6　粉碎机。

4.7　多功能净化柱：Mycosep™226多功能净化柱或相当者。

5　分析步骤

5.1　试样制备

采样量需大于1kg，用高速粉碎机将其粉碎，过筛，使其粒径小于1～2mm，混合均匀后缩分至100g，储存于样品瓶中，密封保存，供检测用。

5.2　试样提取

5.2.1　谷物及其制品：在50mL离心管中称取2g已磨细混匀的试样（精确至0.01g），加入200μL混合同位素内标工作液振荡混合后静置30min。加入20.0mL乙腈-水溶液（84+16），用均质器均质3min或置于超声波提取器中超声20min。10000r/min离心5min，收集清液A于干净的容器中。

5.2.2　酒类：取脱气酒类试样（含二氧化碳的酒类样品使用前先置于4℃冰箱冷藏30min，过滤或超声脱气）或其他不含二氧化碳的酒类试样5g（精确到0.01g），加入100μL混合同位素内标工作液振荡混合后静置30min，用乙腈定容至10mL，混匀，用玻璃纤维滤纸过滤至滤液澄清，收集清液B于干净的容器中。

5.3　样品净化

取适量清液A或清液B至多功能净化柱的玻璃管内，将多功能净化柱的填料管插入玻璃管中并缓慢推动填料管至净化液析出，取5mL净化液于40～50℃下氮气吹干，加入1.0mL初始流动相溶解残留物，漩涡混匀10s，用0.22μm微孔滤膜过滤于进样瓶中，待进样。

5.4　液相色谱参考条件

a）色谱柱：AcquityUPLC BEH C18柱，100mm×2.1mm，粒径1.7μm或相当者；

b）柱温：40℃；

c）样品温度：4℃；

d）进样体积：5μL；

e）流动相为A：0.01%氨水，B：乙腈；

f）线性梯度洗脱条件：0～1min，B% 5%；1～1.2min，B% 5%～15%；1.2～2.6min，B% 15%～30%，2.6～2.8min，B% 30%～60%；2.8～3.0min，B% 60%～98%；3.0～3.8min，B% 保持98%，3.8～4.0min，B% 98%～5%，总运行时间6min；

g）流速：0.3mL/min。

5.5　质谱参考条件

a）毛细管电压：2.5kV；

b）电离模式：ESI^-；

c）离子源温度：150℃；

d）脱溶剂气温度：500℃；

e）碰撞梯度：1.5；

f）脱溶剂气流量：900L/h；

g）反吹气流量：30L/h；

h）电子倍增电压：650V；

i）碰撞室压力：3.0×10^{-3} mbar。

质谱条件参数见表 10-1：

表 10-1　目标化合物的主要参考质谱参数

真菌毒素种类	母离子（m/z）	锥孔电压	定量离子（m/z）	碰撞电压 eV	定性离子（m/z）	碰撞电压 eV
ZON	317	44	175	24	131	30
^{13}C-ZON	335	42	185	26	140	36

5.6　标准曲线制备

在 5.4、5.5 液相色谱串联质谱仪分析条件下，将标准系列溶液由低到高浓度进样检测，以玉米赤霉烯酮与内标色谱峰的峰面积比值—浓度作图，得到标准曲线回归方程，其线性相关系数应大于 0.99。

5.7　样品测定

取 5.3 下处理得到的待测溶液进样，内标法计算待测液中目标物质的质量浓度，按 6 计算样品中待测物的含量。待测样液中的响应值应在标准曲线线性范围内，超过线性范围则应适当减少取样量后重新测定。

5.8　空白试验

除不加样品外，采用完全相同的测定步骤进行操作。

6　分析结果的表述

试样中玉米赤霉烯酮含量按式(10-1)进行计算。

$$X=A\times\left(V_1\times\frac{V_3}{V_2}\right)\times\frac{1}{m} \quad\cdots\cdots\cdots\cdots (10\text{-}1)$$

式中：

X——试样中玉米赤霉烯酮的含量，单位为微克每千克(μg/kg)；

A——试样中玉米赤霉烯酮按照内标法在标准曲线中对应的浓度，单位为纳克每毫升(ng/mL)；

V_1——试样提取液体积，单位为毫升(mL)；

V_2——用于净化的分取体积，单位为毫升(mL)；

V_3——试样最终定容体积，单位为毫升(mL)；

m——试样的称样量,单位为克(g)。

以重复性条件下获得的两次独立测定结果的算术平均值表示。

计算结果保留小数点后一位。

7 灵敏度和精密度

本方法的检出限:0.8μg/kg。

本方法的定量限:2μg/kg。

在重复性条件下获得的两次独立测定结果的相对偏差,当含量小于50μg/kg,不得超过算术平均值的15%,当含量大于50μg/kg,不得超过算术平均值的10%。

8 附图

图10-2为玉米赤霉烯酮母离子扫描图;图10-3为玉米赤霉烯酮子离子扫描图;图10-4为玉米赤霉烯酮及其内标标准溶液总离子图;图10-5为玉米以及加标样品叠加总离子图;图10-6为啤酒以及加标样品叠加图谱。

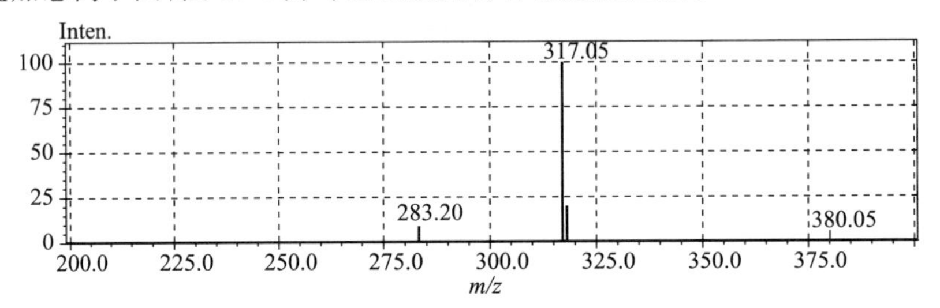

图10-2 玉米赤霉烯酮母离子扫描图

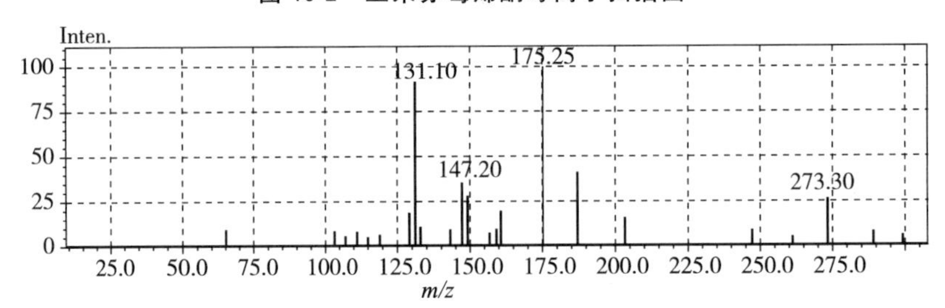

图10-3 玉米赤霉烯酮子离子扫描图

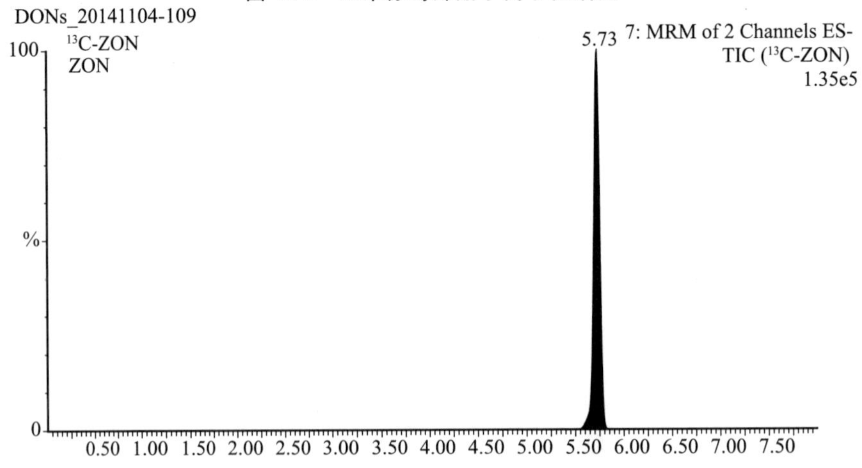

图10-4 玉米赤霉烯酮及其内标标准溶液总离子图

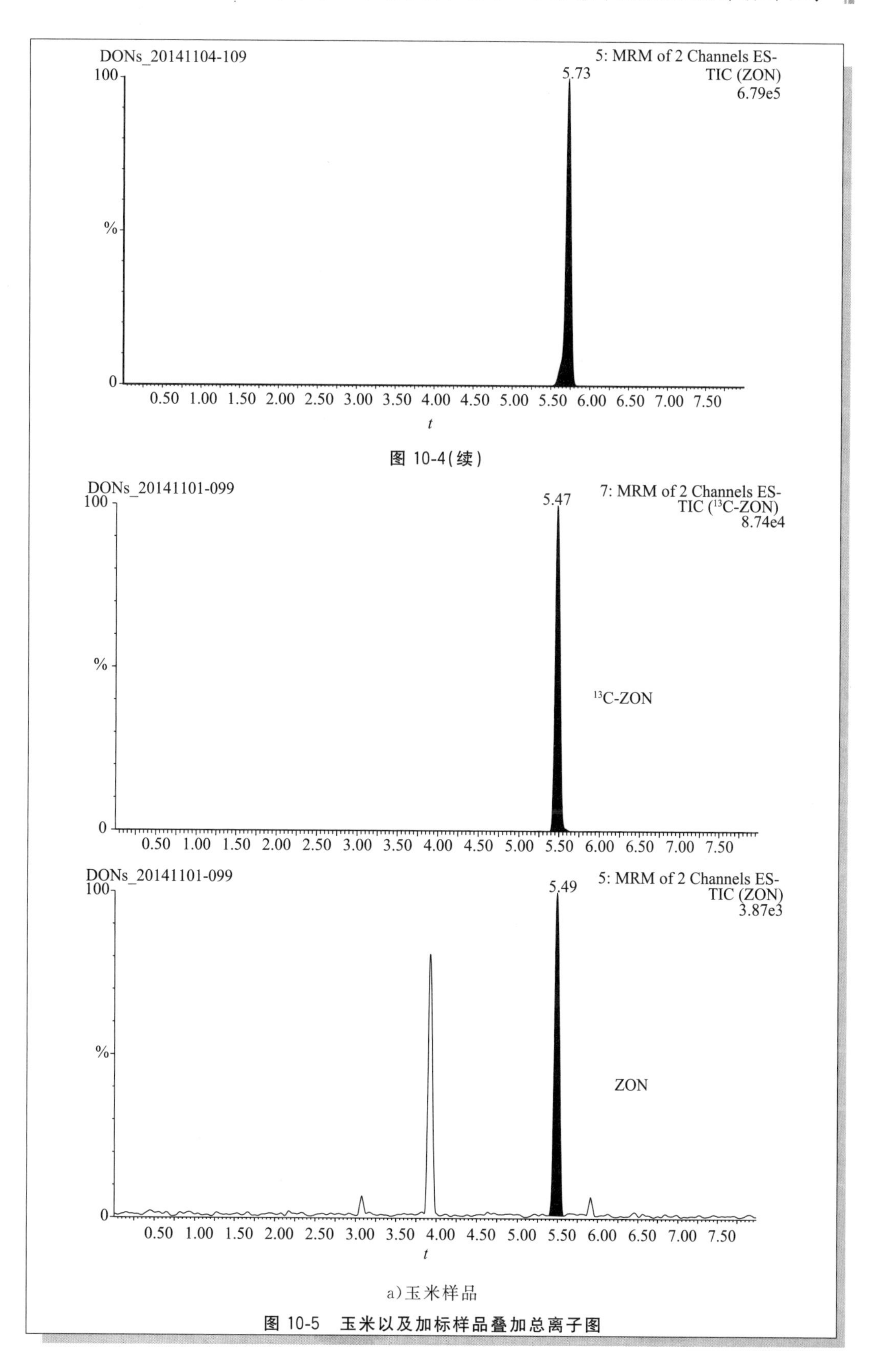

图 10-4(续)

a)玉米样品

图 10-5　玉米以及加标样品叠加总离子图

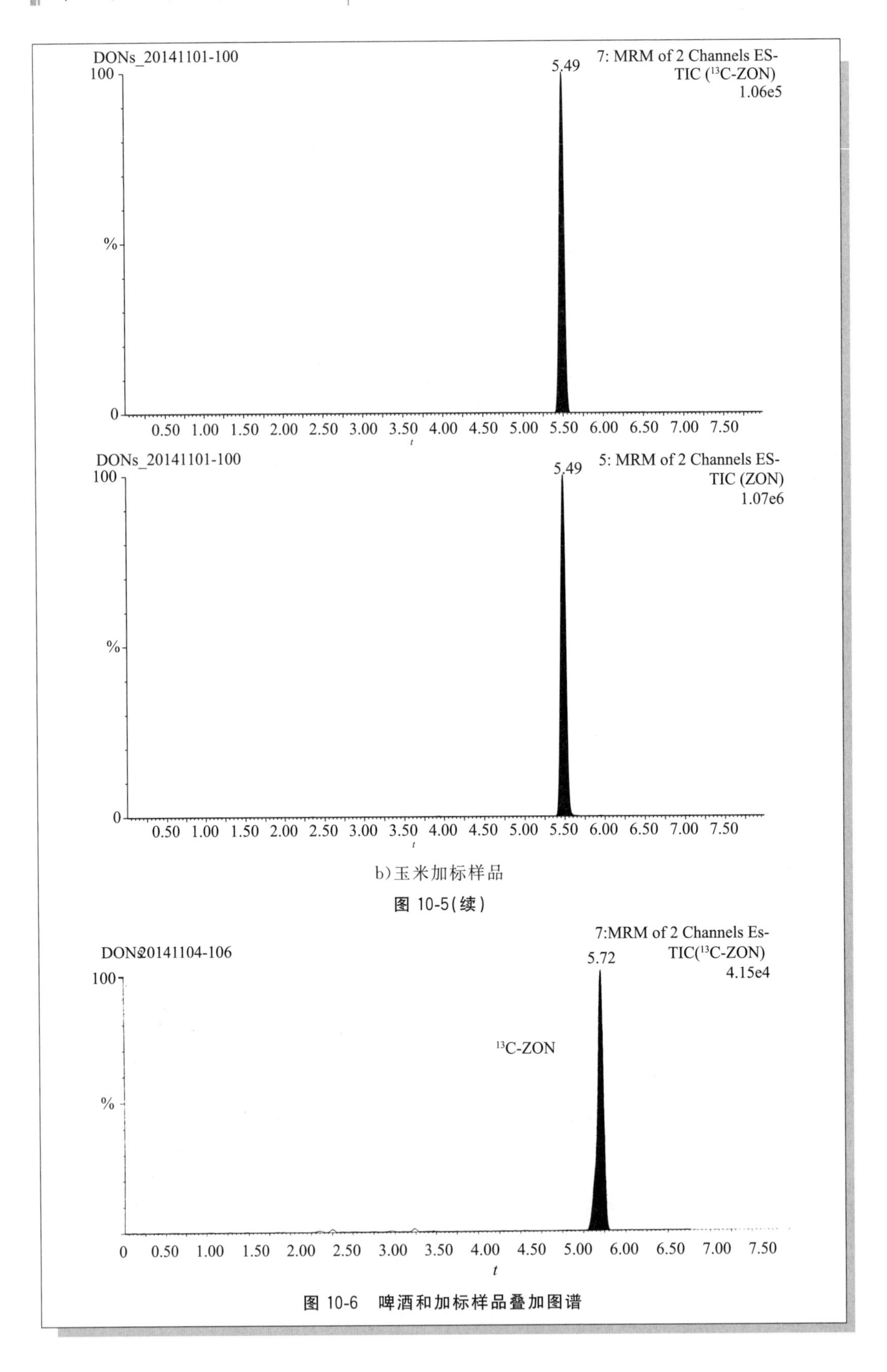

b)玉米加标样品

图 10-5(续)

图 10-6　啤酒和加标样品叠加图谱

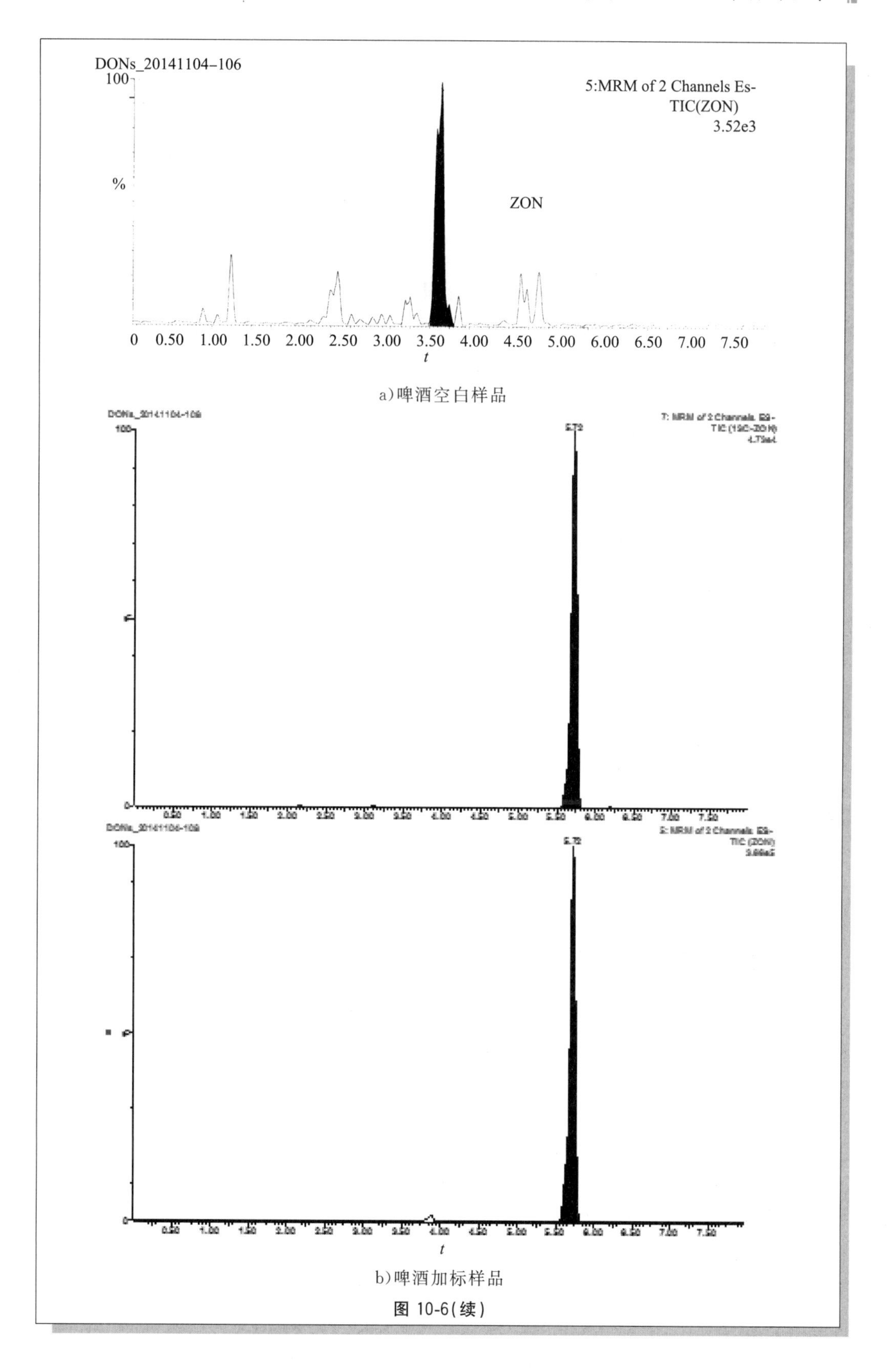

a)啤酒空白样品

b)啤酒加标样品

图 10-6(续)

三、注意事项

1. 由于试样中的真菌毒素存在着不均匀性，因此应在抽样中注意抽样量至少 2kg。样品采集和收到后，应尽快粉碎成粉末状，过筛混匀后，放入密闭容器中，于－20℃下避光保存。

2. 在检测中，尽可能使用有证标准物质作为质量控制样品，也可采用加标回收试验进行质量控制。

3. 质控物质尽量选用与样品基质相同或相似的质控样品作为质量监控的标准。质控样与待测样品按相同方法同时进行处理后，测定其真菌毒素含量。测定结果应在证书给定的标准值±不确定度的范围内。每批样品至少分析 1 个质控样品。

4. 加标回收试验采取称取与样品量相同的样品，加入一定浓度的真菌毒素标准混合溶液，然后将其与样品同时处理后进行测定，计算加标回收率。每 10 个样品测定 1 个加标回收率，若样品量少于 10 个，至少测定1 个加标回收率。加标回收率参考值见表10-2。

表 10-2　食品中真菌毒素测定的加标回收率参考值

质量范围 μg/kg	≤1	1～10	≥10
加标回收率 %	50～120	70～115	80～110

5. 提取的过程需要充分的浸泡和振荡。

6. 在使用 mycosep 226 小柱过滤时注意需要缓慢的推进；氮吹过程气流不能太大，最后应吹至近干。

7. 进样前的定容液用(10＋90)乙腈-0.01％氨水水溶液。

8. 清洗过的所有玻璃容器(试管和进样瓶)要 75℃烘干后，再放入马弗炉 400℃下灼烧，在放入马弗炉和从中取出时，应防止温度的变化引起的爆裂。

四、国内外酿酒原料和酒中玉米赤霉烯酮限量及检测方法

玉米赤霉烯酮首先从赤霉病玉米中分离，有 15 种以上的衍生物，其主要存在于玉米和玉米制品中，小麦、大麦、高粱、大米中也有一定程度的分布，玉米赤霉烯酮主要污染玉米、麦类、谷物等。

玉米赤霉烯酮具有较强的生殖毒性和致畸作用，可引起动物发生雌激素亢进症，导致动物不孕或流产，对家禽特别是猪、牛和羊的影响较大，给畜牧业带来经济损失。饲料中 1mg/kg 的玉米赤霉烯酮就会使动物产生雌性化，更高的浓度(50～100mg/kg)将会对怀孕、排卵、移植、胎儿的发育、新生动物儿的生存力产生不利的影响。所以一般国家规定粮谷和食品中的玉米赤霉烯酮含量为 60～1000μg/kg，我国规定小麦、玉米中的玉米赤霉烯酮含量为 60μg/kg，见表 10-3。

表 10-3　部分国家或地区食品中玉米赤霉烯酮的允许限量标准

国家/地区	食品品种	允许限量 μg/kg
奥地利	小麦、稗麦	60
	硬麦	60
巴西	玉米	200
中国	小麦、玉米	60
法国	谷物、菜油	600
罗马尼亚	所有食品	30
俄罗斯	硬质小麦、面粉	1000
	小麦胚芽	1000
乌拉圭	玉米、大麦	200
美国	所有食品	100
欧盟	粮谷类农产品	50

第二节　液相色谱法

一、标准操作程序

酿酒原料和酒中玉米赤霉烯酮测定标准操作程序——液相色谱法如下：

1　适用范围

本程序规定了酿酒原料中玉米赤霉烯酮的测定方法。

本程序适用于谷物(玉米、小麦等)酿酒原料中玉米赤霉烯酮的测定。

2　原理

试样中的玉米赤霉烯酮用乙腈一水提取后，提取液经免疫亲和柱净化，浓缩后，用配有荧光检测器的液相色谱仪进行测定，外标法定量。

3　试剂和材料

注：除非另有说明，本方法所用试剂均为分析纯，水为 GB/T 6682 规定的一级水。

3.1　试剂

3.1.1　甲醇(CH_3OH)：色谱纯。

3.1.2　乙腈：色谱纯。

3.1.3　氯化钠。

3.2　试剂配制

3.2.1　乙腈水(9+1)：取 90mL 乙腈加 10mL 水。

3.2.2　标准品

玉米赤霉烯酮标准品:纯度≥98%。

3.2.3　标准溶液的配制

3.2.3.1　玉米赤霉烯酮标准溶液(0.1mg/mL):精确称取固体标准品 1.000mg,用乙腈溶解定容至 10mL,混匀。存储于棕色玻璃瓶中,−20℃下避光保存。

3.2.3.2　玉米赤霉烯酮工作液(1μg/mL):精确移取标准储备液 100μL,用乙腈稀释定容至 10mL,混匀。存储于棕色玻璃瓶中,−20℃下避光保存。

3.2.3.3　标准系列工作溶液:准确移取适量玉米赤霉烯酮标准储备溶液用 10%乙腈-水溶液稀释,配制成 5ng/mL、10ng/mL、20ng/mL、50ng/mL、100ng/mL、200ng/mL、500ng/mL 的标准系列工作液,4℃保存。

4　仪器和设备

4.1　液相色谱仪配有荧光检测器。

4.2　粉碎机。

4.3　高速均质器。

4.4　氮吹仪。

4.5　空气压力泵。

4.6　玻璃注射器或一次性注射器:20mL。

4.7　天平:感量 0.0001g。

4.8　10mL 移液管。

4.9　50mL 容量瓶。

4.10　250mL 具塞锥形瓶

4.11　玻璃纤维滤纸(WHATMAN 934-AH 玻璃微纤维滤纸,1.5um)。

4.12　玉米赤霉烯酮免疫亲和柱。

5　操作步骤

5.1　试样提取

称取 40.0g 粉碎样品(精确至 0.01g)置于 250mL 具塞锥形瓶中,加入 4g 氯化钠和 100mL 乙腈水(9+1),以均质器高速搅拌提取 2min(10000r/min),通过折叠快速定性滤纸过滤,移取 10.0mL 滤液并加入 40.0mL 去离子水稀释混匀,经玻璃纤维滤纸过滤 1～2 次,至滤液澄清后进行免疫亲和柱净化操作。

5.2　试样净化

将免疫亲和柱连接于玻璃注射器下,准确移取滤液 10.0mL,注入玻璃注射器中。将空气压力泵与玻璃注射器相连接,调节压力,使溶液以约 1～2 滴/s 的流速通过免疫亲和柱,直至空气进人亲和柱中。用 5mL 水淋洗免疫亲和柱 1 次,流速约为 1～2 滴/s,弃去全部流出液,直至空气进人亲和柱中。

5.3　洗脱

准确加人 1.5mL 甲醇洗脱，流速约为 1mL/min，收集全部洗脱液于干净的玻璃试管中，于 55℃以下氮气吹干后，用 1.0mL 流动相溶解残渣，供 HPLC 测定(每次上样前都要将液体完全排干)。

5.4　空白试验

除不加试样外，空白试验应与样品测定平行进行，并采用相同的分析步骤。

5.5　高效液相色谱条件

色谱柱：C_{18}柱，100mm×2.1mm，粒径 1.7μm 或相当者。

流动相：乙腈＋水(5＋95)。

流速：0.35mL/min。

柱温：40℃。

进样量：10μL。

检测波长：激发波长 274nm，发射波长 440nm。

5.6　测定

分别取样液和标准溶液各 100μL 注入高效液相色谱仪进行测定，以保留时间定性，峰面积定量。

6　分析结果的表述

按外标法计算试样中玉米赤霉烯酮的含量，计算结果需将空白值扣除，见式(10-2)。

$$X=\frac{1000\times(A-A_0)\times c\times V}{1000\times A_s\times m} \qquad (10\text{-}2)$$

式中：

X——试样中玉米赤霉烯酮的含量，单位为微克每千克(μg/kg)；

A——样液中玉米赤霉烯酮的峰面积；

A_0——空白样液中玉米赤霉烯酮的峰面积；

c——标准工作溶液中玉米赤霉烯酮的浓度，单位为微克每毫升(μg/mL)；

V——样液最终定容体积，单位为毫升(mL)；

A_s——标准工作溶液中玉米赤霉烯酮的峰面；

m——最终样液所代表的试样量，单位为克(g)。

检测结果以两次测定值的算术平均值表示，计算结果保留到小数点后一位。

7　精密度

在重复性条件下获得的两次独立测定结果的相对相差不得超过算术平均值的 15%。

8　其他

本方法玉米赤霉烯酮的检出限为 5μg/kg。

9　附图

图 10-7 为玉米赤霉烯酮标准溶液色谱图，图 10-8 为玉米以及加标样品叠加色谱图。

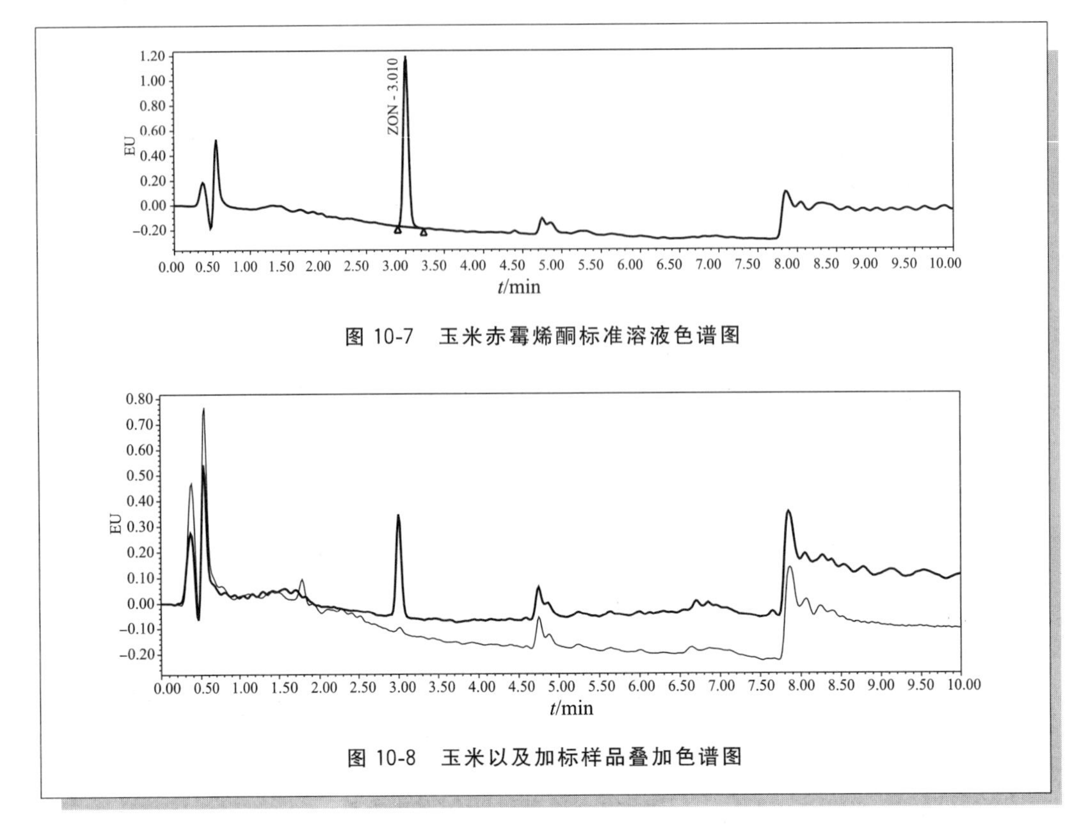

图 10-7　玉米赤霉烯酮标准溶液色谱图

图 10-8　玉米以及加标样品叠加色谱图

二、注意事项

1. 样品称取之前一定要混合均匀。

2. 用均质器均质样品时，容器底部的样品一定要完全分散，均质完全。

3. 有些免疫亲和柱建议用甲醇-水代替乙腈-水，因为免疫亲和柱上的抗体对甲醇水的耐受性更高。过亲和柱之前，样液中乙腈的比例不要高于25%。

4. 均质完之后根据样品液情况，静置一段时间取上层清液过滤，过滤速度会快一些，若过滤效果还不好，可以离心一下。

5. 亲和柱有一定的柱容量，在使用亲和柱之前，要向厂家了解亲和柱的柱容量，然后根据样品中玉米赤霉烯酮含量，调整上柱的样液体积，上柱的样液中玉米赤霉烯酮含量一定不要超过柱容量，否则测试结果偏低。

6. 用甲醇洗脱之前一定要用滤纸将亲和柱下出口的水吸干净，并将柱子里的水吹干净，否则在吹干的时候不容易吹干。

7. 洗脱液要吹干重新用流动相定容，为了得到更灵敏的检测限，得到更好的峰形，使保留时间一致。

8. 本方法适用于谷物等基质成分比较简单明确的样品，对基质复杂且添加物较多的样品，需要进行验证后再用本方法。

9. 方法来源：GB/T 5009.209—2008《谷物中玉米赤霉烯酮的测定》中的免疫亲和层析净化高效液相色谱法。

第十一章

酿酒原料及酒中展青霉素的测定标准操作程序——液相色谱-串联质谱法

一、概述

展青霉素又名棒曲霉素(Patulin,PAT),是由青霉属和曲霉属产生、主要污染水果及其制品的一种真菌毒素,苹果和山楂最易受污染,而展青霉素的水溶性及酸稳定性的特性,使其易出现在果汁中。

PAT的CAS名称为4-羟基-4-氢-呋喃(3,2-碳)吡喃-2-(6氢)酮(4-Hydroxy-4*H*-furo[3,2-c]pyran-2(6*H*)-one),CAS编号为149-29-1,结构式见图11-1。纯品为无色针状结晶,分子式为$C_7H_6O_4$,相对分子质量为154,熔点110~111℃,在乙醇溶液中的紫外最大吸收波长为276nm,摩尔吸光系数(ε)为14500。易溶于水、乙醇、丙酮、乙酸乙酯、乙醚和三氯甲烷,不溶于石油醚和苯。在酸性溶液中稳定,在碱性条件下易被破坏;耐热,因此一般的加工过程不被破坏,易与含巯基的化合物反应,储存过程中在亚硫酸盐($NaSO_3$)、巯基和抗坏血酸存在的情况下可慢慢被分解,苹果汁发酵产生酒精的过程可导致PAT的完全分解。相关的毒理学试验表明,展青霉素具有影响生育、致癌和免疫抑制等毒理作用,同时也是一种神经毒素,它对人体的危害很大,导致呼吸和泌尿等系统的损害,使人神经麻痹、肺水肿、肾功能衰竭。

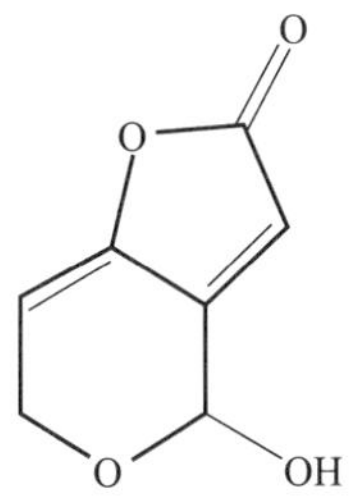

图11-1 展青霉素结构式

PAT为一种神经性毒素,对小鼠经口的LD_{50}分别为雄性:29~48mg/kg体重,雌性:46.31mg/kg体重;经腹膜内注射的LD_{50}雄性:5.7~8.17mg/kg体重,雌性:10.85mg/kg体重。大鼠经口的LD_{50}分别为雄性:30.53~55.0mg/kg体重,雌性:27.79mg/kg体重。亚急性毒性试验结果显示，PAT 可引起动物体重减轻，胃肠道上皮变性、出血、黏膜溃疡等。PAT 能不可逆的与-SH 结合，抑制含有—SH 酶的活性，并抑制网状细胞依赖的 Na^+ 甘氨酸转运系统，且有剂量反应关系。致畸实验表明，PAT 对小鼠和大鼠无致畸作用，但对鸡胚有明显的致畸作用。小鼠和大鼠的繁殖毒性实验结果表明，高浓度的 PAT 对母鼠有毒性，并可观察到胎鼠吸收率增加，提示 PAT 具有胚胎毒性。PAT 可诱导 FM3A 小鼠乳腺癌细胞中致癌物 8-氮杂鸟嘌呤的产生，且有剂量-反应关系。

目前世界上制定 PAT 限量标准的国家在不断增加，到 2003 年止，共有 21 个国家制定了水果及其制品和部分谷物制品中 PAT 的限量标准，且限量水平基本上集中在 50μg/kg。少数国家对婴幼儿食品的 PAT 限量就比较严(欧盟规定婴幼儿食品中 PAT 的限量标准为 10μg/kg)。我国 1994 年首次制定了 GB 14974—1994《苹果和山楂制品中展青霉素限量》，该标准制定了半成品中 PAT 限量标准(100μg/kg)，考虑到半成品不在市场出售，这一限量可认为是针对生产企业的卫生管理而定，而非针对消费市场。该标准于 2013 年进行了修改。2005 年国家制定了食品安全国家标准 GB 2761—2005《食品安全国家标准 食品中真菌素限量》，废除了 GB 14974。2011 年对 GB 2761 进行了修改，规定食品中水果及其制品水果制品(果丹皮除外)、饮料类果蔬汁类及酒类(仅限苹果和山楂)展青霉素的限量值为 50μg/kg。

二、测定标准操作程序

酒中展青霉素测定(HPLC/MS 方法)标准操作程序如下：

1 范围

本程序规定了以苹果和山楂为原料的果酒等酒类食品中展青霉素的同位素稀释液相色谱串联质谱法测定。

本程序适用于以苹果和山楂为原料的果酒等酒类食品中展青霉素的测定。

2 原理

样品(浊汁样品需用果胶酶酶解处理)中的展青霉素经过混合型阴离子交换柱净化、浓缩后，进反相液相色谱柱分离，电喷雾离子源离子化，多反应离子监测(MRM)检测，同位素稀释内标法定量。

3 试剂和材料

注：除非另有说明，所有试剂均为分析纯。

3.1 试剂

3.1.1 乙腈(CH_3CN)：色谱纯。

3.1.2 甲醇(CH_3OH)：色谱纯。

3.1.3 乙酸(CH_3COOH)。

3.1.4 乙酸铵(CH_3COONH_4)。

3.1.5 果胶酶(液体)：活性不低于 1500IU/g，2～8℃避光保存。

3.2　试剂配制

3.2.1　乙酸水溶液(pH4.0)：量取100mL水，用乙酸调节pH至4.0。

3.2.2　乙酸水溶液(0.2%)：量取100mL水加入200μL乙酸。

3.2.3　乙酸铵水溶液：称取0.38g乙酸铵，加1000mL水溶解。

3.3　标准品

3.3.1　展青霉素标准品：$C_7H_6O_4$，CAS编号149-29-1，纯度≥99%，或带证书的标准溶液。

3.3.2　$^{13}C_7$-展青霉素同位素内标：纯度≥98%，或带证书的标准溶液。

3.4　标准溶液配制

3.4.1　标准储备溶液(100μg/mL)：取展青霉素标准品(3.3.1)1.0mg，用乙酸水溶液(3.2.2)溶解并定容至10mL。溶液转移至试剂瓶中后，在4℃下避光保存，备用。

3.4.2　标准工作液(1μg/mL)：取100μL的展青霉素标准储备溶液至10mL容量瓶中，用乙酸水溶液(3.2.2)定容。密封后避光4℃下保存，三个月内有效。

3.4.3　同位素内标工作液($^{13}C_7$-展青霉素1μg/mL)：准确移取展青霉素同位素内标(25μg/mL)(3.3.2)0.40mL至10mL容量瓶中，用乙酸水溶液(3.2.2)定容。在4℃下避光保存，备用。

3.4.4　标准系列工作溶液：准确移取标准工作液(3.4.2)适量至10mL容量瓶中，加入500μL 1.0μg/mL的同位素内标工作液(3.4.3)，用乙酸水溶液(3.2.1)定容至刻度(含展青霉素浓度为5ng/mL、10ng/mL、25ng/mL、50ng/mL、100ng/mL、150ng/mL、200ng/mL、250ng/mL系列标准溶液，此溶液在避光、4℃下密封保存，可使用一周。

4　仪器和设备

4.1　匀浆机。

4.2　pH计：测量精度±0.02。

4.3　天平：感量0.01g和0.00001g。

4.4　50mL具塞PVC离心管。

4.5　离心机：转速≥6000r/min。

4.6　定量移液管：1.0mL，5.0mL，20.0mL。

4.7　混合型阴离子交换柱：MAX(3mL，60mg)柱，或相当者。使用前分别用3mL甲醇和3mL水预淋洗并保持柱体湿润。

4.8　带刻度的磨口玻璃试管：10mL。

4.9　固相萃取装置。

4.10　氮吹仪。

4.11　一次性微孔滤头：带0.22μm微孔滤膜。

4.12　玻璃纤维滤纸。

4.13　液相色谱-串联质谱联用仪。

4.14　色谱分离柱：$HSST_3$ 柱(柱长 100mm，柱内径 2.1mm，填料粒径 1.8μm)，或相当者。

5　分析步骤

5.1　试样制备

采样量需大于 1kg(或 mL)，对于袋装、瓶装等包装样品需至少采集 3 包装(同一批次或号)，将所有液体倒入一个容器中，用匀浆机(4.1)混匀后，取其中任意的 100g(或 mL)样品进行检测。

5.2　样品提取及净化

5.2.1　样品提取

5.2.1.1　澄清液体

准确量取 5mL 苹果酒试样(经超声脱气 20min)，加入 500μL 的同位素内标工作液(3.4.3)，混匀后准确吸取 1.0mL 待净化。

5.2.1.2　浑浊液体

准确量取 5mL 试样于 50mL 离心管中，加入 500μL 同位素内标工作液(3.4.3)，再加入 75μL 果胶酶溶液(3.1.5)，混匀，室温下避光放置过夜后，在 6000r/min 下离心 5min，取上清液过玻璃纤维滤纸，准确吸取 1.0mL 待净化。

5.2.2　净化

将上样液转移至活化好的固相萃取柱中，控制样液以 2～3mL/min 的速度稳定下滴。上样完毕后，依次加入 1mL 的乙酸铵溶液(3.2.3)、3mL 水淋洗。抽干混合型阴离子交换柱，加入 2mL 甲醇洗脱，控制流速为 2～3mL/min，抽干，收集洗脱液。在洗脱液中加入 10μL 乙酸(3.1.3)，在 40℃下用氮气缓缓吹至近干，用乙酸水溶液(3.2.1)定容至 1.0mL，涡旋 30s 溶解残留物，0.22μm 滤膜过滤，收集滤液于进样瓶中以备进样。

5.3　仪器参考条件

5.3.1　色谱参考条件

流动相：A 相：水，B 相：乙腈。

梯度洗脱条件：5% B(0～7min)，100% B(7.2～9min)，5% B(9.2～13min)。

流速：0.3mL/min。

色谱柱柱温：30℃。

进样量：10μL。

5.3.2　质谱参考条件

检测方式：多离子反应监测(MRM)。

离子源控制条件：参见表 11-1。

表 11-1 离子原控制条件

电离方式	ESI
毛细管电压 kV	−3.5
锥孔电压 V	−58
干燥器温度 ℃	325
干燥器流量 L/h	480
雾化器压力 psi[a]	25
鞘气温度 ℃	350
鞘气流量 L/h	600
喷嘴电压 kV	−1.5
电子倍增电压 V	−300
[a]1 psi=6.895kPa。	

离子选择参数参见表 11-2。

表 11-2 离子选择参数

展青霉素	母离子	定量离子	碰撞能量	定性离子	碰撞能量	离子化方式
展青霉素	153	109	−7	81	−12	ESI^-
$^{13}C_7$-展青霉素	160	115	−7	86	−12	ESI^-

5.4 定性

试样中目标化合物色谱峰的保留时间与相应标准色谱峰的保留时间相比较，变化范围应在±2.5%之内。

待测化合物的定性离子的重构离子色谱峰的信噪比应大于等于 3（$S/N \geqslant 3$），定量离子的重构离子色谱峰的信噪比应大于等于 10（$S/N \geqslant 10$）。

每种化合物的质谱定性离子必须出现，至少应包括一个母离子和两个子离子，而且同一检测批次，对同一化合物，样品中目标化合物的两个子离子的相对丰度比与浓度相当的标准溶液相比，其允许偏差不超过表 11-3 规定的范围。

表 11-3 定性时相对离子丰度的最大允许偏差

相对离子丰度	>50%	>20%至 50%	>10%至 20%	≤10%
允许相对偏差	±20%	±25%	±30%	±50%

各检测目标化合物以保留时间和两对离子的(特征离子对/定量离子对)所对应的 LC-MS/MS 色谱峰面积相对丰度进行定性。要求被测试样中目标化合物的保留时间与标准溶液中目标化合物的保留时间一致(一致的条件是偏差小于20%),同时要求被测试样中目标化合物的两对离子对应 LC-MS/MS 色谱峰面积比与标准溶液中目标化合物的面积比一致。

5.5　空白试验

不称取试样,按 5.2 的步骤做空白实验。应确认不含有干扰待测组分的物质。

6　结果计算

6.1　标准曲线绘制

将标准工作系列溶液(3.4.4)由低到高浓度进样检测,以展青霉素色谱峰与内标色谱峰的峰面积比值-浓度作图,得到标准曲线回归方程。

6.2　定量测定

待测样液中的响应值应在标准曲线线性范围内,超过线性范围则应稀释后重新按 5.2 进行处理后再进样分析。

6.3　计算

按式(11-1)计算展青霉素的残留量。

$$X=\frac{c\times v}{m} \quad \cdots\cdots\cdots\cdots (11\text{-}1)$$

式中:

X——试样中展青霉素的含量,单位为微克每千克(μg/kg);

c——根据试样中展青霉素的色谱峰与对应内标色谱峰的峰面积关系,经计算所得的浓度,单位为纳克每毫升(ng/mL);

v——最终定容体积,单位为毫升(mL);

m——试样的称样量,单位为克(g)。

计算结果以重复性条件下获得的两次独立测定结果的算术平均值表示,保留三位有效数字。

7　精密度

在重复性条件下获得的两次独立测定结果的绝对差值不得超过算术平均值的 10%。

8　定量限

当量取液体样品 1.00mL,本方法展青霉素的定量限:10 μg/L。

9　附图

图 11-2 为展青霉素及内标总离子图;图 11-3 为展青霉素质谱图;图 11-4 为 $^{13}C_7$- 展青霉素质谱图;图 11-5 为苹果酒监测质量色谱图。

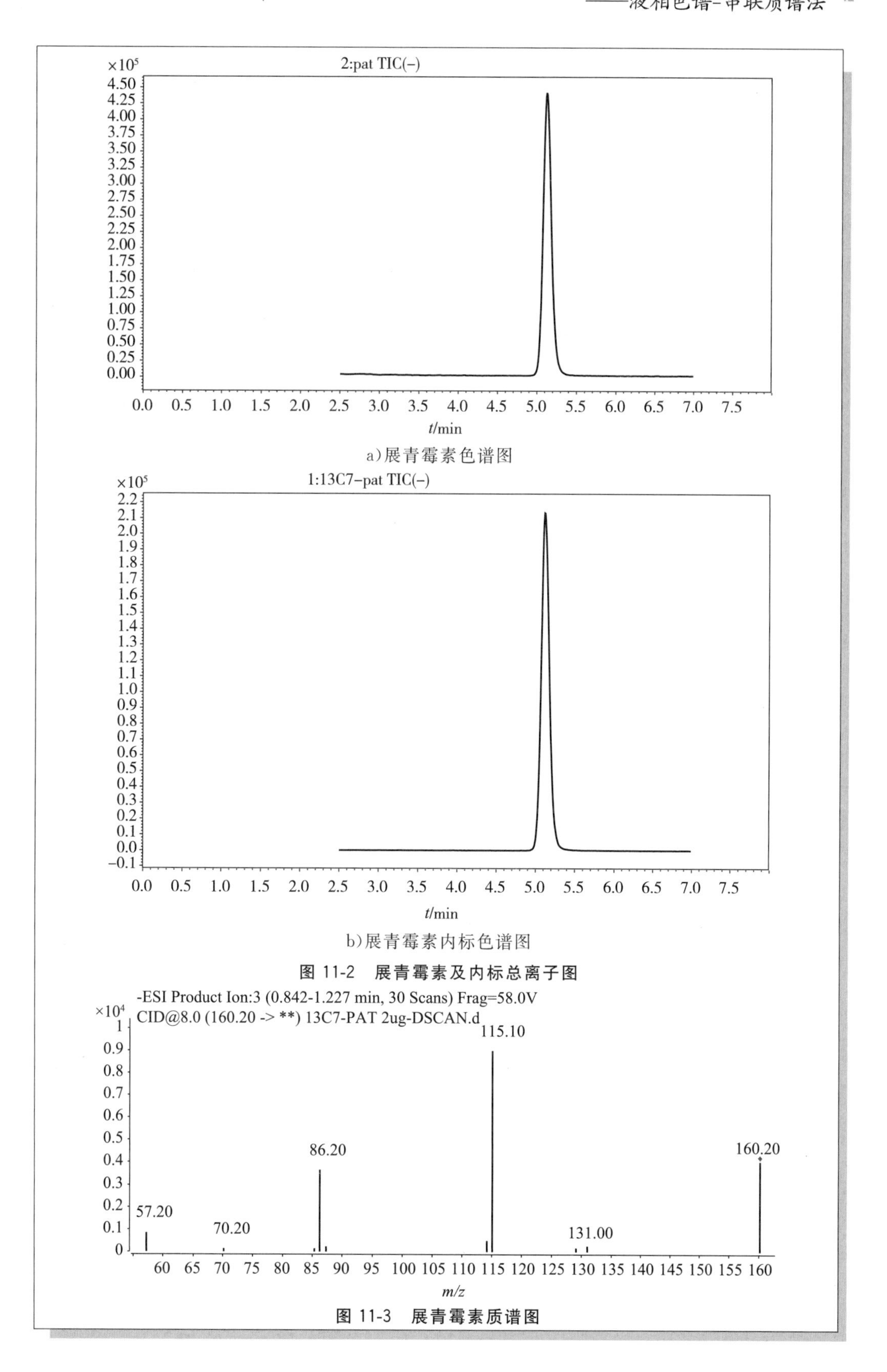

a）展青霉素色谱图

b）展青霉素内标色谱图

图 11-2　展青霉素及内标总离子图

图 11-3　展青霉素质谱图

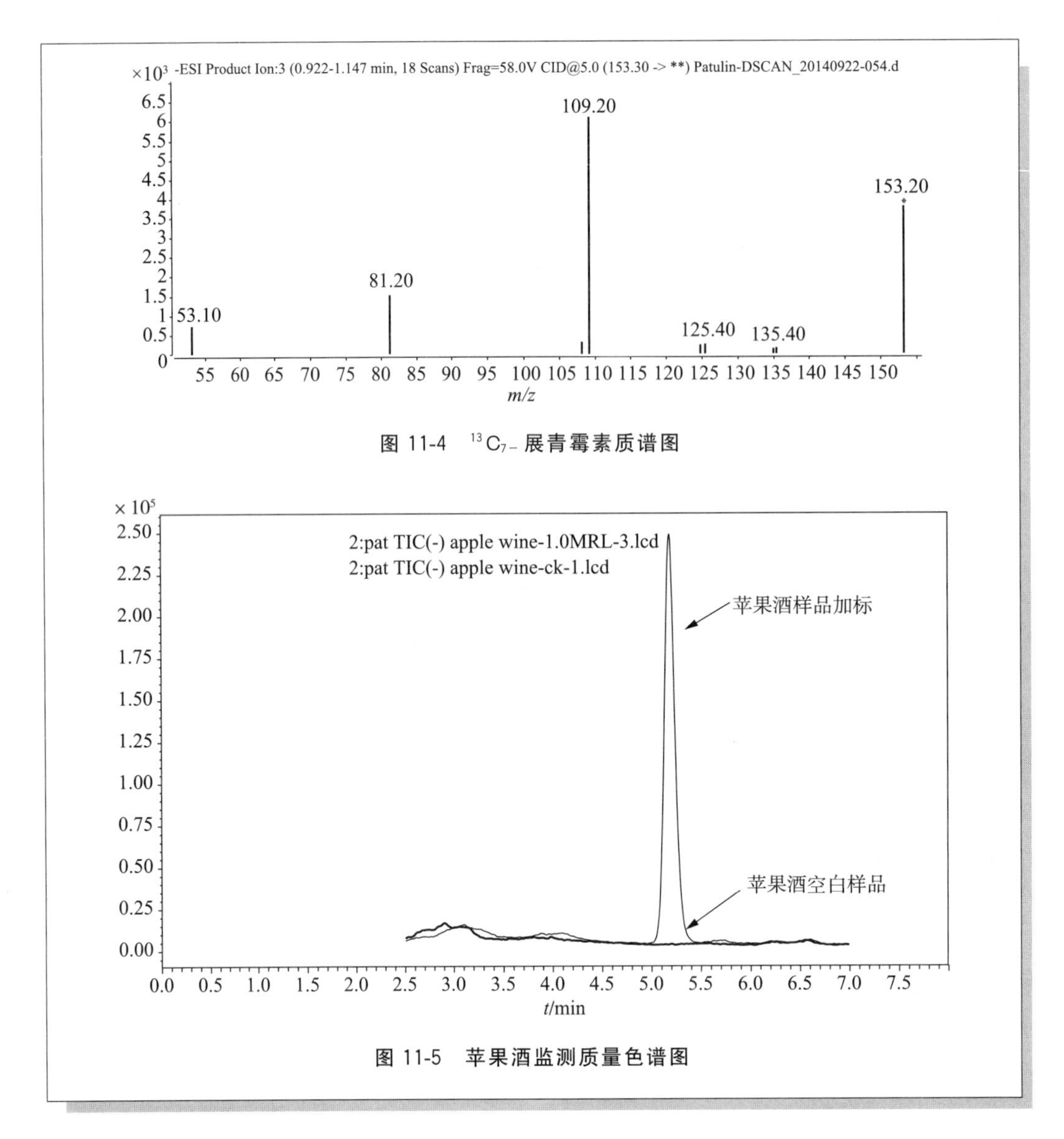

图 11-4　$^{13}C_7$-展青霉素质谱图

图 11-5　苹果酒监测质量色谱图

三、注意事项

1. 本标准操作程序是在 GB/T 5009.185—2003《苹果和山楂制品中展青霉素的测定》为基础，将 SN/T 2008—2007《进出口果汁中棒曲霉毒素的检测方法高效液相色谱法》和 SN/T 2534—2010《进出口水果和蔬菜制品中展青霉素含量检测方法　液相色谱—质谱质谱法与高效液相色谱法》等其余 4 项标准的基础上进行了调整。

2. 果胶酶在处理含有果肉的样品起到降解果胶质的作用，使样品中可能含有的展青霉素释放出来，避免出现假阴性。因此要保证果胶酶的活性不低于 1500IU/g，能充分起到降解果胶质的作用。

3. 展青霉素相对分子质量小，稳定性差，在氮吹浓缩中极容易损失，因此要控制浓缩温度和氮吹速度，尽量不得吹干。

4. 展青霉素为极性较强的化合物，它在不同的 C_{18} 色谱柱上保留较差，且实际样品酒中与展青霉素极性相近的物质较多，根据相似相容原理，在色谱分离时干扰物质较多，建议选择对展青霉素保留较好，适宜用填料极性较强的色谱柱会有较好的分离效果，例如Waters HSS T_3 柱。

5. 采用电喷雾电离源时，果酒在实际检测中基质效应较为严重，因此要降低基质效应，除了要优化色谱分离和前处理条件外，用同位素内标矫正是建议使用的较准确的定量方法。

四、国内外酒中展青霉素限量及检测方法

国内外酒中展青霉素限量见表 11-4。

表 11-4　国内外酒中展青霉素限量指标

国家	食品类别(名称)	限量 μg/kg
中国	以苹果、山楂为原料的酒类	50
欧盟	酒精饮料苹果酒和其他以苹果为原料或包含苹果汁的发酵饮料	50

国内外酒中展青霉素的检验方法标准比较见表 11-5。

表 11-5　国内外酒中展青霉素的检验方法标准比较

方法	AOAC 2000.02	SN 1859—2007	SN 2534—2010
仪器	LC	LC-MS	LC-MS
原理	苹果汁及浓汁(浓汁及果酱用果胶酶酶解)用乙酸乙酯提取，经碳酸钠溶液净化，无水硫酸钠吸水，旋蒸至干，定容进样，液相色谱分离，UV 检测器检测	样品经固相萃取小柱净化，采用液相色谱-质谱法确证测定，外标法定量。	苹果清汁用乙腈稀释后直接固相萃取净化；苹果浊汁、番茄酱、山楂片样品先用果胶酶水解，再以乙酸乙酯提取，吹干浓缩后 MycoSep 228 净化柱净化，液相色谱-质谱/质谱测定，外标法定量
灵敏度	定量限为 25μg/kg	检测底限为 10μg/kg	检测底限为 5μg/kg
适用范围	苹果汁、苹果浓汁	苹果汁	苹果清汁、苹果浊汁、番茄酱、山楂片

参考文献

[1] MCKINLEY, E. R., CARLTON, W. W. Patulin mycotoxicosis in Swiss ICR mice[J]. Food Cosmet. Toxicol., 1980(18):181-187.

[2] ESCOULA,L. ,MORE,J. , BARADAT,C. The toxins of Byssochlamys-nivea. Part I. Acute toxicity of patulin in adult rats and mice[J]. Ann. Rech. Vet. , 1977,8:41-49.

[3] CIEGLER,A. ,BECKWITH,A. C. , JACKSON,L. K. Teratogenicity of patulin and patulin adducts formed with cysteine[J]. Appl. Environ. Microbiol. , 1976,31:664-667.

[4] DEVARAJ,H. ,RADHA-SHANMUGASUNDARAM,K. , SHANMUGASUNDARAM,E. R. Neurotoxic effect of patulin[J]. Indian J. Exp. Biol. ,1982,20:230-231. Health,3:479-490.

[5] DAILEY,R. E. ,BROUWER,E. ,BLASCHKA,A. M. ,REYNALDO,E. F. , GREEN,S. ,MONLUX,W. S. , RUGGLES,D. I. Intermediate－duration toxicity study of patulin in rats[J]. J. Toxicol. Environ. Health, 1977b,2:713-725.

[6] MIURA,S. ,HASUMI,K. ,AND ENDO,A. Inhibition of protein prenylation by patulin[J]. Federation of European Biochemical Societies letters. 1993,318:88-90.

[7] GB/T 5009.185—2003 苹果和山楂制品中展青霉素的测定

[8] NY/T 1650—2008 苹果及山楂制品中展青霉素的测定　高效液相色谱法

[9] SN/T 1859—2007 饮料中棒曲霉素和 5-羟甲基糠醛的测定方法 液相色谱质谱法和气相色谱质谱法

[10] SN/T 2008—2007 进出口果汁中棒曲霉毒素的检测方法 高效液相色谱法

[11] SN/T 2534—2010 进出口水果和蔬菜制品中展青霉素含量检测方法　液相色谱-质谱质谱法与高效液相色谱法

[12] AOAC Official Method 974.18　Patulin in apple juice thin-layer chromatographic.

[13] AOAC Official Method 995.10　Patulin in apple juice liquid chromatographic method.

[14] AOAC Official Method 2000.02　Patulin in clear and cloudy apple juices and apple puree liquid chromatographic.

[15] Codex Standard 193—1995　Codex general standard for contaminants and toxins codex standard 193—1995.

[16] CAC/RCP 50－2003　Code of practice for the prevention and reduction of patulin contamination in apple juice and apple juice ingredients in other beverages.

[17] COMMISSION REGULATION (EC) No. 1881/2006 of 19 December 2006. Setting maximum levels for certain contaminants in foodstuffs.

第十二章

酿酒原料及酒中杂色曲霉素的测定标准操作程序

第一节　液相色谱-串联质谱法

一、概述

杂色曲霉素(Sterigmatocystin,ST)是杂色曲霉(*Aspergillus versicolor*)和构巢曲霉(*A. nidulans*)的最终代谢产物,同时又是黄曲霉和寄生曲霉合成黄曲霉毒素过程后期的中间产物。该毒素主要污染小麦、玉米、大米、花生、大豆等粮食作物、食品和饲料。

ST的CAS名称为3a,12c-双氢-8-羟基-6-甲氯基呋喃[3′,2′:4,5]呋喃[2,3-c]咕吨-7酮(3a,12c-Dihydro-8-hydroxy-6-methoxy-7*H*-furo[3′,2′:4,5]furo[2,3-c]xanthen-7-one),CAS编号为10048-13-2,分子式$C_{18}H_{12}O_6$,相对分子质量324,结构式见图12-1。ST纯品为淡黄色结晶,熔点246℃(醋酸戊酯中为247～248℃)。强左旋,旋光度$[\alpha]_D^{20}$=－398℃(C=1g/100mL,于三氯甲烷中)。不溶于水,难溶于多种有机溶剂,但易溶于三氯甲烷、乙腈、吡啶、苯和二甲基亚砜中,因此三氯甲烷为提取ST的首选溶剂。ST的紫外最大吸收光谱为(乙醇)205nm、233nm、246nm和325nm(logε分别为4.40、4.49、4.53和4.21),可产生较弱的荧光,在薄层板上于长波紫外灯下可见砖红色荧光点。在中性溶液(pH 7.0)中的最大发射波长为570nm,最大激发波长为340nm,荧光强度因喷雾硫酸溶液而加强,在溴化钾中的红外吸收光谱为3450cm^{-1}、3099cm^{-1}、2995cm^{-1}、2975cm^{-1}、2920cm^{-1}、1650cm^{-1}、1627cm^{-1}和1610cm^{-1}。ST与氯化铝反应具有重要的应用价值,薄层板展开后用氯化铝喷雾可产生黄色荧光点,而在反相液相色谱分析ST时,柱后用氯化铝衍生化可增强其荧光强度。ST的吡啶溶液在温和条件下可被乙酸酐乙酰化成O-乙酰杂色曲霉素(O-Acetylsterigmatocystin),该反应在液相色谱分析中具有重要意义。在酸催化下向ST乙烯醚双键中加入水则可产生α、β半缩醛,ST半缩醛可与蛋白质结合形成具有免疫原性的复合物,用此复合物免疫动物可产生抗ST抗体用于免疫学检测。

ST对多种动物有毒性。雌、雄Wistar大鼠经口染毒ST的LD_{50}分别为166mg/kg体重和120mg/kg体重;经腹膜内染毒的LD_{50}分别为60mg/kg体重和65mg/kg体重。

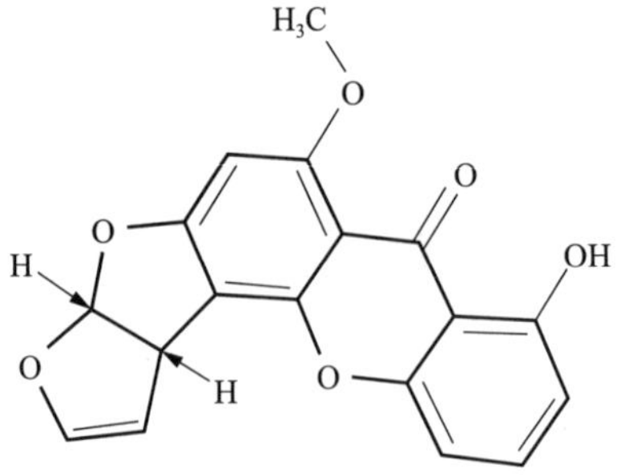

图 12-1　ST 化学结构式

新生小鼠皮下染毒 ST 的 LD_{50} 为 5～10mg/kg 体重，而对成年小鼠却(80mg/kg 体重；对 5 日龄鸡胚的 LD_{50} 为 6～7μg/卵，当达到 10μg/卵时，90%～100%鸡胚死亡。因此 ST 对动物的急性毒性以动物种类、性别和染毒途径不同而异，幼年动物较成年动物敏感。ST 导致的人畜急性中毒国内外均有报道，我国宁夏盐池、灵武等县曾报道 ST 导致幼年骡“黄肝病”、羊羔“黄染病”的急性中毒报道；加拿大和芬兰两个养鸡场因食用被 ST 污染的饲料而造成鸡大批死亡；美国田纳西州一个奶牛场的乳牛也曾发生 ST 中毒事件。此外，ST 尚具有很强的致突变性和遗传毒性，动物实验已证实 ST 对体外培养的人胚胃和人胚肺黏膜细胞有致癌作用，因而推测 ST 可能是慢性萎缩性胃炎癌变的诱因之一。研究发现，杂色曲霉素的结构与黄曲霉毒素 B_1 相似，且能转变成黄曲霉毒素 B_1，因此其毒性仅次于公认的毒性最强的真菌毒素黄曲霉素。Essigmann 等用 ^3H 标记的 ST 进行大鼠肝脏离体灌流实验发现，ST 经肝脏代谢可转化成 1,2-环氧 ST，与 DNA 结合形成 1,2-二氢-2-(*N*-7 尿嘧啶)-1-羟基 ST，并推测这可能是 ST 诱发肝癌的机制，有研究认为在某些菌株中，ST 经 O-甲基 ST 还可进一步合成 $AFTB_1$、$AFTB_2$、$AFTG_1$ 和 $AFTG_2$。由此可见，ST 不仅可直接危害动物和人类，而且还可作为 AFT 的合成前体间接对人畜造成威胁。Singn 等应用寄生曲霉细胞的提取，加入 ^{14}C 标记的 ST 和辅酶Ⅱ，在 27℃ 条件下培养 1h，发现随着细胞提取液浓度的增加，培养液中 $AFTB_1$ 量随之增加；若将提取液蒸煮，则无 $AFTB_1$ 生成。这就证明 ST 在真菌细胞提取液作用下可以转化成 $AFTB_1$，这种转化是在酶促作用下完成的。ST 在自然界中广泛存在，因结构与 $AFTB_1$ 相似，且可以转化为 $AFTB_1$，因此其毒性和致癌性受到世界各国的高度重视。

国际上针对杂色曲霉素制定法规的国家相对较少。捷克共和国规定，甲类食品中 ST 的限量为 5μg/kg，乙类食品为 20μg/kg。斯洛伐克规定牛奶、肉类、禽肉、面粉及其产品、大米、蔬菜、马铃薯等食品中 ST 限量为 5μg/kg，其他食品为 20μg/kg。我国尚未制定粮油食品中 ST 的限量标准。

二、测定标准操作程序

酒中杂色曲霉素测定(HPLC-MS/MS 方法)标准操作程序如下：

1　范围

本程序规定了大米、玉米、大麦等酿酒原料中中杂色曲霉素的同位素稀释液相色谱串联质谱法的测定。

本程序适用于大米、玉米、大麦等酿酒原料中中杂色曲霉素的测定。

2　原理

试样中的杂色曲霉素用有机溶剂和水的混合溶液提取，经超声、涡旋、离心，取上清液用水稀释，通过固相萃取柱净化、洗脱、洗脱液经氮气吹干、甲醇-水溶液定容、微孔滤膜过滤，液相色谱分离，电喷雾离子源离子化，多反应离子监测（MRM）检测，同位素内标法定量。

3　试剂和材料

注：除非另有说明，所有试剂均为分析纯。

3.1　试剂和标准样品

3.1.1　乙腈（CH_3CN），色谱纯。

3.1.2　甲醇（CH_3OH），色谱纯。

3.2　试剂配制

3.2.1　乙腈-水溶液（80/20，体积分数）：取800mL乙腈加入200mL水。

3.2.2　乙腈-水溶液（40/60，体积分数）：取400mL乙腈加入600mL水。

3.2.3　甲醇-水溶液（40/60，体积分数）：取400mL甲醇加入600mL水。

3.2.4　甲醇-水溶液（70/30，体积分数）：取700mL甲醇加入300mL水。

3.3　标准品

3.3.1　杂色曲霉素标准品：$C_{18}H_{12}O_6$，CAS编号10048-13-2，纯度大于等于99%，或带证书的标准溶液。

3.3.2　$^{13}C_{18}$-杂色曲霉素同位素内标：纯度≥98%，或带证书的标准溶液。

3.4　标准溶液配制

3.4.1　标准储备溶液（100μg/mL）：准确称取杂色曲霉素标准品1.0mg（准确至0.01mg），用甲醇溶解并定容至10mL。此溶液浓度约为100μg/mL。溶液转移至试剂瓶中后，密封后－20℃下保存，备用。

3.4.2　标准工作液（1μg/mL）：准确移取100μL的杂色曲霉素标准储备溶液（3.4.1）至10mL容量瓶中，用甲醇定容。－20℃下保存，备用。

3.4.3　同位素内标工作液（$^{13}C_{18}$-杂色曲霉素1μg/mL）：准确移取杂色曲霉素同位素内标（25μg/mL）（3.3.2）0.40mL至10mL容量瓶中，用甲醇定容。－20℃下保存，备用。

3.4.4　标准系列工作溶液：准确移取标准工作液（3.4.2）适量至5mL容量瓶中，加入50μL 1.0μg/mL的同位素内标工作液（3.4.3），用甲醇-水溶液（3.2.4）定容至刻度（含杂色曲霉素浓度为1ng/mL、2ng/mL、5ng/mL、10ng/mL、20ng/mL、30ng/mL、40ng/mL、50ng/mL系列标准溶液），此溶液在－20℃下密封保存。

4　仪器和设备

4.1　高速粉碎机。

4.2　涡旋混合器。

4.3　超声波震荡器。

4.4　天平：感量 0.01g 和 0.00001g。

4.5　50mL 具塞 PVC 离心管。

4.6　离心机：转速≥6000r/min。

4.7　定量移液管：1.0mL，5.0mL，20.0mL。

4.8　固相萃取柱：*N*-乙烯吡咯烷酮和二乙烯基苯共聚物填料(6mL，500mg)柱，或相当者。使用前分别用 5mL 甲醇和 5mL 水预淋洗并保持柱体湿润。

4.9　带刻度的磨口玻璃试管：10mL。

4.10　固相萃取装置。

4.11　氮吹仪。

4.12　一次性微孔滤头：带 0.22μm 微孔滤膜。

4.13　液相色谱仪：配紫外检测器。

4.14　液相色谱柱：C_{18}柱(柱长 100mm，柱内径 2.1mm，填料粒径 1.8μm)，或相当者。

4.15　试验筛：1～2mm 孔径。

5　分析步骤

5.1　样品制备

试样的采样量需大于 1kg，用高速粉碎机(4.1)将其粉碎(1～2mm 孔径试验筛)，混合均匀后取样品 100g 用于检测。

5.2　样品提取

在 50mL 离心管(4.6)中称取 5g 均质试样(精确至 0.01g)，加入 100μL 同位素内标工作液(3.4.3)，加入 20.0mL 乙腈-水(3.2.1)，涡旋混匀 15min，置于超声波震荡器中振荡 10min，在 6000r/min 下离心 10min，准备移取 2.0mL 上清液用水稀释至 8mL 待上样。

5.3　净化

将上样液转移至活化好的固相萃取柱中，控制样液以 2～3mL/min 的速度稳定下滴。上样完毕后，依次加入 5mL 的乙腈-水溶液(3.2.2)、5mL 的甲醇-水溶液(3.2.3)淋洗。挤干固相萃取柱，加入 6mL 乙腈洗脱，控制流速为 2～3mL/min，挤干，收集洗脱液。在 60℃下用氮气缓缓吹至干，用甲醇-水溶液(3.2.4)定容至 1.0mL，涡旋 30s 溶解残留物，0.22μm 滤膜过滤，收集滤液于进样瓶中以备进样。

5.4　仪器参考条件

5.4.1　色谱参考条件

流动相：A 相：水，B 相：甲醇。

梯度洗脱条件：70% B(0～5min)，100% B(5～8min)，70% B(8～12min)。

流速：0.2mL/min。

色谱柱柱温：40℃。

进样量：10μL。

5.4.2　质谱参考条件

检测方式：多离子反应监测(MRM)。

离子源控制条件：参见表 12-1。

表 12-1　离子源控制条件

电离方式	ESI+
毛细管电压 kV	3.5
锥孔电压 V	145
干燥器温度 ℃	325
干燥器流量 L/h	480
雾化器压力 psi	25
鞘气温度 ℃	350
鞘气流量 L/h	600
喷嘴电压 V	500
电子倍增电压 V	+300

离子选择参数参见表 12-2。

表 12-2　离子选择参数

杂色曲霉素	母离子	定量离子	碰撞能量	定性离子	碰撞能量	离子化方式
杂色曲霉素	325.0	280.8	35	309.8	20	ESI^+
$^{13}C_{18}$-杂色曲霉素	343.0	296.9	35	326.9	20	ESI^+

5.5　定性

试样中目标化合物色谱峰的保留时间与相应标准色谱峰的保留时间相比较，变化范围应在±2.5%之内。

待测化合物的定性离子的重构离子色谱峰的信噪比应大于等于3($S/N \geq 3$)，定量离子的重构离子色谱峰的信噪比应大于等于10($S/N \geq 10$)。

每种化合物的质谱定性离子必须出现，至少应包括一个母离子和两个子离子，而且同一检测批次，对同一化合物，样品中目标化合物的两个子离子的相对丰度比与浓度相当的标准溶液相比，其允许偏差不超过表12-3规定的范围。

表12-3　定性时相对离子丰度的最大允许偏差

相对离子丰度	>50%	>20%～50%	>10%～20%	≤10%
允许相对偏差	±20%	±25%	±30%	±50%

5.6　空白试验

不称取试样，按5.2、5.3的步骤做空白实验。应确认不含有干扰待测组分的物质。

6　分析结果的表述

6.1　标准曲线绘制

将标准工作系列溶液(3.4.4)由低到高浓度进样检测，以杂色曲霉素色谱峰与内标色谱峰的峰面积比值-浓度作图，得到标准曲线回归方程。

6.2　定量测定

待测样液中的响应值应在标准曲线线性范围内，超过线性范围则应稀释后重新按5.2、5.3进行处理后再进样分析。

6.3　计算

按式(12-1)计算杂色曲霉素的残留量。

$$X=\frac{A\times V\times f}{m} \quad \cdots\cdots (12\text{-}1)$$

式中：

X——试样中杂色曲霉素的含量，单位为微克每千克(μg/kg)；

A——根据试样中杂色曲霉素的色谱峰与对应内标色谱峰的峰面积关系，经计算所得的浓度，单位为纳克每毫升(ng/mL)；

V——最终定容体积，单位为毫升(mL)；

f——稀释倍数($f=10$)；

m——试样的称样量，单位为克(g)。

计算结果保留三位有效数字。

7 精密度

在重复性条件下获得的两次独立测定结果的绝对差值不得超过算术平均值的10％。

8 定量限

称取大米、玉米、大麦等5g，其检出限为0.6μg/kg，定量限为2μg/kg。

9 附图

图12-2为杂色曲霉素及内标总离子图；图12-3为杂色曲霉素质谱图；图12-4为$^{13}C_{18}$-杂色曲霉素质谱图；图12 5为小麦监测质量色谱图。

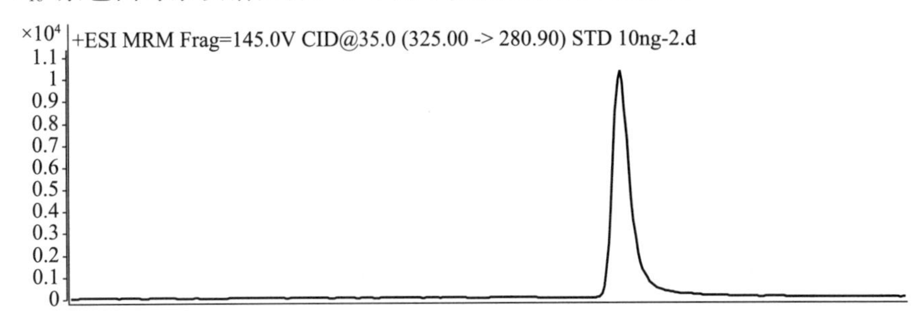

a)杂色曲霉素定量离子色谱图

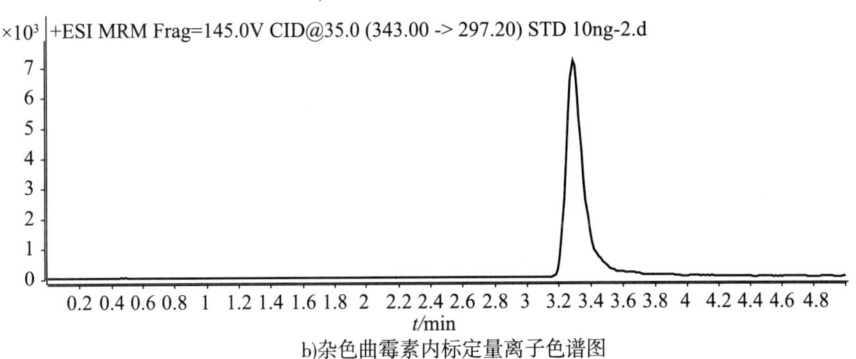

b)杂色曲霉素内标定量离子色谱图

图12-2 杂色曲霉素及内标总离子图

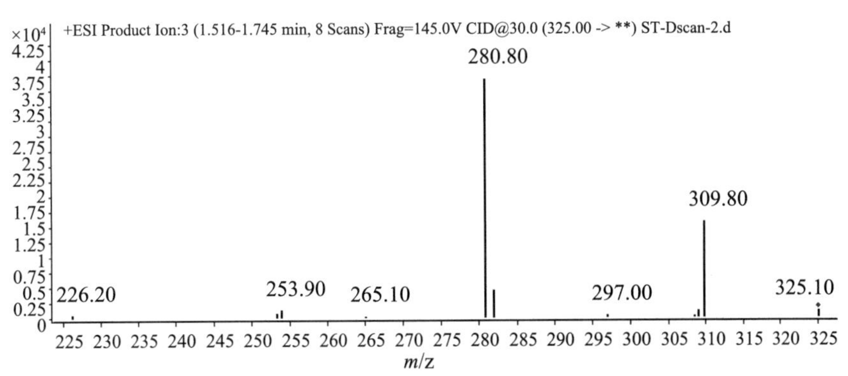

图12-3 杂色曲霉素质谱图

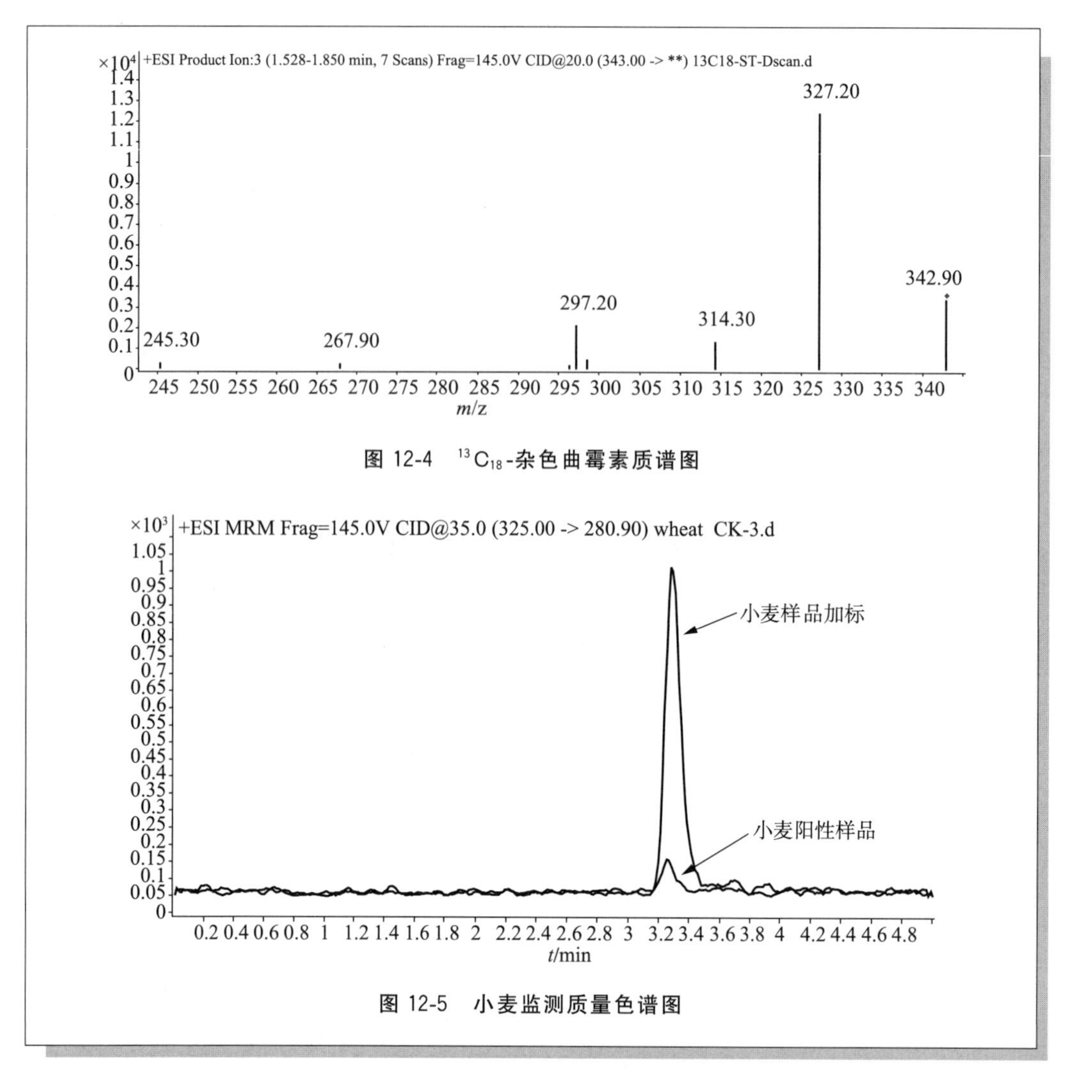

图 12-4　$^{13}C_{18}$-杂色曲霉素质谱图

图 12-5　小麦监测质量色谱图

三、注意事项

1.本标准操作程序是在GB/T 5009.25—2003《植物性食品中杂色曲霉素的测定》和NY/T 2483—2010《进出口粮谷中柄曲菌素含量检测方法　液相色谱法》这两项标准的基础上进行了调整。

2.杂色曲霉素可溶于正己烷中，采用正己烷脱脂时，杂色曲霉素会损失较为严重。因此本实验不采用正己烷脱脂，在固相萃取柱净化时选择40%乙腈水和40%甲醇水两步淋洗可起到一定的除油脂效果。

3.采用电喷雾电离源、正离子模式下时，发现杂色曲霉素在甲醇水中的响应远高于乙腈水和甲酸水-甲醇混合溶液，因此实验的流动相应为甲醇水，能保证较好的灵敏度。

四、国内外酿酒原料中杂色曲霉素限量及检测方法

中国和欧盟等国家或地区均未对杂色曲霉素有相关的限量规定。捷克共和国规定，甲类食品中ST的限量为5μg/kg，乙类食品为20μg/kg。斯洛伐克规定牛奶、肉类、禽

肉、面粉及其产品、大米、蔬菜、马铃薯等食品中 ST 限量为 5μg/kg，其他食品为 20μg/kg。

国内外酒中杂色曲霉素的检验方法标准比较见表 12-4。

表 12-4 国内外酿酒原料中杂色曲霉素的检验方法标准比较

方法	AOAC 973.38	GB/T 5009.25—2003	NY/T 2483—2010
仪器	TIC	TIC	HPLC
原理	试样中的杂色曲霉素经提取、净化、浓缩、薄层展开后，用三氯化铝显色，再经加热产生一种在紫外光下显示黄色荧光的物质	试样中的杂色曲霉素经提取、净化、浓缩、薄层展开后，用三氯化铝显色，再经加热产生一种在紫外光下显示黄色荧光的物质	样品中的柄曲菌素用乙腈提取，C_{18} 固相萃取小柱净化，用液相色谱仪配紫外或二极管阵列检测器测定，外标法定量
灵敏度	—	大米、玉米、小麦检出限为 25μg/kg，黄豆、花生为 50μg/kg	大米、大麦、燕麦、小麦检测低限为 10μg/kg
适用范围	大麦、小麦	大米、玉米、小麦、黄豆、花生	大米、大麦、燕麦、小麦

第二节 液相色谱法

一、标准操作程序

酿酒原料及酒中杂色曲霉素测定标准操作程序——液相色谱法如下。

1 范围

本程序规定了大米、玉米、大麦等酿酒原料中中杂色曲霉素的同位素稀释液相色谱串联质谱法的测定。

本程序适用于大米、玉米、大麦等酿酒原料中中杂色曲霉素的测定。

2 原理

样品中的杂色曲霉素水和有机溶剂的混合溶液提取，经均质、涡旋、超声、离心等处理，取上清液用磷酸盐缓冲液稀释，经免疫亲和柱净化、洗脱，洗脱液经氮气吹干、流动相定容、微孔滤膜过滤，液相色谱分离紫外检测器检测。外标法定量。

3 试剂和溶液

注：除非另有说明，本方法使用的试剂均为分析纯，水为 GB/T 6682 规定的一级水。

3.1 试剂和标准样品

3.1.1 乙腈（CH_3CN），色谱纯。

3.1.2　甲醇(CH_3OH),色谱纯。

3.1.3　氯化钠(NaCl)。

3.1.4　磷酸氢二钠(Na_2HPO_4)。

3.1.5　磷酸二氢钾(KH_2PO_4)。

3.1.6　浓盐酸(HCl)。

3.1.7　氯化钾(KCl)。

3.2　试剂配制

3.2.1　乙腈-水溶液(80/20,体积分数):取800mL乙腈加入200mL水。

3.2.2　乙腈-水溶液(50/50,体积分数):取500mL乙腈加入500mL水。

3.2.3　磷酸盐缓冲溶液(以下简称PBS):称取8.0g氯化钠,1.2g磷酸氢二钠(或2.92g十二水磷酸氢二钠),0.2g磷酸二氢钾,0.2g氯化钾,用900mL水溶解,用浓盐酸调节pH值至7.4,用水定容至1000mL。

3.3　标准品

杂色曲霉素标准品:$C_{18}H_{12}O_6$,CAS编号10048-13-2,纯度大于或等于99%,或带证书的标准溶液。

3.4　标准溶液配制

3.4.1　标准储备溶液(100μg/mL):准确称取杂色曲霉素标准品1.0mg(准确至0.01mg),用乙腈溶解并定容至10mL。此溶液浓度约为100μg/mL。溶液转移至试剂瓶中后,密封后−20℃下保存,备用。

3.4.2　标准工作液(1μg/mL):准确移取100μL的杂色曲霉素标准储备溶液(3.4.1)至10mL容量瓶中,用乙腈定容。−20℃下保存,三个月内有效。

3.4.3　标准系列工作溶液:准确移取标准工作液(3.4.2)适量至5mL容量瓶中,用乙腈-水溶液(3.2.2)定容至刻度(含杂色曲霉素浓度为5ng/mL、10ng/mL、25ng/mL、50ng/mL、75ng/mL、100ng/mL系列标准溶液),此溶液在−20℃下密封保存。

4　仪器和设备

4.1　高速粉碎机。

4.2　涡旋混合器。

4.3　超声波振荡器。

4.4　天平:感量0.01g和0.00001g。

4.5　50mL具塞PVC离心管。

4.6　离心机:转速≥6000r/min。

4.7　定量移液管:1.0mL,5.0mL,20.0mL。

4.8　50mL一次性注射器(使用注射器筒部分)。

4.9　免疫亲和柱:柱容量≥600ng。

4.10　带刻度的磨口玻璃试管:10mL。

4.11　固相萃取装置。

4.12　氮吹仪。

4.13　一次性微孔滤头：带 0.22μm 微孔滤膜。

4.14　液相色谱仪：配紫外检测器。

4.15　液相色谱柱：C_{18} 柱（柱长 150mm，柱内径 4.6mm，填料粒径 3.5μm），或相当者。

4.16　试验筛：1～2mm 孔径。

5　分析步骤

使用不同厂商的免疫亲和柱，在样品的上样、淋洗和洗脱的操作方面可能略有不同，应该按照供应商所提供的操作说明书要求进行操作。

5.1　样品制备

样品采样量需大于 1kg，用高速粉碎机（4.1）将其粉碎（1～2mm 孔径试验筛），混合均匀后取样品 100g 用于检测。

5.2　样品提取

在 50mL 离心管（4.5）中称取 5g 已均质试样（精确至 0.01g），加入 20.0mL 乙腈-水溶液（3.2.1），涡旋混匀 15min，置于超声波振荡器中振荡 10min，在 6000r/min 下离心 10min，取上清液备用。

5.3　样品净化

5.3.1　上样液的准备

准确移取 2mL 上述上清液，加入 28mLPBS（3.2.3）混匀。

5.3.2　免疫亲和柱的准备

将 50mL 注射器筒（4.8）与亲和柱（4.9）的顶部相连。

5.3.3　试样的净化

免疫亲和柱内的液体放弃后，将上述样液移至 50mL 注射器筒中，调节下滴速度，控制样液以 2mL/min～3mL/min 的速度稳定下滴。待样液滴完后，往注射器筒内依次加入 10mL PBS 和 10mL 水，以稳定流速淋洗免疫亲和柱。待水滴完后，挤干亲和柱。在亲和柱下部放置 10mL 刻度试管，取下 50mL 的注射器筒，加入 2mL 乙腈洗脱亲和柱，控制 2mL/min～3mL/min 的自然下滴速度，收集全部洗脱液至刻度试管中，继续挤干亲和柱。在 60℃下用氮气缓缓地将洗脱液吹至干，用乙腈-水溶液（3.2.2）定容至 1.0mL，涡旋 30s 溶解残留物，0.22μm 滤膜过滤，收集滤液于进样瓶中以备进样。

5.4　仪器参考条件

流动相：A 相：水，B 相：乙腈。

梯度洗脱条件：55% B（0～7.5min），100% B（7.5～10min），60% B（10～15min）。

流速：0.8mL/min。

色谱柱柱温：40℃。

进样量：100 μL。

紫外检测器：检测波长：325nm。

液相色谱图参见图 12-6 和图 12-7。

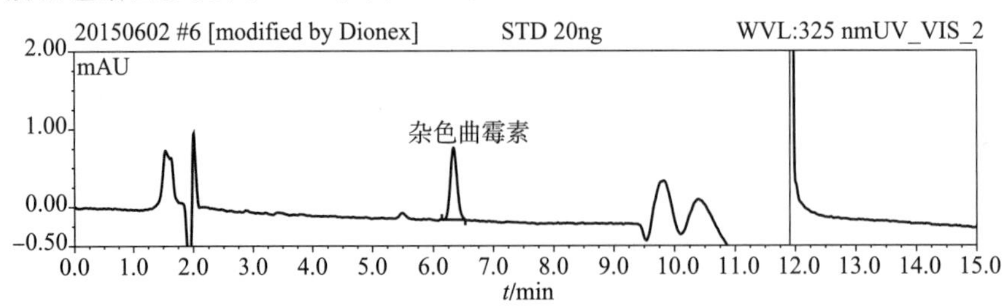

图 12-6 杂色曲霉素色谱图

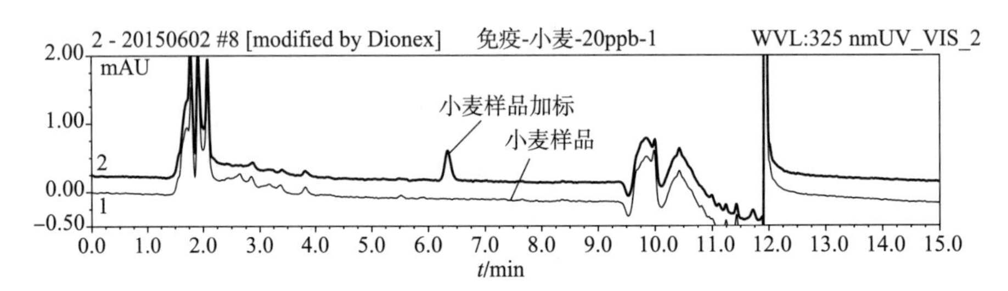

图 12-7 小麦监测质量色谱图

5.5 测定

5.5.1 标准曲线的制作

将标准系列溶液(3.4.3)由低到高浓度依次进样检测，以峰面积为纵坐标，浓度为横坐标作图，得到标准曲线回归方程。

5.5.2 定量测定

待测样液中待测化合物的响应值应在标准曲线线性范围内，浓度超过线性范围的样品则应稀释后重新按 5.2 和 5.3 进行处理后再进样分析。

5.5.3 空白试验

不称取试样，按 5.2 和 5.3 的步骤做空白实验。应确认不含有干扰待测组分的物质。

6 分析结果的表述

按式(12-2)计算杂色曲霉素的残留量。

$$X=\frac{A\times V\times f}{m} \quad \cdots\cdots (12\text{-}2)$$

式中：

X——试样中杂色曲霉素的含量，单位为微克每千克(μg/kg)；

A——根据试样中杂色曲霉素的色谱峰面积，经计算所得的浓度，单位为纳克每毫升(ng/mL)；

V——最终定容体积，单位为毫升(mL)；

f——稀释倍数(f=10)；

m——试样的称样量，单位为克(g)；

计算结果保留三位有效数字。

7　精密度

在重复性条件下获得的两次独立测定结果的绝对差值不得超过算术平均值的10%。

8　定量限与检出限

称取大米、玉米、大麦等5g，其检出限6μg/kg，定量限为：20μg/kg。

二、注意事项

1. 采用免疫亲和柱净化时，应注意上样的速度已保证杂色曲霉素与填料中的抗体充分结合，洗脱时应注意可放置一段时间，使洗脱液与填料充分结合，保证洗脱完全。

2. 本实验采用乙腈-水溶液作为流动相，比对甲醇-水溶液作为流动相，杂色曲霉素以前者作为流动相，紫外检测器检测时有更高的响应，峰型更窄，灵敏度更高。

参考文献

[1] PURCHASE IF，VAN DER WATT JJ. Acute toxicity of sterigmatocystin to rats[J]. Food Cosmet Toxicol，1969，7(2)：135-139.

[2] VAN DER WATT JJ，PURCHASE IF. Subacute toxicity of sterigmatocystin to rats[J]，S Afr Med J，1970，44(6)：159-160.

[3] VAN DER WATT JJ. The acute toxicity of retrorsine，aflatoxin and sterigmatocystin in vervet monkeys[J]. Br J Exp Pathol，1970，51(2)：183-190.

[4] 沙勇波，曹光荣，李昭君，等. 杂色曲霉素中毒的研究[J]. 动物医学进展，1997，18(1)：24-26.

[5] ABRAMSON D，MILLS JT，BOYCOTT BR. Mycotoxins and mycoflora in animal feedstuffs in western Canada[J]. J Comp. Med，1983(47)：23-26.

[6] VESONDER RF，HORN BW. Sterigmatocystin in dairy cattle feed contaminated with Aspergillus versicolor[J]. Appl Environ Microbiol，1985，49(1)：234-235.

[7] 赵宝玉. 杂色曲霉毒素研究进展[J]. 动物医学进展，1997，18(2)：18-21.

[8] GB/T 5009.25—200 植物性食品中杂色曲霉素的测定

[9] NY/T 2483—2010 出口粮谷中柄曲菌素含量检测方法 液相色谱法

[10] AOAC Official Method 973.38　Sterigmatocystin in barley and wheat thin-layer chromatographic method.

第四部分

农药残留的测定

第十三章

酿酒原料及酒中农药多残留的测定标准操作程序

第一节　植物性食品中有机磷农药多残留测定的标准操作程序

一、概述

国内外主要酿酒原料包括葡萄、高粱、大米、小麦、玉米、大麦等水果和粮食。这些原料在生长过程中，由于过多施用农药，经吸收后，会残留在植物体或果实中。在制酒时，这些有毒物质进入酒体，从而造成食品安全风险。

1. 有机氯农药污染

有机氯农药污染是多氯有机合成的杀虫剂所造成的环境污染。有机氯农药主要品种有滴滴涕（DDT）、六六六等，以及六六六的高丙体制品林丹、DDT 的类似物甲氧DDT、乙滴涕，也包括从 DDT 结构衍生而来、生产吨位小、品种繁多的杀螨剂，如三氯杀螨砜、三氯杀螨醇、杀螨酯等。另外还包括一些杀菌剂，如五氯硝基苯、百菌清、稻丰宁等。以环戊二烯为原料的有机氯农药包括作为杀虫剂的氯丹、七氯、艾氏剂、狄氏剂、异狄氏剂、硫丹、碳氯特灵等。此外以松节油为原料的莰烯类杀虫剂、毒杀芬和以萜烯为原料的冰片基氯也属有机氯农药。由于其化学性质稳定、难于分解，能对环境造成严重而长期的污染。因此，各国对有机氯农药在食品中的残留控制相对严格。我国也已从 20 世纪 60 年代开始禁止在蔬菜、茶叶、烟草等作物上施洒滴滴涕（DDT）、六六六等农药。

2. 有机磷农药污染

有机磷农药是现有农药中品种最多的一类，多数是杀虫剂（如敌百虫、敌敌畏），少数是杀菌剂（如稻瘟净、异稻瘟净、克瘟散）、除莠剂（如地散磷、草特磷）和杀线虫剂（如除线特、线虫磷、治线磷、除线磷）。在土壤中的降解会随土壤含水量、温度和 pH 的增高而加快。在水体中的降解会随水的温度、pH 的增高，以及微生物数量、光照等的增加而加快。因此有机磷农药大多数品种不像有机氯农药那样稳定，它们在土中的残留时间仅数天或数周；另外还有一些有机磷农药，如对硫磷、内吸磷、乐果、敌百虫等。因高分子聚合物不易氧化、分解，也难被微生物降解，能长期在环境中滞留，可能发生化学变化转化成为毒性更强、危害性更大的二次污染物。目前，我国已停止甲胺磷、对硫磷、甲基对硫磷、久效磷、和磷胺等5种高毒有机磷农药的生产与使用。

二、标准操作程序

1 适用范围

本程序适用于植物性样品中49种(58个组分)有机磷类农药残留的气相色谱法、气相色谱质谱联用法测定，气相色谱法和气相色谱质谱联用法两种检测条件下各有机磷农药的检出限和定量限见表13-1。

2 原理

试样经乙腈提取，氯化钠分层，无水硫酸钠除水，有机相浓缩液经 Carbon/NH_2 固相萃取柱净化，用 GC-PFPD 或者 GC/MS 进行测定，外标法定量。

3 试剂

所有试剂除另有说明外，均为分析纯，水为二次蒸馏水。配制标准溶液的有机溶剂为农残级有机溶剂。

3.1 乙酸乙酯(色谱纯)。

3.2 乙腈(色谱纯)。

3.3 丙酮(色谱纯)。

3.4 二氯甲烷(色谱纯)。

3.5 正己烷(色谱纯)。

3.6 无水硫酸钠(分析纯)：使用前500℃烘烤4h，贮存于干燥器中，冷却后备用。

3.7 氯化钠(分析纯)。

3.8 有机磷农药标准品：纯度均＞95%。

3.8.1 标准贮备液的配制：分别准确称量有机磷农药标准品10.0mg(精确至0.1mg)于10mL的容量瓶中，用乙酸乙酯配制成标准贮备液，并将贮备液转移至密闭性很好的棕色玻璃容器中密封于－20℃避光保存。

3.8.2 混合标准溶液：用正己烷将上述标准贮备液逐级准确稀释成需要浓度的混合标准使用液。

3.8.3 标准系列：将混合标准使用液用正己烷依次稀释配制成混合标准系列0.10～2.0μg/mL，可根据仪器对目标化合物响应值的高低调整标准系列浓度。

3.9 活化液与淋洗液配制：用体积比为1∶1的丙酮和二氯甲烷的混合溶液做为 Carbon/NH_2 柱的活化液与淋洗液。

4 仪器与耗材

4.1 气相色谱仪，附火焰光度检测器(FPD)或脉冲火焰光度检测器(PFPD)。

4.2 气相色谱质谱仪。

4.3　色谱柱：气相色谱法用 DM-5 石英毛细管色谱柱（30m×0.32mm×0.25μm）和 DB-1 石英毛细管色谱柱（30m×0.32mm×0.25μm）或相当的；气相质谱法用 VF-5ms（30m×0.25mm×0.25μm）或相当的。

4.4　组织捣碎机。

4.5　调速振荡器。

4.6　氮吹仪。

4.7　高速冷冻离心机。

4.8　旋转蒸发仪。

4.9　Carb/NH_2 固相萃取小柱，500mg/6mL。

4.10　50mL 聚丙烯离心管：具塞。

4.11　旋转蒸发瓶。

4.12　有机相微孔滤膜：13mm×0.22μm。

4.13　分析天平：感量 0.1mg 和 0.01g。

4.14　超声波清洗器。

4.15　涡旋式混合器。

5　操作步骤

5.1　样品采集：样品采集的标准化是获得准确数据的基础，抽样必须是随机的和有代表性的，能反映出样品的真实情况。

5.2　样品的制备和保存：

取一定量（新鲜样品 1kg 左右，干性样品 50g 左右），新鲜样品初步切碎混匀（注意：样品无需洗涤，不要切的太碎，以免果蔬的组织液汁流失），干性样品磨碎过 20 目筛，四分法取样。所取的样品平均分为 2 份，1 份供测定，另 1 份放置于－20℃冰箱中保存，备用。供测定样品应尽快进行样品处理（当日制备的样品须尽快完成提取，以防有机磷分解）。

5.3　样品提取

以下两种提取方法任选其一。

乙腈提取：准确称取匀浆好的样品，（水果蔬菜样品 5g（精确至 0.01g），干性样品（如茶叶）2g 于 50mL 具塞离心管中，茶叶样品加水 2mL（如取样量增加，后续步骤中试剂及提取溶剂的用量成比例增加）。加 2g NaCl，涡旋混匀，加 10mL 乙腈振荡提取 30min，加无水硫酸钠 8g（可根据样品含水量酌情增减），涡旋 1min，4000r/min，离心 5min，取上清液于旋转蒸发瓶中。加 10mL 乙腈重提一遍。合并提取液于 30℃旋转蒸发至近干。

丙酮-二氯甲烷提取：准确称取匀浆好的样品，水果蔬菜样品 5g（精确至 0.01g），干性样品（如茶叶）2g 于 50mL 具塞离心管中，茶叶样品加水 2mL（如取样量增加，后续步骤中试剂及提取溶剂的用量成比例增加）。加 2g NaCl，涡旋混匀，加 20mL 丙酮∶二氯甲烷（1∶1，体积比）振荡提取 30min，加无水硫酸钠 8g（可根据样品含水量酌情增减)，涡旋1min，4000r/min，离心5min，取上清液于旋转蒸发瓶中。加20mL丙酮：二氯甲烷(1：1，体积比)重复提取一遍。合并提取液于30℃旋转蒸发至近干。

5.4　净化

当采用质谱检测时，以下两种净化方法任选其一；当采用PFPD检测时，以采用Carb/NH_2柱净化法为最佳。

QuEChERS净化：将上述乙腈提取样品的合并的30mL提取液转移至50mL离心管中，加入1.5g无水硫酸钠和0.5g PSA粉末(对于脂肪含量较高的蔬菜品种如豆类等，再加入0.25g C_{18}固相吸附剂)，涡旋后5000r/min离心2min。取上清至鸡心瓶中，于30℃水浴中旋转蒸发至近干，用正己烷复溶于5mL具塞试管中，用氮气吹至近干，用正己烷定容至1mL，过膜，待GC-PFPD或者GC-MS分析。

Carb/NH_2柱净化：将上述样品用丙酮：二氯甲烷(1：1，体积比)分次复溶至3mL，取Carb/NH_2柱，置于合适的架子上固定好，用5mL丙酮：二氯甲烷(1：1，体积比)溶液淋洗活化小柱。当混合液液面即将到达小柱吸附层表面时，立即将复溶后的提取液上柱，开始收集流出液，待液面即将到达小柱吸附层表面时，再以30mL丙酮：二氯甲烷(1：1，体积比)洗脱；
收集全部洗脱液与上述流出液合并于30℃水浴中旋转蒸发至近干，用正己烷复溶于5mL具塞试管中，用氮气吹至近干，用正己烷定容至1mL，经针筒式微孔过滤膜过滤后转移至气相色谱进样瓶中，待GC或者GC-MS分析。

6　样品分析

6.1　气相色谱法

6.1.1　气相色谱法参考条件

柱温：初始温度60℃保持2min，以25℃/min速度升至150℃，以2℃/min的速度再升至260℃，再以30℃/min升至290℃并保持5min。

进样模式：不分流进样。

进样量：1μL；两进样口进样时间间隔为1.8min。

进样口温度：两个进样口均为250℃。

载气：氮气(纯度>99.999%)，流速1.5mL/min；燃气：氢气(纯度>99.99%)，流速16.0mL/min；空气1，流速16.0mL/min，空气2，流速10.0mL/min。

PFPD检测器1(S模式，配双层S滤光片)，温度：300℃；光电倍增管电压：550V；触发电压：200mV；放大倍数：使用增益；门延迟时间：3.8ms，门宽度：10ms。

PFPD检测器2(P模式，配P滤光片)，温度：300℃；光电倍增管电压：650V；触发电压：200mV；放大倍数：40；不使用增益，门延迟时间：3.8ms，门宽度：10ms。

6.1.2　定性分析

本实验采用双柱-保留时间定性法。采用DB-1与DM-5两根色谱柱相互佐证，互为补充，增加了定性的准确性。49种有机磷农药在DB-1与DM-5两根色谱柱上的保留时间、分离图谱如表 13-3、图 13-1 及图 13-2 所示。

10 种在 DM-5 色谱柱完全分离不开的有机磷农药以在 DB-1 色谱柱上的色谱峰进行定量，其中包括乐果、内吸磷-S、甲基对硫磷、甲基毒死蜱、对硫磷、毒死蜱、乙拌磷砜、杀虫畏、苯线磷砜、哒嗪硫磷等化合物。同理，在 DB-1 色谱柱完全分离不开的组分以在 DM-5 色谱柱上的色谱峰进行定量，其中包括乙嘧硫磷、异稻瘟净、甲拌磷砜、甲基嘧啶磷等个别化合物。

硫线磷，水胺硫磷，喹硫磷和亚胺硫磷四种化合物由于在两个色谱柱上均分别与其他化合物的色谱峰完全重叠，因此将这 4 个化合物单独测定。

6.2　气相质谱法

6.2.1　气相质谱法参考条件

柱温、进样模式、进样量、进样口温度同气相色谱法。

色谱柱：VF-5ms 石英毛细管色谱柱，30m×0.25mm(内径)×0.25μm。

载气：高纯氦气，纯度≥99.999%，恒流模式，流速 1.0mL/min。

电离方式：电子轰击离子源(EI)70eV，电子倍增器电压：1500V。

传输线温度：250℃，离子源温度：220℃；岐盒温度：40℃；

溶剂延迟：6min，扫描方式：SIM 模式，每种化合物分别选择一个定量离子，2～3 个定性离子，每组所有需要检测的离子按照出峰顺序，分时段分别检测；驻留时间：20～100μs；每种化合物的保留时间、定量离子、定性离子等具体质谱参数见表 13-4。

6.2.2　定性分析

分别将空白、标准系列和试样溶液注入气相色谱-质谱仪中，记录总离子流图和质谱图。49 种有机磷农药化合物标准品在 VF-5ms 色谱柱上的总离子流图如图 13-2。进行样品测定时，以保留时间及碎片离子的丰度定性，所选择的离子均应出现且其丰度比与标准样品的离子丰度比相一致(定性离子相对丰度的最大允许偏差见表 13-5)。

7　定量测定及结果计算

取混合标准储备液，用空白基质溶液逐级稀释后，注入仪器进行分析，以系列标准溶液中目标化合物的浓度为横坐标，相对应的峰面积为纵坐标绘制标准曲线，用峰面积外标法定量得到试样提取液中被测组分的含量。

空白基质溶液的制备：称取一定质量与试样基质相应的阴性样品，与试样同时进行提取、净化和复溶得到。

试样中被测组分的含量按式(13-1)计算：

$$X=\frac{(c-c_0)\times V}{m} \quad \cdots\cdots (13\text{-}1)$$

式中：

X——试样中被测组分残留量，单位为微克每克(μg/g)；

c——由标准曲线或线性方程得到的试样提取液中被测组分浓度，单位为微克每毫升（μg/mL）；

c_0——试剂空白液中被测组分浓度，单位为微克每毫升（μg/mL）；

V——试样定容体积，单位为毫升（mL）；

m——试样取样量，单位为克（g）。

计算结果保留三位有效数字。

8　精密度

在重复性条件下获得的两次独立测定结果的绝对差值不得超过算术平均值的20%，对于多组分残留，绝对差值不得超过算术平均值的30%。

9　附图和附表

表 13-1　49 种有机磷农药在两种检测条件下的检出限（LOD）和定量限（LOQ）

单位：mg/kg

编号	有机磷农药		气相色谱法		气相色谱-质谱法	
	中文名称	英文名称	LOD	LOQ	LOD	LOQ
1	丙线磷	Ethoprophos	0.001	0.003	0.003	0.01
2	毒死蜱	Chlorpyrifos	0.004	0.013	0.003	0.01
3	对硫磷	Parathion-ethyl	0.004	0.013	0.003	0.01
4	二嗪农	Diazinon	0.002	0.007	0.001	0.003
5	伏杀硫磷	Phosalone	0.005	0.017	0.01	0.033
6	甲胺磷	Methamidophos	0.001	0.003	0.002	0.007
7	甲拌磷	Phorate	0.002	0.007	0.001	0.003
8	甲拌磷砜	Phorate-sulfone	0.004	0.013	0.003	0.01
9	甲拌磷亚砜	Phorate-sulfoxide	0.02	0.067	0.02	0.067
10	甲基毒死蜱	Chlorpyrifos-methyl	0.003	0.01	0.001	0.003
11	甲基对硫磷	Parathion-methyl	0.004	0.013	0.001	0.003
12	甲基嘧啶磷	Pirimiphos-methyl	0.004	0.013	0.001	0.003
13	乐果	Dimethoate	0.002	0.007	0.005	0.017
14	马拉硫磷	Malathion	0.005	0.017	0.003	0.01
15	三唑磷	Triazophos	0.009	0.03	0.02	0.067
16	杀螟硫磷	Fenitrothion	0.003	0.01	0.002	0.007
17	杀扑磷	Methidathion	0.004	0.013	0.003	0.01

续表

编号	有机磷农药		气相色谱法		气相色谱-质谱法	
	中文名称	英文名称	LOD	LOQ	LOD	LOQ
18	溴丙磷	Profenofos	0.01	0.033	0.003	0.01
19	亚胺硫磷	Phosmet	0.005	0.017	0.014	0.047
20	乙拌磷	Disulfoton	0.002	0.007	0.001	0.003
21	乙拌磷砜	Disulfoton-sulfone	0.006	0.02	0.02	0.067
22	乙拌磷亚砜	Disulfoton-sulfoxide	0.002	0.007	0.001	0.003
23	乙硫磷	Ethion	0.006	0.02	0.002	0.007
24	蝇毒磷	Coumaphos	0.008	0.027	0.012	0.04
25	苯线磷	Fenamiphos	0.008	0.027	0.01	0.033
26	苯线磷砜	Fenamiphos-sulfone	0.093	0.309	0.185	0.617
27	苯线磷亚砜	Fenamiphos sulfoxide	0.200	0.667	0.207	0.690
28	内吸磷-O	Demeton-O	0.001	0.003	0.01	0.033
29	内吸磷-S	Demeton-S	0.01	0.033	0.007	0.023
30	甲基内吸磷	Demeton-S-methyl	0.001	0.003	0.005	0.017
31	甲基砜内吸磷	Demeton-S-methyl-sulfone	0.02	0.067	0.03	0.1
32	毒虫畏	Chlofenvinphos	0.019	0.063	0.011	0.037
33	毒虫畏	Chlofenvinphos	0.005	0.017	0.007	0.023
34	苯硫磷	EPN	0.007	0.023	0.008	0.027
35	水胺硫磷	Isocarbofos	0.006	0.02	0.008	0.027
36	喹硫磷	Quinalphos	0.007	0.023	0.001	0.003
37	甲基立枯磷	Tolclofos-methyl	0.003	0.01	0.001	0.003
38	哒嗪硫磷	Pyridaphenthion	0.009	0.03	0.02	0.067
39	异稻瘟净	Iprobenfos	0.004	0.013	0.001	0.003
40	特丁硫磷	Terbufos	0.003	0.01	0.008	0.027
41	甲基谷硫磷	Azinphos-methyl	0.005	0.017	0.015	0.05
42	磷胺	Phosphamidon	0.005	0.017	0.01	0.033
43	乙嘧硫磷	Etrimfos	0.004	0.013	0.001	0.003
44	安果	Formothion	0.003	0.01	0.01	0.033
45	虫螨畏	Methacrifos	0.001	0.003	0.001	0.003

续表

编号	有机磷农药		气相色谱法		气相色谱-质谱法	
	中文名称	英文名称	LOD	LOQ	LOD	LOQ
46	庚硫磷	Heptenophos	0.001	0.003	0.001	0.003
47	倍硫磷	Fenthion	0.004	0.013	0.001	0.003
48	硫线磷	Cadusafos	0.002	0.007	0.007	0.023
49	甲基异硫磷	Isofenphos-methyl	0.005	0.017	0.001	0.003
50	灭蚜磷	Mecarbam	0.006	0.02	0.001	0.003
51	氧乐果	Omethoate	0.008	0.027	0.01	0.033
52	蚜灭磷	Vamidothion	0.015	0.05	0.013	0.043
53	杀虫畏	Tetrachlorvinphos	0.006	0.02	0.02	0.067
54	乙酰甲胺磷	Acephate	0.005	0.017	0.02	0.067
55	久效磷	Monocrotophos	0.019	0.063	0.025	0.083
56	克瘟散	Edifenphos	0.005	0.017	0.01	0.033
57	速灭磷	Mevinphos	0.001	0.003	0.006	0.02
58	敌敌畏	Dichlorvos	0.001	0.003	0.001	0.03

表 13-2　49 种有机磷农药在两色谱柱上的保留时间

DB1 柱		DM5 柱	
中文名称	RT min	中文名称	RT min
甲胺磷	7.443	甲胺磷	8.108
敌敌畏	7.724	敌敌畏	8.280
乙拌磷亚砜	8.485	乙拌磷亚砜	130
乙酰甲胺磷	9.312	速灭磷	10.422
速灭磷	9.456	乙酰甲胺磷	10.467
虫螨畏	10.524	虫螨畏	11.655
氧乐果	11.643	庚硫磷	13.229
庚硫磷	11.683	氧乐果	13.603
甲基内吸磷	12.425	内吸磷	14.016
内吸磷	12.486	甲基内吸磷	14.248

续表

DB1 柱		DM5 柱	
中文名称	RT min	中文名称	RT min
丙线磷	12.869	丙线磷	14.528
久效磷	13.302	久效磷	15.824
乐果	14.210	硫线磷	15.950
甲拌磷	14.234	甲拌磷	16.149
硫线磷	14.483	内吸磷-S	17.030
内吸磷-S	14.825	乐果	17.178
特丁硫磷	16.446	特丁硫磷	18.580
二嗪农	17.185	二嗪农	19.469
乙拌磷	17.198	乙拌磷	19.657
安果	17.598	乙嘧硫磷	20.430
乙嘧硫磷	18.032	异稻瘟净	20.696
异稻瘟净	18.117	安果	21.059
磷胺	18.854	磷胺	21.959
甲基对硫磷	19.274	甲基对硫磷	22.446
甲基毒死蜱	18.849	甲基毒死蜱	22.483
甲基砜内吸磷	19.664	甲基立枯磷	22.725
甲基立枯磷	19.681	甲基砜内吸磷	23.840
杀螟硫磷	21.126	甲基嘧啶磷	23.800
甲拌磷亚砜	21.266	杀螟硫磷	24.498
甲拌磷砜	21.741	马拉硫磷	24.726
甲基嘧啶磷	21.770	甲拌磷亚砜	25.000
马拉硫磷	22.141	毒死蜱	25.408
倍硫磷	22.501	甲拌磷砜	25.607
对硫磷	22.743	倍硫磷	25.890
毒死蜱	22.883	对硫磷	26.054
水胺硫磷	22.938	水胺硫磷	26.579

续表

DB1 柱		DM5 柱	
中文名称	RT min	中文名称	RT min
甲基异硫磷	24.673	甲基异硫磷	28.025
顺式毒虫畏	25.104	顺式毒虫畏	28.432
反式毒虫畏	25.666	反式毒虫畏	29.274
奎硫磷	25.752	奎硫磷	29.348
灭蚜磷	25.823	灭蚜磷	29.485
杀扑磷	26.206	杀扑磷	30.358
蚜灭磷	26.388	蚜灭磷	30.959
乙拌磷砜	26.751	乙拌磷砜	31.255
杀虫畏	27.542	杀虫畏	31.368
苯线磷	28.420	苯线磷	32.376
溴丙磷	29.145	溴丙磷	32.917
乙硫磷	33.120	乙硫磷	37.190
三唑磷	33.356	三唑磷	38.292
克瘟散	34.231	克瘟散	38.899
苯线磷亚砜	37.935	苯线磷亚砜	43.040
亚胺硫磷	38.070	哒嗪硫磷	43.403
苯线磷砜	38.354	苯线磷砜	43.517
哒嗪硫磷	38.676	亚胺硫磷	43.599
苯硫磷	39.241	苯硫磷	43.890
甲基谷硫磷	41.103	甲基谷硫磷	46.585
伏杀硫磷	41.837	伏杀硫磷	46.752
蝇毒磷	47.860	蝇毒磷	52.984

表 13-3　49 种有机磷农药的保留时间和质谱采集参数

中文名称	相对分子质量	保留时间 T_R min	监测时间段	定量离子 (m/z)	定性离子 (m/z)
甲胺磷	141.12	7.738	1	94	64,95,141
敌敌畏	220.98	7.864		109	185,79,108
乙拌磷亚砜	290.4	8.778	2	97	125,153,65

续表

中文名称	相对分子质量	保留时间 T_R min	监测时间段	定量离子 (m/z)	定性离子 (m/z)
速灭磷	224.15	10.139	3	127	67,109,192
乙酰甲胺磷	183.2	10.395		136	94,95,79
虫螨畏	240.21	11.466	4	125	93,208,180
庚硫磷	250.62	13.107	5	124	89,109,126
氧乐果	213.19	13.675	6	110	156,79,141
内吸磷-O	258.34	14.126	7	88	89,59,60
甲基内吸磷	230.3	14.446		88	60,109,142
丙线磷	242.3	14.787		158	97,126,139
硫线磷	270.4	16.291	8	159	158,88,97,127
久效磷	223.16	16.214		127	67,97,192
甲拌磷	260.4	16.489		75	121,97,93
内吸磷-S	258.34	17.49	9	88	60,61,114,
乐果	229.28	17.571		87	93,125,63
特丁硫磷	288.43	19.113	10	57	231,103,97
二嗪农	304.35	19.705	11	137	179,152,199
乙拌磷	274.4	20.299	12	88	89,60,97
乙嘧硫磷	292.29	20.816	13	181	153,125,292
异稻瘟净	288.34	21.319	14	91	204,123,246
安果	257.27	21.818	15	125	126,93,170
磷胺	299.7	22.354	16	127	72,264,138
甲基毒死蜱	322.5	22.853	17	125	286-288,79,109
甲基对硫磷	263.21	23.339	18	109	125,263,79
甲基立枯磷	301.12	23.383		265	267,125,93
甲基砜内吸磷	262.3	24.805	19	169	109,125,79,142
甲基嘧啶磷	305.33	25.241		290	125,276,305
杀螟硫磷	277.24	25.326		125	109,277,260
甲拌磷亚砜	276.36	25.985	20	97	153,125,199
马拉硫磷	330.36	26.215		173	125,93,127
毒死蜱	350.6	26.548		97	199,314,125
甲拌磷砜	292.4	26.593		153	97,125,199

续表

中文名称	相对分子质量	保留时间 T_R min	监测时间段	定量离子 (m/z)	定性离子 (m/z)
倍硫磷	278.32	26.919	21	278	125,109,169
对硫磷	291.27	27.162		109	97,139,291
水胺硫磷	289.3	27.517		136	121,120,110
甲基异硫磷	331.37	28.785	22	58	199,121,241
顺式毒虫畏	359.6	29.325	23	267	269,323,295
反式毒虫畏	359.6	30.142	24	267	269,323,81
灭蚜磷	329.4	30.448		131	97,159,146
喹硫磷	298.3	30.52		146	156,157,118
杀扑磷	302.3	31.544	25	145	85,93,125
蚜灭磷	287.35	32.215	26	87	109,145,79
杀虫畏	365.96	32.282		109	331,329,79
乙拌磷砜	306.4	32.527		153	213,97,125
苯线磷	303.3	33.761	27	154	303,80,217,288
溴丙磷	373.63	34.427	28	139	97,208,339
乙硫磷	384.48	38.452	29	231	97,153,125
三唑磷	313.33	9.866	30	161	162,172,77
克瘟散	310.36	40.608	31	109	173,201,310
苯线磷亚砜	319.4	44.736	32	154	122,304,80
哒嗪硫磷	340.3	45.106		340	77,97,199
苯线磷砜	335.4	45.191		320	292,80,77,
亚胺硫磷	317.33	45.286		160	159,93,77
苯硫磷	323.3	45.771	33	157	169,141,185
伏杀硫磷	367.81	48.57	34	182	184,121,154
甲基谷硫磷	317.33	48.75		160	132,77,105
蝇毒磷	362.77	54.678	35	362	97,109,226

表 13-4　定性离子相对丰度的最大允许偏差

相对离子丰度	>50%	>20%至 50%	>10%至 20%	≤10%
允许的相对偏差	±20%	±25%	±30%	±50%

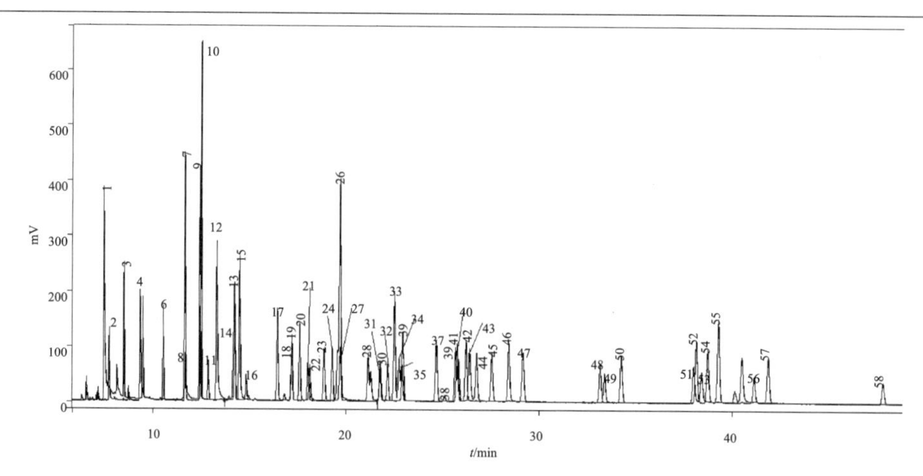

1. 甲胺磷；2. 敌敌畏；3. 乙拌磷亚砜；4. 速灭磷；5. 乙酰甲胺磷；6. 虫螨畏；7. 庚硫磷；8. 氧乐果；9. 内吸磷-O；10. 甲基内吸磷；11. 丙线磷；12. 硫线磷；13. 久效磷；14. 甲拌磷；15. 内吸磷-S；16. 乐果；17. 特丁硫磷；18. 二嗪农；19. 乙拌磷；20. 乙嘧硫磷；21. 异稻瘟净；22. 安果；23. 磷胺；24. 甲基毒死蜱；25. 甲基对硫磷；26. 甲基立枯磷；27. 甲基砜内吸磷；28. 甲基嘧啶磷；29. 杀螟硫磷；30. 甲拌磷亚砜；31. 马拉硫磷；32. 毒死蜱；33. 甲拌磷砜；34. 倍硫磷；35. 对硫磷；36. 水胺硫磷；37. 甲基异硫磷；38. 顺式毒虫畏；39. 反式毒虫畏；40. 灭蚜磷；41. 喹硫磷；42. 杀扑磷；43. 蚜灭磷；44. 杀虫畏；45. 乙拌磷砜；46. 苯线磷；47. 溴丙磷；48. 乙硫磷；49. 三唑磷；50. 克瘟散；51. 苯线磷亚砜；52. 哒嗪硫磷；53. 苯线磷砜；54. 亚胺硫磷；55. 苯硫磷；56. 伏杀硫磷；57. 甲基谷硫磷；58. 蝇毒磷。

图 13-1　49 种有机磷农药标准品在 DB-1 色谱柱上的色谱图

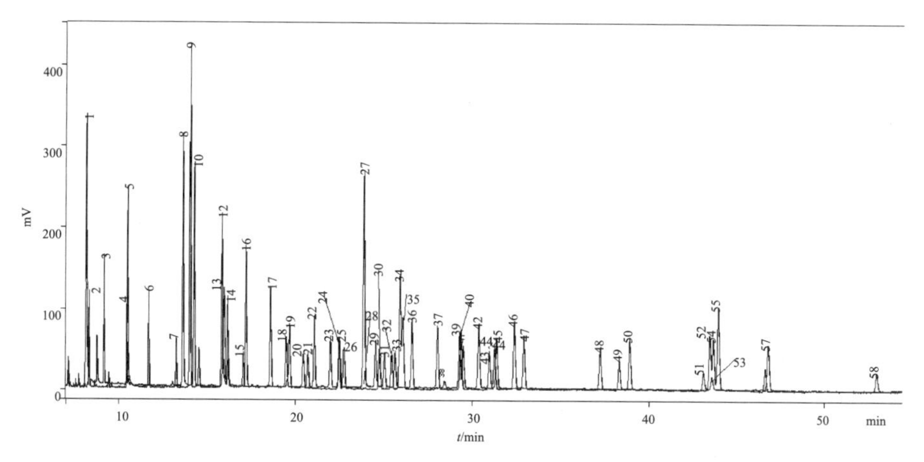

1. 甲胺磷；2. 敌敌畏；3. 乙拌磷亚砜；4. 速灭磷；5. 乙酰甲胺磷；6. 虫螨畏；7. 庚硫磷；8. 氧乐果；9. 内吸磷-O；10. 甲基内吸磷；11. 丙线磷；12. 硫线磷；13. 久效磷；14. 甲拌磷；15. 内吸磷-S；16. 乐果；17. 特丁硫磷；18. 二嗪农；19. 乙拌磷；20. 乙嘧硫磷；21. 异稻瘟净；22. 安果；23. 磷胺；24. 甲基毒死蜱；25. 甲基对硫磷；26. 甲基立枯磷；27. 甲基砜内吸磷；28. 甲基嘧啶磷；29. 杀螟硫磷；30. 甲拌磷亚砜；31. 马拉硫磷；32. 毒死蜱；33. 甲拌磷砜；34. 倍硫磷；35. 对硫磷；36. 水胺硫磷；37. 甲基异硫磷；38. 顺式毒虫畏；39. 反式毒虫畏；40. 灭蚜磷；41. 喹硫磷；42. 杀扑磷；43. 蚜灭磷；44. 杀虫畏；45. 乙拌磷砜；46. 苯线磷；47. 溴丙磷；48. 乙硫磷；49. 三唑磷；50. 克瘟散；51. 苯线磷亚砜；52. 哒嗪硫磷；53. 苯线磷砜；54. 亚胺硫磷；55. 苯硫磷；56. 伏杀硫磷；57. 甲基谷硫磷；58. 蝇毒磷。

图 13-2　49 种有机磷农药标准品在 DM-5 色谱柱上的色谱图

三、注意事项

1. 为最大限度地提高提取效率，试样都应进行完全的破碎。如果温度等因素对提取效率、被分析物稳定性或溶剂损失等有影响，则必须对这些因素加以控制。

2. 样品提取溶剂应该是澄清，浑浊需要用无水硫酸钠脱水。提取液旋转蒸发时须非常小心，避免蒸干导致稳定性差的有机磷农药的损失，可加入少量高沸点溶剂作为“保护剂”，并把蒸发温度控制得尽可能低。氮吹过程中，注意气流不应太大，以免造成有机磷损失。可以采用一个内标，特别对定容容积比较少时更为适合。

3. 干性样品(如茶叶)在提取前要先加少量的水，使提取时极性较强的有机磷农药能够提取完全。

4. 不同厂家生产的固相萃取小柱的性能不一致，因此需要预先用标准、加标做试验，同时建议不同批次的柱子先测试其性能。

5. 注意固相萃取柱有一定负载，超过负载净化效果不好，特别是色素，对色素含量高的样品可以采用减少上样量，或两根柱子串联解决。当采用质谱检测时，两种净化方法均可；当采用 PFPD 检测时，以采用 Carb/NH_2 柱净化法为最佳。

6. 固相萃取柱洗脱时流速控制，让其自然下滴。另外，洗脱溶剂丙酮∶二氯甲烷(1∶1，体积分数)在 3～40mL 有助于极性有机磷化合物的洗脱，从而提高其回收率。

7. 对阳性样品可以采用下列方法进行确认：

a) 用 GC-MS 或 LC-MS 联用技术；

b) 改变色谱柱，采用双柱保留时间确认，敌敌畏、甲胺磷、乙酰甲胺磷、氧化乐果、乐果也可以根据拖尾峰形判断，除上述几种农药外，其他峰形对称，保留时间按照经验控制在0.02min 内；

c) 改变检测器，改变检测方法；

d) 对于相同种类的蔬菜，可以进行图谱比较确认。

8. 质量控制

a) 在检测中，尽可能使用有证标准物质作为质量控制样品，如无适合的有证标准物质，也可采用加标回收试验进行质量控制。

b) 加标回收试验：空白样品中分别添加 0.01、0.02 和 0.1mg/kg 的标准，分别做6 份平行。样品经前处理和定量测定，以回收率反映该方法的准确度，相对标准偏差(RSD)反映该方法的精密度。

称取与样品量相同的样品，加入一定浓度的农药标准溶液，然后将其与样品同时提取、净化进行测定，计算加标回收率。

c) 回收率：参考欧盟 EC/2002/657 指令，不同加标水平的回收率和标准偏差要求如下表所示。以空白样品(选取土豆作为空白样品)进行加标回收实验，分别做 6 份平行，结果显示，各有机磷类农药不同水平加标样品的回收率为 58.0%～127.4%，相对标准偏差为 1.1%～13%，表明此方法准确度和精密度良好。

表 13-5　欧盟 EC/2002/657 规定定量方法回收率的变化范围

质量范围	回收率变化范围
≤1μg/kg	−50%～+20%
>1μg/kg～10μg/kg	−30%～+10%
≥10μg/kg	−20%～+10%

表 13-6　欧盟 EC/2002/657 规定定量方法的变异系数的变化范围

质量分数	CV %
≥10μg/kg～100μg/kg	20
>100μg/kg～1000μg/kg	15
≥1000μg/kg	10

9. 方法的检出限及定量限：选择未检出的样品作为基质空白，进行低水平添加(0.001～0.005mg/kg)实验，以此为基础计算方法的检出限和定量限。以信噪比(S/N)为 3 的含量作为方法的检出限(LOD)，以信噪比为 10 的含量作为方法的定量限(LOQ)。

10. 对于检测的化合物应按照 GB2763 及 CAC 的农药残留定义检测代谢产物，如关于甲拌磷的定义是甲拌磷及其氧类似物(亚砜、砜)之和，以甲拌磷表示。

11. 定期对所使用的检测仪器进行维护(包括进样针、进样口、衬管、色谱柱、离子源等)，以使各待测物在气相色谱以及气相色谱质谱上能正常出峰，保证数据的准确性和可靠性。

四、国内外酒中部分农残限量及检测方法

欧美国家对大多数有机氯农药采取了较为严格的限制措施，在酿酒原料中仅允许出现六六六、百菌清、七氯、硫丹等几种农药残留，更倾向于低毒有机磷农药的使用；相对欧盟来说，美国的农药限制更为严格，该国已基本不再使用高毒性、高残留的第一代有机氯类农药，而更偏向于使用安全性相对较高的第二代有机磷类农药。世界各国/地区对农药的注册、生产、流通、使用等均制定了严格的管理规定，以尽可能降低其带来的负面影响，而制定食品中残留限量标准则是其中最为重要的措施之一。

1. 我国农残限量标准：

GB 2763—2014《食品安全国家标准 食品中农药最大残留限量》

2. 欧盟农残限量查询：

http://ec.europa.eu/sanco_pesticides/public/index.cfm

3. 美国农残限量查询：

美国环保部农药残留限量指标查询：

http://ecfr.gpoaccess.gov/cgi/t/text/text-idx?c=ecfr&sid=b971ef628691491c91c66d394046e06a&tpl=/ecfrbrowse/Title40/40cfr180_main_02.tpl

美国食品药品管理局对食品和饲料中的不可避免的农药残留制定的行动水平(Action level)——FDA 符合性政策指南(CPG Sec. 575.100)：

http://www. fda. gov/iceci/compliancemanuals/compliancepolicyguidancemanual/ucm123236. htm

由于食品样品组分比较复杂，农药残留含量极低，而且还存在农药的同系物、异构体、降解产物、代谢产物和轭合物影响，要想除去与目标物同时存在的杂质、减少色谱干扰峰、避免检测器和色谱柱污染样品，预处理十分重要。国际上相继出现了一系列公认的标准分析方法，主要有：美国分析化学家协会(AOAC)方法、美国环保署(EPA)方法、美国食品和药品监督管理局(FDA)方法、食品法典委员会(CAC)方法、联合国农粮组织和世界卫生组织(FAO/WHO)方法、欧盟委员会方法、加拿大和日本等国家注册和发布的标准方法。

第二节　植物源性食品中多组分有机氯类和拟除虫菊酯类农药残留量测定

一、操作程序

植物源性食品中多组分有机氯类农药和拟除虫菊酯类农药残留气相色谱-质谱测定方法，标准操作程序如下：

1　适用范围

本程序适用于蔬菜类、水果类和茶叶样品中多组分有机氯类农药(五氯苯、六氯苯、α-HCH、β-HCH、γ-HCH、δ-HCH、乙烯菌核利、七氯、艾氏剂、三氯杀螨醇、氧氯丹、顺式环氧七氯、反式环氧七氯、反式氯丹、顺式氯丹、o，p'-DDE、p，p'-DDE、o，p'-DDD、p，p'-DDD、o，p'-DDT、p，p'-DDT 顺式九氯、反式九氯、杀螨酯、狄氏剂、α-硫丹、β-硫丹、硫丹硫酸盐、异狄氏剂共 29 种)和拟除虫菊酯类农药(联苯菊酯、氯菊酯、氟氯氰菊酯、高效氯氟氰菊酯、胺菊酯、甲氰菊酯、氟胺氰菊酯、氟氰戊菊酯、氯氰菊酯、氰戊菊酯、溴氰菊酯共 11 种)多残留气相色谱质谱法测定。

本程序中有机氯类农药的检出限为 0.03～4.5μg/kg，定量限为 0.08～15μg/kg；拟除虫菊酯类农药的检出限为 0.02～0.7μg/kg，定量限为 0.05～2.4μg/kg。详见表 13-7。

2　原理

试样中有机氯类农药和拟除虫菊酯类农药经有机溶剂提取，固相萃取小柱净化除去干扰物质，浓缩后经 GC-MS 测定，以选择性离子监测方式监测目标化合物的特征离子进行定性、定量分析。

3　试剂与材料

所有试剂除另有说明外，均为分析纯，实验中所用水均为二次蒸馏水。建议配制农药标准溶液的有机溶剂使用农残级有机溶剂。

3.1　乙腈(色谱纯)。

3.2　正己烷(色谱纯)。

3.3　丙酮(色谱纯)。

3.4　甲苯(色谱纯)。

3.5　乙酸乙酯(色谱纯或农残级)。

3.6　无水硫酸钠(分析纯,或优级纯及农残级,有利于于降低农药的本底干扰):经200℃烘烤4hL,储存于干燥器中,冷却后备用。

3.7　氯化钠(分析纯)。

3.8　固相萃取柱:Carb/NH_2柱(500mg,6mL);Florisil柱(2g,12mL)。

3.9　有机相微孔过滤膜:13mm×0.2μm。

3.10　农药标准品:纯度均大于98%。

3.10.1　标准储备液配制:称取各农药标准品各10.0mg,用乙酸乙酯溶解并定容至10mL,摇匀,浓度为1000mg/L。吸取上述溶液1.0mL于10mL的容量瓶中,用正己烷定容至刻度摇匀,浓度为100mg/L。

3.10.2　标准工作液的配制:将有机氯类和拟除虫菊酯类农药分成两组,分别按照需要吸取各农药标准储备液,以10倍法稀释至所需浓度1.0mg/L,配制成混合标准工作溶液。

4　仪器与耗材

4.1　气相色谱质谱仪,配有自动进样器和化学电离源(CI)。

4.2　分析天平。

4.3　旋转蒸发仪。

4.4　冷冻离心机。

4.5　涡旋混匀器。

4.6　氮吹浓缩仪。

4.7　均质机。

5　测定步骤

5.1　样品制备和保存

5.1.1　蔬菜、水果样品的制备和保存

取蔬菜/水果样品1kg左右,用均浆机磨碎(注意:不要过分研磨)。所取样品平均分为2份,1份供测定,另1份放置于-20℃冰箱中保存,备用。

5.1.2　茶叶样品的制备和保存

茶叶样品经均质机磨碎后过40目筛,取筛下物放置于-20℃冰箱中保存,备用。

5.2　样品提取

以下两种样品提取方法可以任选其一。

乙腈提取法:称取一定质量的样品(蔬菜、水果为5.0g,茶叶为2.0g。茶叶样品在加氯化钠之前加入2mL纯水浸泡5min),加入2g氯化钠,振摇混匀,加入10mL

乙腈，涡旋混匀 1min，超声提取 30min，加入 8g 无水硫酸钠，涡旋混匀 1min，4000r/min 离心 5min，取上清液至鸡心瓶中。用 10mL 乙腈重复提取一次，合并提取液，30℃水浴中减压蒸馏浓缩至近干，待净化。

丙酮-正己烷提取法：称取一定质量的样品（蔬菜、水果为 5.0g，茶叶为 2.0g：茶叶样品先加入 2mL 纯水浸泡 5min），加入 20mL 丙酮，涡旋混匀 1min 后超声提取 30min，5000r/min 离心 5min，取上清液于 50mL 离心管中，加入 1～4g 氯化钠，涡旋混匀 1min。用 40mL 正己烷分两次液液萃取，静置后合并上层有机相，于 30℃水浴中减压蒸馏浓缩至近干，待净化。

5.3　样品净化

以下样品净化方法可任选其一即可。

QuEChERS 净化：向乙腈提取法中所获得的合并提取液中加入 3.0g 无水硫酸钠和 50mgPSA 粉末（对于脂肪含量较高的蔬菜品种如豆类等，再加入 0.25g C_{18}固相吸附剂；对于色素含量较高的样品如茶叶、韭菜等，可酌情添加 10mg～100mg 石墨化碳黑粉末），涡旋后 5000r/min 离心 2min。取上清至鸡心瓶中，经 30℃水浴中减压蒸馏浓缩至近干，用 1mL 正己烷准确定容过膜，待 GC-MS 分析测定。

Carb/NH_2 柱净化：柱上加入 2cms 无水硫酸钠，用 5mL 乙腈-甲苯（3∶1，体积分数）溶液活化，提取液经 5mL 乙腈复溶后上样并收集，以 20mL 乙腈-甲苯（3∶1，体积分数）溶液洗脱，合并洗脱液，经 30℃水浴中减压蒸馏浓缩至近干，用 1mL 正己烷准确定容过膜，待 GC-MS 分析测定。

Florisil 柱净化：Florisil 柱上加入 50～100mg 的 PSA 粉末，依次用 5mL 丙酮＋正己烷（1∶9，体积分数）溶液和 5mL 正己烷活化，提取液经 5mL 正己烷复溶后上样并收集，采用 20mL 丙酮＋正己烷（1∶9，体积分数）溶液洗脱，收集并合并洗脱液，30℃水浴中减压蒸馏浓缩至近干，用 1mL 正己烷准确定容过膜，待 GC-MS 分析测定。

5.4　气相色谱-质谱测定

5.4.1　气相色谱参考条件

5.4.1.1　色谱柱：DB-5MS 石英毛细管色谱柱[30×0.25μm（内径）×0.25μm]。

5.4.1.2　升温程序：初始温度 80℃，保持 1min，40℃/min 速率升至 160℃，保持 0min，5℃/min 速率升至 200℃，保持 5min，8℃/min 速率升至 240℃，保持 0min，5℃/min 速率升至 290℃，保持 3min，30℃/min 速率升至 300℃，保持 3min。

5.4.1.3　载气：高纯氦气（纯度＞99.999%），流速为 1.0mL/min。

5.4.1.4　进样口温度：250℃。

5.4.1.5　传输线温度：250℃。

5.4.1.6　进样方式：不分流进样，分流比为 20。

5.4.1.7　进样体积：1μL。

5.4.2　质谱参考条件

5.4.2.1　电离方式：负化学源(NCI)。

5.4.2.2　电子倍增器电压：1400V。

5.4.2.3　离子源温度：230℃。

5.4.2.4　电子能量：70eV。

5.4.2.5　碰撞室温度：40℃。

5.4.2.6　溶剂延迟：3.5min。

5.4.2.7　扫描模式：选择性离子检测(SIM)。

5.4.2.8　驻留时间：100μs；每个化合物分别选择1个定量离子，2～3个定性离子作为仪器参数。各化合物的保留时间、定量离子、定性离子详细参见表13-9和表13-10。

5.4.3　定量测定

取混合标准储备液，用正己烷逐级稀释后，注入仪器进行分析，以系列标准溶液中目标化合物的浓度为横坐标，相对应的峰面积为纵坐标绘制标准曲线。根据溶液中被测农药含量，选定浓度相近的标准工作溶液。标准工作溶液和待测样液中农药的响应值均应在仪器检测的线性范围内。每进样10个样品，穿插进样1个标准溶液。色谱图参见图13-3。

5.4.4　定性分析

对混合标准溶液及样液按上述规定的条件进行测定时，如果样液与混合标准溶液的选择离子图中在相同保留时间有峰出现，则根据定性选择离子的种类及其丰度比对其进行阳性确证。

6　计算

按式(13-2)计算试样中每种农药残留含量：

$$X=\frac{(c-c_0)\times V}{m} \qquad \text{(13-2)}$$

式中：

X——试样中被测组分残留量，单位为微克每克(μg/g)；

c——由标准曲线或线性方程得到的试样提取液中被测组分浓度，单位为微克每毫升(μg/mL)；

c_0——试剂空白液中被测组分浓度，单位为微克每毫升(μg/mL)；

V——试样定容体积，单位为毫升(mL)；

m——试样取样量，单位为克(g)。

7　精密度

在重复性条件下获得的两次独立测定结果的绝对差值不得超过算术平均值的20%，对于多组分残留，绝对差值不得超过算术平均值的30%。

8　附图和附表

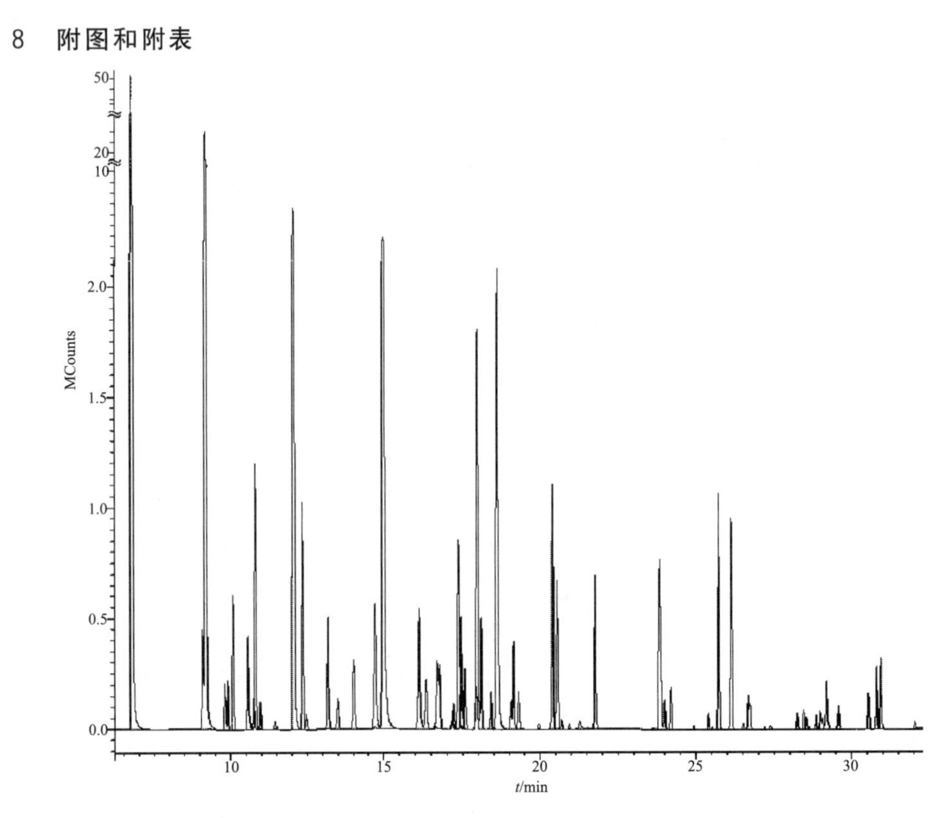

图 13-3　29 种有机氯和 11 种拟除虫菊酯类农药 GC-MS 色谱图(0.1mg/kg)

表 13-7　有机氯类和拟除虫菊酯类农药在茶叶样品中的检出限和定量限(μg/kg)

编号	农药名称	LOD	LOQ	编号	农药名称	LOD	LOQ	编号	农药名称	LOD	LOQ
1	五氯苯	0.03	0.1	13	反式环氧七氯	0.4	1.4	25	胺菊酯	0.3	0.9
2	α-HCH	0.5	1.7	14	反式氯丹	0.5	1.8	26	联苯菊酯	0.1	0.3
3	六氯苯	0.03	0.1	15	*o*,*p*′-DDE	1.7	5.6	27	甲氰菊酯	0.06	0.2
4	β-HCH	0.3	0.9	16	顺式氯丹	0.2	0.7	28	高效氟氯氰菊酯	0.02	0.06
5	γ-HCH	0.1	0.4	17	硫丹-I	0.2	0.7	29	氯菊酯	0.7	2.4
6	δ-HCH	1.1	3.6	18	反式九氯	2.1	7.1	30	氯氟氰菊酯	0.08	0.3
7	乙烯菌核利	0.04	0.1	19	杀螨酯	0.05	0.2	31	氯氰菊酯	0.06	0.2
8	七氯	3	10	20	狄氏剂	1.8	5.9	32	氟氰戊菊酯	0.03	0.1
9	艾氏剂	1.2	4.2	21	p,*p*′-DDE	4.5	15	33	氟胺氰菊酯	0.04	0.1
10	三氯杀螨醇	0.07	0.3	22	o,*p*′-DDD	3	10	34	氰戊菊酯	0.02	0.08
11	氧氯丹	0.2	0.6	23	硫丹-Ⅱ	0.1	0.3	35	溴氰菊酯	0.02	0.05
12	顺式环氧七氯	0.2	0.6	24	顺式九氯	0.3	0.9				

续表

编号	农药名称	LOD	LOQ	编号	农药名称	LOD	LOQ	编号	农药名称	LOD	LOQ
36	p,p'-DDD	4.1	13.6	39	硫丹硫酸盐	0.03	0.08				
37	o,p'-DDT	4.1	13.6	40	p,p'-DDT	0.6	2				
38	异狄氏剂	3.2	10.7								

表 13-8 29 种有机氯类农药的保留时间和质谱特征离子表

序号	农药名称	英文名	保留时间 min	定量离子 mau	定性离子 mau		
1	五氯苯	Pentachlorobenzene	6.71	249.9	251.9	247.9	253.8
2	α-HCH	Alpha-BHC	9.076	254.9	256.9	253	71.6
3	六氯苯	Hexachlorobenzene	9.164	283.9	285.9	249.9	287.8
4	β-HCH	beta-BHC	9.776	254.9	256.9	71.6	70.6
5	γ-HCH	Lindane	10.055	254.9	256.9	71.6	73.2
6	δ-HCH	Delta-BHC	10.92	254.9	256.9	71.6	73.2
7	乙烯菌核利	Vinclozolin	12.073	241.2	243.1	244.9	246.4
8	七氯	Heptachlor	12.459	265.9	236.8	299.8	301.9
9	艾氏剂	Aldrin	13.998	236.9	329.9	234.9	331.9
10	三氯杀螨醇	Dicofol	14.707	250.1	252	253.8	216.3
11	氧氯丹	Oxychlordane	16.105	236.1	349.9	351.9	423.9
12	顺式环氧七氯	Cis-heptachlorepoxide	16.105	316.1	351.7	281.8	
13	反式环氧七氯	Trans-heptachlorepoxide	16.331	236.9	353.8	281.8	234.9
14	反式氯丹	Trans-chlordane	17.353	409.7	265.9	301.8	238.9
15	o,p'-DDE	2,4'-DDE	17.565	246.2	318	248	212
16	顺式氯丹	Cis-chlordane	17.841	266	264	236.9	409.8
17	硫丹-Ⅰ	Endosulfan-I	17.959	407.7	241.9	373.7	301.8
18	反式九氯	Tans-nonachor	18.092	443.6	299.9	236.9	335.8
19	杀螨酯	Chlorfenson	18.625	176.5	175.1	177.8	191.3
20	狄氏剂	Dieldrin	19.146	345.8	236.9	238.9	379.7
21	p,p'-DDE	4,4'-DDE	19.057	317.9	262	315.9	319.7
22	o,p'-DDD	2,4'-DDD	19.301	248.1	212.4	246.1	73.5
23	硫丹-Ⅱ	Endosulfan-Ⅱ	20.398	405.7	241.9	335.8	369.7
24	顺式九氯	Cis-nonachor	20.55	443.6	333.8	299.9	236.9

续表

序号	农药名称	英文名	保留时间 min	定量离子 mau	定性离子 mau		
25	p,p'-DDD	4,4'-DDD	20.678	248.1	71.5	250	251.8
26	o,p'-DDT	2,4'-DDT	20.733	246.1	212.1	71.5	281.1
27	异狄氏剂	Endrin	20.932	272	236.1	306	381.8
28	硫丹硫酸盐	Endosulfan sulfate	21.799	385.7	351.7	97.5	185.2
29	p,p'-DDT	4,4'-DDT	22.008	248.1	262.1	71.6	282.8

表 13-9　11 种拟除虫菊酯类农药的保留时间和质谱特征离子表

序号	农药名称	英文名	保留时间 min	定量离子 mau	定性离子 mau		
1	胺菊酯	Tetramethin	23.659, 23.993	165.3	331.2	167.3	133.5
2	联苯菊酯	Bifenthrin	23.69	205.2	386.1	241.1	243
3	甲氰菊酯	Fenpropathrin	24.19	141.4	142.6	221.3	322.2
4	高效氯氟氰菊酯	λ-Cyhalothrin	25.403, 25.738	205.2	241.1	243	206.4
5	氯菊酯	Permethrin	27.226, 27.472	207.2	209.1	171.2	354.1
6	氟氯氰菊酯	Cyfluthrin	28.258, 28.462, 28.557, 28.647	207.2	209.1	171.2	173.1
7	氯氰菊酯	Cypermethrin	28.868, 29.082, 29.186, 29.257	207.2	209.1	171.3	173.2
8	氟氰戊菊酯	Flucythrinate	29.186, 29.593	243.2	244.3	199.3	245.3
9	氟胺氰菊酯	Tau-fluvalinate	30.782, 30.930	294.1	295.9	258.2	502
10	氰戊菊酯	Fenvalerate	30.533, 30.930	211.2	213	167.4	214.3
11	溴氰菊酯	Deltamethrin	32.06	81.5	79.5	137.4	296.9

二、注意事项

1. 本方法可普遍适用于各种蔬菜、水果类样品和茶叶样品中多组分有机氯类和拟除虫菊酯类农药的残留检测分析。

2. 植物源性样品中，如果需有机磷、氨基甲酸酯类、拟除虫菊酯类农药同时检测时，推荐采用乙腈提取，Carb/NH_2 柱净化方式结合的前处理方法，其适用性更强。对于茶叶样品，由于其水分含量很低，为保障极性较强的农药的提取效率，在提取之前，应加入少量的水。

3. 提取液旋转蒸发时，如蒸发至全干，对有机氯类和氨基甲酸酯类农药的含量基本不造成损失，但对于有些有机磷类农药易造成损失。

4. 质量控制

4.1　在检测中，尽可能使用有证标准物质作为质量控制样品，如无适合的有证标准物质，也可采用加标回收试验进行质量控制。

4.2　加标回收试验

空白样品中分别添加 0.01mg/kg，0.02mg/kg 和 0.1mg/kg 的标准，分别做 6 个平行，连续做 4 天。样品经前处理和定量测定，回收率反映该方法的准确度，日内和日间相对标准偏差(RSD)反映该方法的精密度。

称取与样品量相同的样品，加入一定浓度的农药标准溶液，然后将其与样品同时提取、净化进行测定，计算加标回收率。

4.3　回收率：参考欧盟 EC/2002/657 指令，不同加标水平的回收率和标准偏差要求分别如表 13-11 和表 13-12 所示。以空白茶叶样品为基质进行加标回收实验，每个加标水平分别做 6 份平行，连续做 4 天，结果显示，多组分有机氯类农药不同水平加标样品的回收率为60.1%～121.7%，日内 RSD 为 0.5%～22.3%，日间 RSD 为 1.2%～27.3%；多组分拟除虫菊酯类农药不同水平加标样品的回收率为 70.4%～113.7%，日内 RSD 为 0.9%～10.5%，日间 RSD 为 1.3%～20.6%，表明此方法准确度和精密度良好。

表 13-10　欧盟 2002657EC 规定定量方法回收率的变化范围

质量范围	回收率变化范围
≤1μg/kg	−50%～+20%
>1μg/kg～10μg/kg	−30%～+10%
≥10μg/kg	−20%～+10%

表 13-11　欧盟 2002657EC 规定定量方法的变异系数的变化范围

质量分数	CV %
≥10μg/kg～100μg/kg	20
>100μg/kg～1000μg/kg	15
≥1000μg/kg	10

5. 检出限和定量限

选择未检出的样品作为基质空白，进行低水平添加（0.001～0.005mg/kg）实验，以此为基础计算方法的检出限和定量限。以信噪比（S/N）为 3 的含量作为方法的检出限（LOD），以信噪比为 10 的含量作为方法的定量限（LOQ）。

6. 色谱条件

色谱分析条件可根据实验室情况进行调整，如色谱分析柱也可选用 DB-5 或相当极性的色谱柱。柱箱温度和载气流量在保证各组分完全分离的条件下，可适当调整，使分析过程尽量短。

7. 净化

净化柱也可用商品的氟罗里硅土小柱，但由于净化柱的生产厂商不同、批号不同，其净化效率及回收率会有差异，在使用之前须对同批次的净化柱进行回收率测试。对于只检测六六六、DDT 的样品也可用硫酸磺化的方法进行净化。

8. 负载

注意固相萃取柱有一定负载，超过负载净化效果不好，特别是色素，对色素含量高的样品可以采用减少上样量，或两根柱子串联使用。

9. 净化方法

在净化方法中，QuEChERS 较其他两种固相萃取柱的方法较为简单、快速，但对基质中的杂质的去除效果相当较弱，需根据实际情况适当使用。如采用 ECD 检测器，建议采用所述其他方法进行净化。

10. 内标

如能使用稳定性同位素（氘代或 C_{13}）为内标，将有利于提高检测结果的准确度和可靠度。

第三节 饮料酒及其原料中 24 种农药残留的测定

一、标准操作程序

饮料酒及其原料中 24 种农药残留测定标准操作程序如下：

1 范围

本程序规定了葡萄酒、黄酒、白酒及葡萄和粮食中敌敌畏等 24 种农药残留的测定方法。

本程序适用于葡萄酒、黄酒、白酒、高粱、大米、小麦、葡萄中敌敌畏等 24 种农药的气相色谱-质谱测定方法（GC-MS）。

本程序方法的检出限为：0.1～0.001mg/L。

2 原理

样品乙腈萃取，经分散剂 N-丙基乙二胺、C_{18} 粉末、石墨化碳黑净化，气相色谱-质谱仪测定，在一定浓度范围，其与内标的强度比与待测农药含量成正比，与标准系列比较定量。

3 试剂和材料

除另有说明外，在分析中仅使用符合要求的优级纯试剂，水为GB/T 6682规定的二级水。

3.1 乙腈(色谱纯)。

3.2 无水硫酸镁(颗粒型)。

3.3 氯化钠。

3.4 *N*-丙基乙二胺(PSA)。

3.5 C_{18}粉末(ODS)。

3.6 石墨化碳黑(GCB)

3.7 各农药的标准储备液：按照GB/T 602方法分别进行配制，各农药的浓度均为1000mg/L，也可直接使用有证书的单农药组分标准溶液或多农药混合标准溶液。4℃低温冰箱保存，6个月内使用。

3.8 混合标准储备液(敌敌畏等24种农药)：准确吸取一定量各农药标准储备液，用乙腈逐级稀释定容，配制成10.0mL的混合标准储备液，现配现用。

3.9 系列混合标准溶液：准确吸取混合标准储备液，用基质匹配空白溶液逐级稀释定容，依次配制成0、0.1、0.2、0.5、1.0、2.0μg/mL的混合标准工作液，现配现用。

3.10 基质匹配空白溶液：选择不含有待测农药组分的空白样品，按照6.1进行处理。

4 仪器和设备

4.1 气相色谱质谱联用仪。

4.2 分析天平：感量为0.1mg。

4.3 离心机。

4.4 离心管：10mL，2mL。

4.5 涡旋振荡器。

4.6 针头式过滤器：0.22μm孔径，13mm直径的有机滤膜或性能相当者。

4.7 移液管：0.1mL和1.0mL。

4.8 一次性塑料注射器：1mL。

5 分析步骤

5.1 样品前处理

5.1.1 大米、大麦、玉米样品

准确称取粉碎后样品2.0g于10mL离心管中，加入2.0mL水和2.0mL乙腈，涡旋振荡2min后，缓慢加入2.0g无水硫酸镁和0.5g氯化钠，5000rpm离心5min。取上层有机相1.0mL于2mL离心管中，分别加入150mg无水硫酸镁，50mg PSA和50mg ODS，涡旋振荡1min后，8000r/min离心4min。经针头式过滤器过滤后(有机膜，0.22μm)进样。

5.1.2　葡萄、高粱样品

准确称取粉碎后样品2.0g于10mL离心管中，2.0mL乙腈，剧烈振荡2min，再缓慢加入2g无水硫酸镁，0.5g氯化钠，轻轻振荡0.5min，5000r/min离心5min。取上层有机相1mL，加50mg PSA、50mg ODS、10mgGCB、150mg无水硫酸镁和300μL甲苯，涡旋混匀2min，8000r/min离心4min，过膜(有机膜，0.22μm)后进样。

5.1.3　白酒样品

准确量取酒样25mL，40℃旋转蒸发至15mL左右，用水重新定容至25mL。

准确量取上述处理后样品5.0g，加入2.0mL乙腈，涡旋振荡2min后，缓慢加入2.0g无水硫酸镁和0.5g氯化钠，振荡混匀0.5min后，5000r/min离心5min。取上层有机相1.0mL于2mL离心管中，分别加入150mg无水硫酸镁，50mg PSA和50mg ODS，涡旋振荡1min后，8000r/min离心4min。经针头式过滤器过滤后进样。

5.1.4　葡萄酒和黄酒样品

取5.0g酒样到10mL离心管中，2mL乙腈，剧烈振荡2min，再缓慢加入2.0g无水硫酸镁，0.5g氯化钠，轻轻振荡0.5min，5000r/min离心5min。取上层有机相1mL，加50mg PSA，50mg ODS，10mgGCB，150mg无水硫酸镁和300μL甲苯，涡旋混匀2min，8000r/min离心4min，过膜(有机膜，0.22μm)后进样。

5.2　仪器条件

色谱柱：ZB-1701P(30m×0.25mm×0.25μm)石英毛细管柱或相当者；

色谱柱温度：40℃保持1min，然后以30℃/min程序升温至130℃，再以5℃/min升温至250℃，再以10℃/min升温至300℃，保持5min。

载气：氦气，纯度≥99.999%，流速：1.2mL/min。

进样口温度：280℃。

进样量：1μL。

进样方式：无分流进样，1.5min后开阀。

电子轰击源：70eV。

离子源温度：230℃。

连接线温度：280℃。

选择离子检测：每种化合物分别选择一个定量离子，2～3个定性离子。按照出峰顺序分时段分别检测。每种化合物的保留时间、定量离子、定性离子参见附录。

5.3　样品测定

5.3.1　标准曲线绘制：分别测定系列标准工作溶液，按照仪器条件测定各农药与内标强度，以系列标准工作液浓度为横坐标，各农药与相应的内标强度比为纵坐标，绘制标准工作曲线。

5.3.2　样品测定：分别将处理后的样品溶液进行仪器测定，得出样品中各农药与内标强度比，由标准工作曲线计算样品中各农药的浓度。

6　分析结果的表述

样品中各农药的含量按式(13-3)计算：

$$X=\frac{c \times V}{m} \times f \quad \cdots\cdots (13\text{-}3)$$

式中：

X——样品中被测物残留量，单位为微克每克(μg/g)；

c——从标准曲线上获得的萃取液中农药的浓度，单位为微克每毫升(μg/mL)；

V——萃取液的体积，单位为毫升(mL)；

f——进样前萃取液的稀释倍数；

m——称量样品的质量，单位为克(g)。

以重复性条件下获得的两次独立测定结果的算术平均值表示，结果保留两位有效数字。

7　精密度

在重复性测定条件下获得的两次独立测定结果的绝对差值不超过其算术平均值的10%。

8　附图

农药标准品的色谱图见图13-4，24种农药名称、保留时间、定性及定量离子见表13-13。

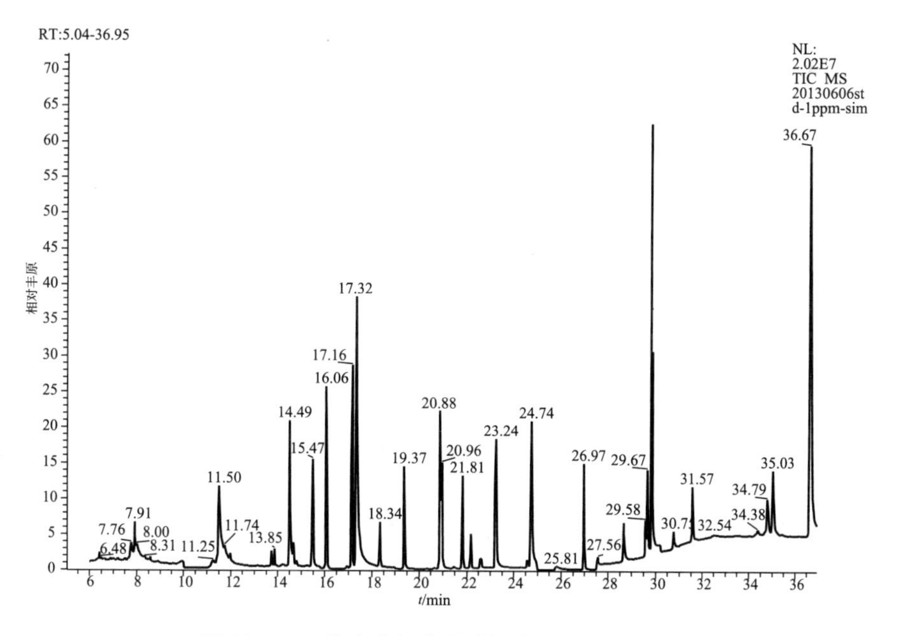

图13-4　24种农药标准品选择离子流图(1mg/L)

表 13-12　24 种农药名称、保留时间、定性及定量离子

序号	农药	保留时间	定量离子 min	定性离子 1 (m/z)	定性离子 2 (m/z)
1	敌敌畏	7.91	109	185	220
2	速灭磷	11.49	127	192	164
3	灭线磷	14.50	158	200	242
4	甲拌磷	15.49	260	121	231
5	α-六六六	16.08	219	183	221
6	二嗪农	17.14	304	179	137
7	嘧霉胺	17.34	198	199	200
8	七氯	18.36	272	237	337
9	甲基毒死蜱	19.40	286	288	197
10	甲霜灵	20.89	206	249	234
11	毒死蜱	20.91	314	258	286
12	马拉硫磷	21.81	278	169	153
13	对硫磷	22.61	291	186	235
14	喹硫磷	23.23	146	298	157
15	杀虫畏	24.60	329	331	333
16	三唑醇	24.74	112	168	130
17	乙硫磷	26.98	231	384	199
18	溴虫腈	27.56	247	328	408
19	三唑磷	28.68	161	172	257
20	胺菊酯	29.85	164	135	232
21	亚胺硫磷	30.76	160	161	317
22	伏杀硫磷	31.58	182	367	154
23	氯氰菊酯	35.05	181	152	180
24	氰戊菊酯	36.69	167	225	419

二、注意事项

1. 干性样品(如高粱、大米等粮食样品)加入水进行浸润,有利于农药的提取。

2. 加入萃取溶剂后剧烈震荡,有利于农药的萃取。

3. 对于吸水较严重的粮食样品,可适当增加浸润水,同时等比例加大乙腈的用量。

4. 无水硫酸镁必须缓慢加入,边加边摇(可以避免盐结块,包夹农药组分,影响测定结果;同时缓和加入无水 $MgSO_4$ 时的放热)。

5. 颗粒状无水 $MgSO_4$ 比粉末状不易结块。

6. 样品、水、乙腈提前置于冰箱中，降低放热，保护热不稳定农药。

7. 白酒中过多的乙醇会干扰萃取过程，应增加除醇操作。

8. 高粱、黄酒、葡萄酒等含色素较多的样品需要加入 10mg 左右的 GCB，加入 GCB 会造成片状结构农药的吸附，为避免吸附，可加入 300μL 甲苯；色素含量较小的样品（如大米、白酒、大麦等）无需使用 GCB 和甲苯。

参考文献

[1] 杨大进，李宁. 2014 年国家食品污染和有害因素风险监测工作手册[M]. 北京：中国质检出版社.

[2] NANNAN CHEN，HONGBO GAO，NENGSHENG YE. Fast determination of 22 pesticides in rice wine by dispersive solid-phase extraction in combination with GC-MS[J]. American Journal of Analytical Chemistry，2012(3)：33-39.

[3] 陈楠楠，高红波，钟其顶. 分散固相萃取 GC-MS 法快速测定葡萄酒和葡萄中 22 种农药残留[J]. 酿酒科技，2012(7)：119-123.

第五部分

食品添加剂的测定

第十四章

酒中防腐剂（山梨酸、苯甲酸、脱氢乙酸）的测定标准操作程序——液相色谱法

一、概述

1. 山梨酸(sorbistat)相对分子质量 112.13，分子式 $C_6H_8O_2$，结构式见图 14-1。山梨酸为白色针状或粉末状晶体，易溶于乙醇、乙醚等有机溶剂，微溶于水。

山梨酸及其盐能有效地抑制霉菌、酵母菌和需氧菌活性，是联合国粮农组织和世界卫生组织推荐的高效安全防腐剂。作为食品添加剂使用的有山梨酸及其钾盐。山梨酸的每日允许摄入量(ADI)，大鼠经口 LD_{50} 为 4920mg/kg。长期摄入山梨酸超标严重的食品，一定程度上会抑制消费者骨骼生长，危害肾脏、肝脏的健康，山梨酸对人体没有致癌和致畸作用。

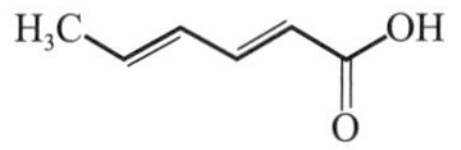

图 14-1　山梨酸结构式

2. 苯甲酸(benzoic acid)又名安息香酸，相对分子质量 122.12，分子式 $C_7H_6O_2$，结构见图 14-2。外观与性状：具有苯或甲醛的气味的鳞片状或针状结晶，易溶于乙醇、乙醚等有机溶剂，微溶于水。苯甲酸是重要的食品防腐剂，在酸性条件下，对霉菌、酵母和细菌均有抑制作用，但对产酸细菌作用较弱。苯甲酸在人体和动物组织中代谢产物为马尿酸，但过量食用会造成肝脏损害，ADI 为 5mg/kg，对大鼠经口 LD50 为 1700mg/kg。我国 GB 2760—2014《食品安全国家标准　食品添加剂使用标准》规定：在葡萄酒、果酒中苯甲酸最大使用量0.8g/kg，配制酒为 0.4g/kg。

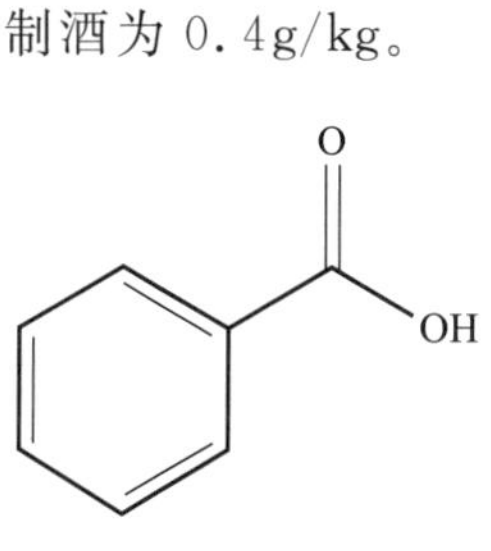

图 14-2　苯甲酸结构示意图

3. 脱氢乙酸(dehydroacetic)，又名二乙酰基乙酰乙酸，相对分子质量：168.15，分子式为 $C_8H_8O_4$，结构见图 14-3。外观与性质：无臭，略带酸味，无色至白色针状或板状结晶

或白色结晶粉末。易溶于固定碱的水溶液，难溶于水，1g 脱氢乙酸约溶于 35mL 乙醇和 5mL 丙酮。脱氢乙酸是一种低毒高效的广谱防腐、防霉剂。在酸、碱条件下均有一定的抗菌作用，特别对霉菌和酵母的抑菌能力强。脱氢乙酸能被人体正常代谢，ADI 值未作规定，大鼠口服 LD 50 为 1000mg/kg。我国 GB 2760—2014 规定：果蔬汁（浆）中脱氢乙酸最大使用量为 0.30g/kg。

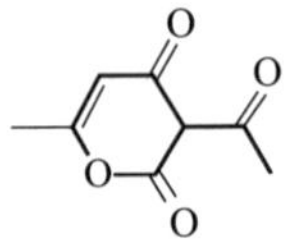

图 14-3　脱氢乙酸结构示意图

二、标准操作程序

酒中山梨酸、苯甲酸、脱氢乙酸的测定（HPLC 方法）标准操作程序如下：

1　范围

本程序规定了啤酒、果酒、黄酒、白酒等酒类食品中山梨酸、苯甲酸、脱氢乙酸的液相色谱法测定。

本程序适用于啤酒、果酒、黄酒、白酒等酒类食品中山梨酸、苯甲酸、脱氢乙酸的测定。

2　原理

酒类试样经稀释过 0.45μm 滤膜头后，用液相色谱仪进行测定，外标法定量。

3　试剂和材料

除非另有规定，本方法所用试剂均为分析纯，水为 GB/T 6682 规定的一级水。

3.1　试剂

3.1.1　乙酸铵。

3.1.2　氢氧化钠。

3.1.3　甲醇：色谱纯。

3.2　试剂配制

3.2.1　乙酸铵溶液（0.02mol/L）：称取 1.54g 乙酸铵，用水溶解并容至 1L，过 0.45μm 滤膜待用。

3.2.2　氢氧化钠溶液（0.5mol/L）：称取 20g 氢氧化钠，用水溶解并容至 1L。

3.3　标准品

3.3.1　山梨酸标准溶液（1.00mg/mL）：国家标准物质研究中心。

3.3.2　苯甲酸标准溶液（1.00mg/mL）：国家标准物质研究中心。

3.3.3　脱氢乙酸标准品：纯度大于 99.9%。

3.4　标准溶液配制

3.4.1　脱氢乙酸标准储备液（1.00mg/mL）：准确称取 0.1g（精确到 0.0001g）脱氢

乙酸标准品，加 2mL 0.5mol/L 氢氧化钠溶液，加约 50mL 水，超声 10min，放置至室温，用水定容至刻度，脱氢乙酸标准储备液浓度为 1.00mg/mL，4℃保存。

3.4.2　山梨酸、苯甲酸、脱氢乙酸标准混合溶液（100mg/L）：分别吸取浓度为 1.00mg/mL 山梨酸、苯甲酸、脱氢乙酸标准溶液各 10.00mL 溶液，水定容至 100mL，4℃保存。

3.4.3　标准系列溶液：分别吸取标准混合溶液 0.500mL、2.00mL、4.00mL、6.00mL、8.00mL、10.00mL 于 10mL 容量瓶中，用去离子水稀释至刻度，摇匀，配制成浓度为 5.00mg/mL、20.0mg/mL、40.0mg/mL、60.0mg/mL、80.0mg/mL、100mg/mL 的山梨酸、苯甲酸、脱氢乙酸混合标准系列，标准系列临用前现配。

4　仪器和设备

4.1　高效液相色谱仪，配二极管阵列检测器。

4.2　漩涡混匀器。

4.3　超声波清洗机。

4.4　天平：感量为 0.1mg 和 0.01g。

5　分析步骤

5.1　试样制备

5.1.1　含二氧化碳酒类

取适量样品于烧杯中，超声脱气 5min 后称量，称取 5g（准确到 0.01g）试样于 25mL 比色管中，用 0.5mol/L 氢氧化钠调 pH 7～8，水定容至 25mL，涡旋混匀后超声 5min，样品溶液过 0.45μm 微孔滤膜后待用。

5.1.2　含乙醇配制酒类

称取 5g（准确到 0.01g）试样于 25mL 比色管中，水浴加热去除乙醇，用 0.5mol/L 氢氧化钠调 pH 7～8，用水定容至 25mL，涡旋混匀后超声 5min，样品溶液过 0.45μm 微孔滤膜后待用。

5.2　仪器参考条件

5.2.1　色谱柱：Symmetry C_{18} 色谱柱（150mm×4.6mm，5μm），或等效色谱柱。

5.2.2　流动相：甲醇+0.02mol/L 乙酸铵溶液（7+93，体积分数）。

5.2.3　柱温：25℃。

5.2.4　检测波长：230nm。

5.2.5　流速：1.0mL/min。

5.2.6　进样量：10μL。

5.3　定性分析

根据山梨酸、苯甲酸、脱氢乙酸的保留时间，与待测样品中组分的保留时间进行定性。

5.4　外标法定量

分别以山梨酸、苯甲酸、脱氢乙酸标准工作液系列浓度为横坐标，峰面积响应值为纵坐标绘制标准曲线。得到样品中山梨酸、苯甲酸、脱氢乙酸色谱峰面积后，由标准曲线计算样品中的山梨酸、苯甲酸、脱氢乙酸的含量。

5.5　空白试验

除不称取样品外，均按上述步骤同时完成空白试验。

6　分析结果的表述

试样中山梨酸、苯甲酸、脱氢乙酸含量按式(14-1)计算：

$$X=\frac{c\times V\times 1000}{m\times 1000} \quad \cdots\cdots\cdots\cdots (14\text{-}1)$$

式中：

X——样品中山梨酸、苯甲酸或脱氢乙酸含量，单位为克每千克(g/kg)；

c——测定液中山梨酸、苯甲酸或脱氢乙酸的含量，单位为毫克每升(mg/L)；

V——样品的定容体积，单位为毫升(mL)；

m——样品质量，单位为克(g)。

计算结果以重复性条件下获得的两次独立测定结果的算术平均值表示，保留三位有效数字(或小数点后一位)。

7　灵敏度和精密度

当试样取5.0g时，本方法山梨酸、苯甲酸、脱氢乙酸检出限为1.0mg/kg，定量限为5.0mg/kg。

在重复性条件下获得的两次独立测定结果的相对偏差，不得超过算术平均值的10%。

8　色谱图

图14-4为山梨酸、苯甲酸、脱氢乙酸标准色谱图；图14-5为预调酒样品色谱图；图14-6为啤酒样品色谱图；图14-7为葡萄酒样品色谱图；图14-8为白酒样品色谱图。

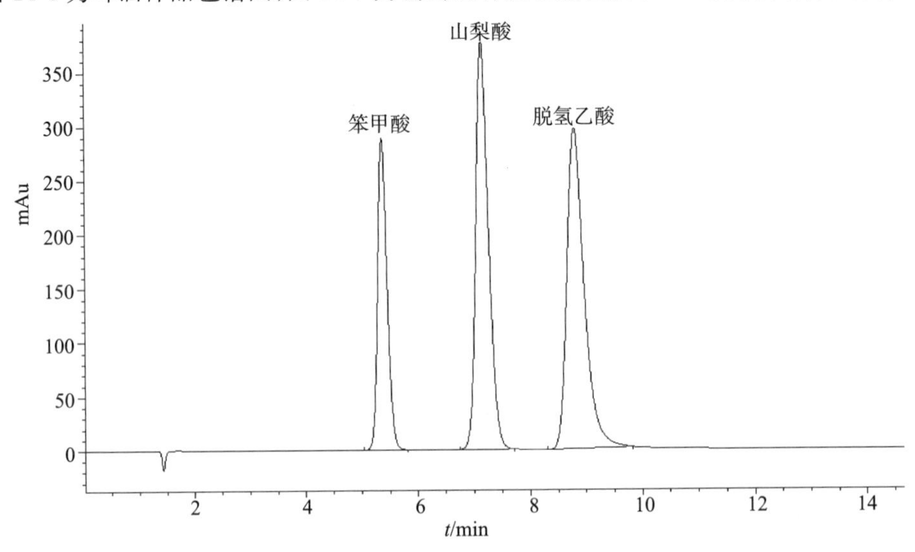

图14-4　山梨酸、苯甲酸、脱氢乙酸标准溶液色谱图

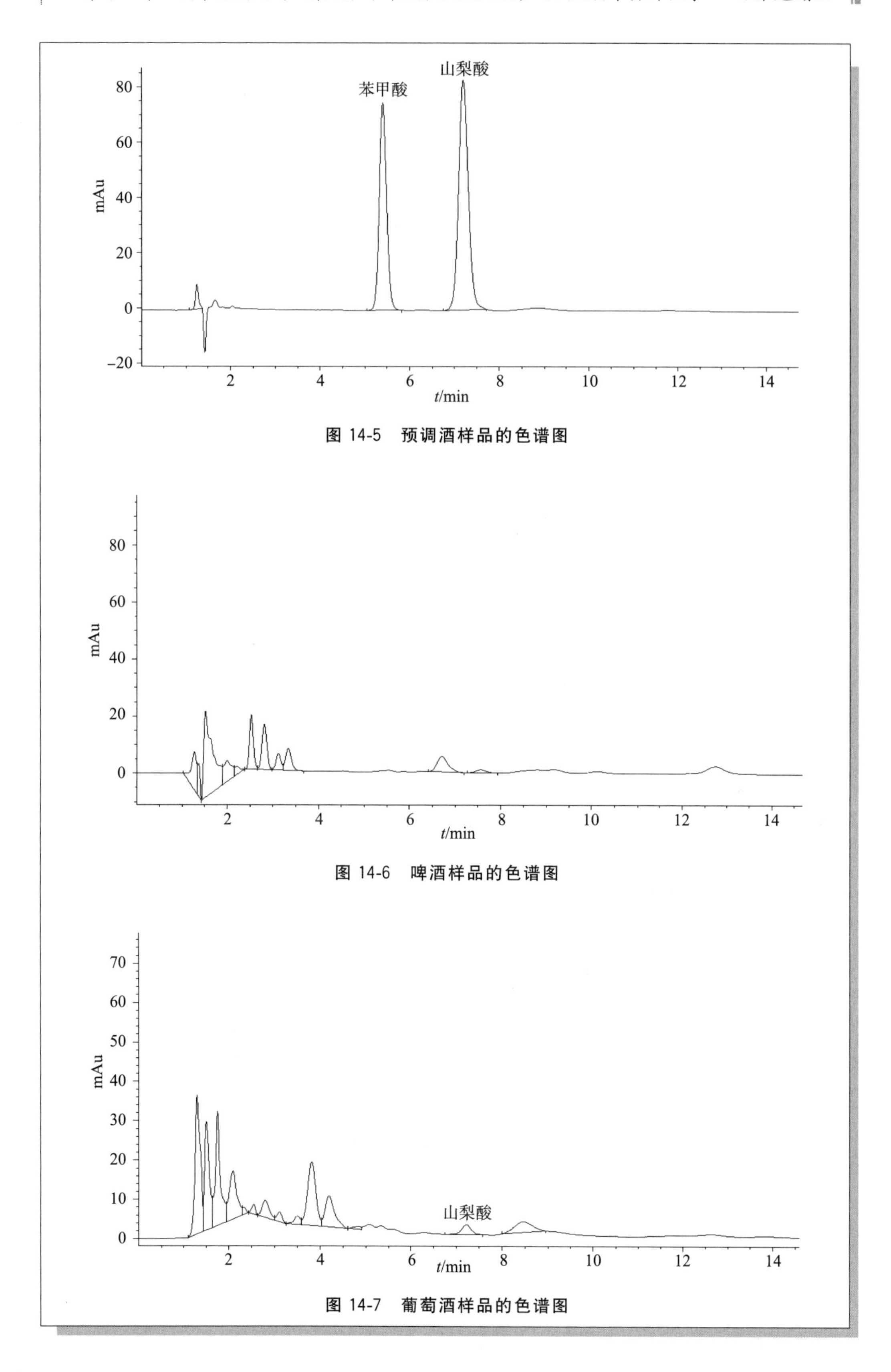

图 14-5　预调酒样品的色谱图

图 14-6　啤酒样品的色谱图

图 14-7　葡萄酒样品的色谱图

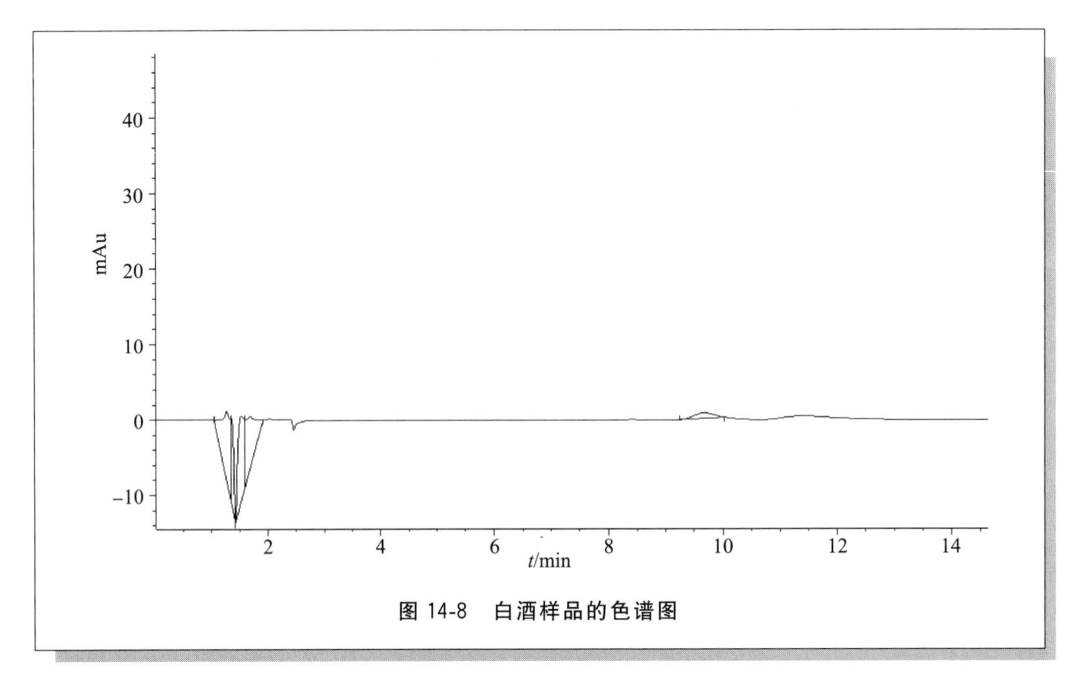

图 14-8 白酒样品的色谱图

三、注意事项

1. 本程序结合 GB 5009.29—2003《食品中苯甲酸山梨酸的测定高效液相色谱法》和 GB/T 23377—2009《食品中脱氢乙酸的测定高效液相色谱法》等要求，经过条件优化及实验室验证建立的，适合于酒中山梨酸、苯甲酸和脱氢乙酸的测定，对于基质复杂的酒类样品，应对本标准操作程序验证后使用。

2. 黄酒样品中可能存在山梨酸检测的干扰物质，除保留时间定性外，应通过光谱图检查，与山梨酸标准谱图比较，进行定性确认，确保山梨酸的定性可靠。

3. 为了保证检测结果的准确，应根据样品含量进行适当稀释。对于苯甲酸、山梨酸和脱氢乙酸含量过高或过低的试样，可适当调整称样量或定容体积，使其峰面积响应介于相应的标准系列溶液响应范围内。

四、国内外酒中山梨酸、苯甲酸、脱氢乙酸使用规定及检测方法

山梨酸为酸性防腐剂，在酸性介质中对微生物有良好的抑制作用，随 pH 值增大防腐效果减小，pH 为 8 时丧失防腐作用，适用于 pH5.5 以下的食品防腐。GB 2760—2014 规定山梨酸及其钾盐允许使用品种、使用范围以及最大使用量或残留量见表 14-1。

表 14-1 酒中山梨酸及其钾盐的使用规定

食品分类号	食品名称	最大使用量	备注
15.02	配制酒	0.4g/kg	以山梨酸计
15.02	配制酒(仅限青稞干酒)	0.6g/L	仅限青稞干酒。以山梨酸计
15.03.01	葡萄酒	0.2g/kg	以山梨酸计
15.03.03	果酒	0.6g/kg	以山梨酸计

日本《食品卫生法规》(1985)规定：甜酒（限供稀释三倍以上饮用的）山梨酸的使用限量300mg/kg；露酒、混合酒中山梨酸的使用限量为50mg/kg。欧盟822/87(2)规定：无醇酒，水果酒（包括无醇），人工酿酒，苹果酒和梨酒（包括无醇），蜂蜜酒山梨酸的使用限量为200mg/kg（或mg/L）；

国内外食品中苯甲酸、山梨酸和脱氢乙酸的测定方法主要有气相色谱法、高效液相色谱和分光光度法见表14-2：其中AOAC 983.16为气相色谱内标方法，方法前处理繁琐，试剂消耗大，方法适用于苹果汁、杏仁糊、鱼匀浆等高脂肪高碳水化合物和高蛋白质食物的苯甲酸、山梨酸的测定。其中AOAC 953.13为分光光度外标法，使采用三氯甲烷提取，适用于乳酸中脱氢乙酸测定。其中GB/T 5009.29—2003为高液相色谱外标法，方法前处理简单，灵敏度高，广泛应用于食品中苯甲酸、山梨酸的检测。GB/T 23377—2009为高效液相色谱外标方法，方法前处理简单，灵敏度高，适用于黄油、酱菜、发酵豆制品、面包、糕点、焙烤食品馅料、复合调味料、果蔬汁食品中的脱氢乙酸的检测。国内外没有同时测定食品中苯甲酸、山梨酸和脱氢乙酸的标准方法。

表14-2　国内外酒中山梨酸、苯甲酸和脱氢乙酸的检验方法标准比较

方法	AOAC 983.16	AOAC 953.13	GB/T 5009.29—2003	GB/T 23377—2009
项目	山梨酸、苯甲酸	脱氢乙酸	山梨酸、苯甲酸	脱氢乙酸
仪器	GC	分光光度法	HPLC	HPLC
定量方法	内标法（苯乙酸、己酸）	外标法	外标法	外标法
标准曲线	200～1000mg/L	2.0～10.0mg/L	单点法	1.0～200mg/L

参考文献

[1] GB 5009.22377—2009　食品中脱氢乙酸的测定高效液相色谱法
[2] GB/T 5009.29—2003　食品中苯甲酸山梨酸的测定高效液相色谱法
[3] GB/T 23495—2009　食品中苯甲酸、山梨酸和糖精钠的测定高效液相色谱法
[4] GB 21703—2010　乳和乳制品中苯甲酸和山梨酸的测定

第十五章

配制酒中合成着色剂的测定标准程序——液相色谱法

一、概述

着色剂又称食品色素，是以食品着色为主要目的，使食品赋予色泽和改善食品色泽的物质。按其来源分为合成着色剂和天然着色剂两类。天然着色剂在加工中很不稳定，难以调色，且使用成本较高。而合成着色剂一般色泽鲜艳，着色力强，稳定性好，且使用成本较低，因此在食品生产中被广泛使用。但几乎所有的合成着色剂都不能向人体提供营养物质，某些合成着色剂甚至会危害人体健康。因此，我国 GB 2760《食品安全国家标准　食品添加剂使用标准》中对合成着色剂的使用范围和限量都有严格的规定。

二、标准操作程序

配制酒中合成着色剂的测定（高效液相色谱法）标准操作程序如下：

1　范围

本程序规定了配制酒中柠檬黄、苋菜红、靛蓝、胭脂红、日落黄、诱惑红、亮蓝、赤藓红等人工合成着色剂的测定方法。

本程序适用于配制酒中柠檬黄、苋菜红、靛蓝、胭脂红、日落黄、诱惑红、亮蓝、赤藓红等人工合成着色剂的测定。

2　原理

配制酒经加热脱醇、酸化后，利用聚酰胺吸附或固相萃取柱净化，经洗脱、浓缩后，采用高效液相色谱-二极管阵列检测器测定，外标法定量。

3　试剂和材料

注：除非另有说明，所有试剂均为分析纯，水为符合 GB/T 6682 规定的一级水。

3.1　试剂

3.1.1　无水乙醇（C_2H_5OH）。

3.1.2　氨水（$NH_3 \cdot H_2O$）。

3.1.3　甲醇(CH_3OH):色谱纯。

3.1.4　甲酸(HCOOH)。

3.1.5　乙酸(CH_3COOH)。

3.1.6　柠檬酸($C_6H_8O_7 \cdot H_2O$)。

3.1.7　乙酸铵(CH_3COONH_4)。

3.1.8　聚酰胺粉(尼龙6):过200目筛。

3.2　试剂配制

3.2.1　柠檬酸溶液:称取柠檬酸($C_6H_8O_7 \cdot H_2O$)20g,加水至100mL,溶解混匀。

3.2.2　pH4的水:水加柠檬酸溶液调pH至4。

3.2.3　甲醇-甲酸溶液(6+4):量取甲醇60mL,甲酸40mL,混匀。

3.2.4　无水乙醇-氨水-水溶液(7+2+1):量取无水乙醇70mL,氨水20mL,水10mL,混匀。

3.2.5　0.02mol/L乙酸铵溶液:称取乙酸铵1.54g,加水溶解,定容至1000mL,经0.45μm微孔滤膜过滤。

3.3　标准品

3.3.1　柠檬黄(CAS:1934-21-0)。

3.3.2　苋菜红(CAS:915-67-3)。

3.3.3　靛蓝(CAS:860-22-0)。

3.3.4　胭脂红(CAS:2611-82-7)。

3.3.5　日落黄(CAS:2783-94-0)。

3.3.6　诱惑红(CAS:25956-17-6)。

3.3.7　亮蓝(CAS:3844-45-9)。

3.3.8　赤藓红(CAS:16423-68-0)。

3.4　标准溶液配制

3.4.1　合成着色剂标准贮备液:准确称取柠檬黄、苋菜红、靛蓝、胭脂红、日落黄、诱惑红、亮蓝、赤藓红各0.0500g,置于100mL容量瓶中,加水至刻度,配制成500μg/mL标准储备液。

3.4.2　合成着色剂标准使用液:临用时将标准贮备液用水逐级稀释成0.4μg/mL、1.0μg/mL、3.0μg/mL、5.0μg/mL、25.0μg/mL的标准系列溶液。

4　仪器和设备

4.1　高效液相色谱仪,带二极管阵列检测器或多波长检测器。

4.2　分析天平:0.1mg,0.001g。

4.3　恒温水浴锅。

4.4　涡旋混合器。

4.5　固相萃取装置,配真空泵。

4.6　超声波清洗机。

5　分析步骤

5.1　试样制备

称取试样5g(精确到0.001g)，置于25mL烧杯中，加玻璃珠数粒，加热去除乙醇。用柠檬酸溶液(3.2.1)调pH到6，加热至60℃，用少许水将聚酰胺粉(3.1.8)1g调成粥状，倒入试样溶液，搅拌片刻，以G3垂融漏斗抽滤，用60℃ pH_4 的水(3.2.2)洗涤3～5次，然后用甲醇-甲酸溶液(6＋4)(3.2.3)洗涤3～5次，再用水洗至中性，用无水乙醇-氨水-水溶液(7＋2＋1)(3.2.4)解吸3～5次，每次5mL，收集解吸液，加乙酸(3.1.5)中和，蒸发至近干，加水溶解，定容至5mL。经0.45μm滤膜过滤，供HPLC测定。

5.2　仪器参考条件

液相色谱分析参考条件：

色谱柱：Diamonsil C_{18}，5μm，4.6mm×250mm，或相当者；

流动相：甲醇-乙酸铵溶液(0.02mol/L)，梯度洗脱条件见图15-1；

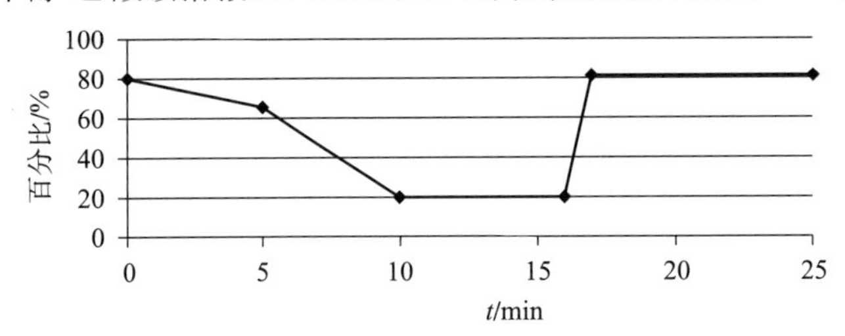

图15-1　0.02mol/L乙酸铵溶液洗脱梯度

流速：1.0mL/min；

进样量：10μL；

检测器：二极管阵列检测器(400～800nm)或多波长检测器，测定波长见表15-1。

表15-1　合成着色剂的测定波长

着色剂	柠檬黄	苋菜红	靛蓝	胭脂红	日落黄	诱惑红	亮蓝	赤藓红
波长/nm	428	521	608	509	483	507	625	526

5.3　标准曲线的制作

将合成着色剂标准使用液0.4μg/mL、1.0μg/mL、3.0μg/mL、5.0μg/mL、25.0μg/mL进高效液相色谱仪测定，以合成着色剂浓度为横坐标，标准溶液中合成着色剂峰面积为纵坐标，绘制标准曲线。

5.4　试样测定

在相同条件下将试样溶液注入高效液相色谱仪进行测定测定，以保留时间定性，以峰面积外标法定量。

6　分析结果的表述

试样中各合成着色剂含量按式(15-1)计算：

$$X=\frac{c\times V}{m\times 1000} \qquad (15\text{-}1)$$

式中：

X——样品中各合成着色剂含量，单位为克每千克(g/kg)；

c——测定液中各合成着色剂含量，单位为微克每毫升(μg/mL)；

V——样品的定容体积，单位为毫升(mL)；

m——样品质量，单位为克(g)。

计算结果以重复性条件下获得的两次独立测定结果的算术平均值表示，保留两位有效数字。

7　检出限和精密度

当取样量5.0g，定容至5.0mL时，柠檬黄、苋菜红、靛蓝、胭脂红、日落黄、诱惑红、亮蓝检出限均为3×10^{-5}g/kg，定量限均为10^{-4}g/kg。

在重复性条件下获得的两次独立测定结果的相对偏差不得超过算术平均值的10%。

8　色谱图

图15-2为八种合成着色剂标准品液相色谱图。

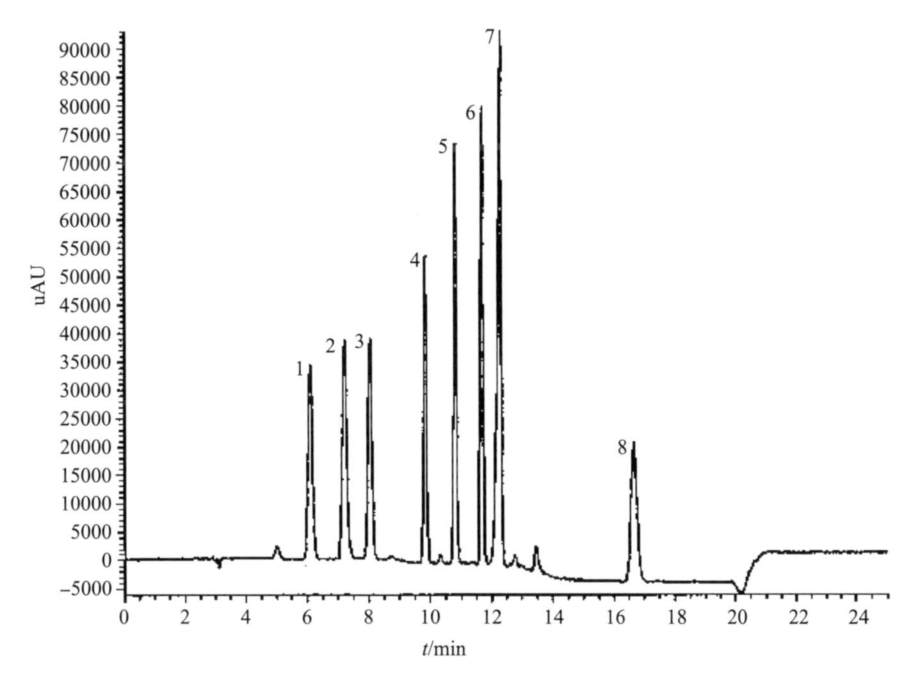

1. 柠檬黄；2. 苋菜红；3. 靛蓝；4. 胭脂红；5. 日落黄；6. 诱惑红；7. 亮蓝；8. 赤藓红。

图15-2　八种合成着色剂标准品液相色谱图

三、注意事项

1. 本标准操作程序是在 GB/T 5009.35—2003《食品中合成着色剂的测定》及《2014 年国家食品污染和有害因素风险监测工作手册》的基础上进行了调整。

2. 经试验发现，1g 聚酰胺粉能够完全吸附样品溶液中的色素。判别色素是否吸附完全，可以通过观察烧杯底部是否有未吸附色素的白色颗粒物。如果聚酰胺粉的用量过大，会影响之后杂质的洗脱和色素的解吸速度。

3. 甲醇-甲酸混合溶液洗涤是为了洗脱掉被聚酰胺粉吸附的天然色素类。

4. 部分品牌微孔滤膜可能会吸附着色剂，使用时应注意。

第十六章

酒中甜味剂测定标准程序

第一节　气相色谱法

一、概述

GB 2760—2014《食品安全国家标准食品添加剂使用标准》规定酒中最大使用量的甜味剂有钮甜、甜蜜素和三氯蔗糖。本文以甜蜜素为例，介绍了酒中甜蜜素测定标准操作程序。

甜蜜素(Sodium cyclamate)，化学名称为环己基氨基磺酸钠，白色结晶或结晶性粉末，无臭、味甜，属非营养型合成甜味剂，易溶于水(溶解度为 20g/100mL)，水溶液呈中性，几乎不溶于乙醇等有机溶剂，对热、酸、碱稳定，甜度为蔗糖的 30～50 倍。

根据国家标准相关规定，发酵酒中不得添加甜味剂，但是，某些生产企业为改善发酵酒口感或人为造假，在酒类食品中超量超范围使用或违规使用甜味剂。

二、标准操作程序

酒中甜蜜素的测定(气相色谱法)标准操作程序如下：

1　范围

本程序规定了葡萄酒、果酒中甜蜜素的测定方法。

本程序适用于葡萄酒、果酒中甜蜜素的测定。

2　原理

在硫酸介质中环己基氨基磺酸钠与亚硝酸钠反应，生成环己醇亚硝酸酯，气相色谱分离，保留时间定性，外标法定量。

3　试剂和材料

注：除非另有说明，所有试剂均为分析纯，水为符合 GB/T 6682 规定的一级水。

3.1　试剂

3.1.1　氯化钠(NaCl)。

3.1.2　硫酸(H_2SO_4)。

3.1.3　亚硝酸钠($NaNO_2$)。

3.1.4　氢氧化钠(NaOH)。

3.1.5　正己烷(C_6H_{14})。

3.2　试剂配制。

3.2.1　10%硫酸溶液:量取10mL硫酸缓慢加入到80mL水中,混匀,放冷,加水定容至100mL,混匀。

3.2.2　50g/L亚硝酸钠溶液:称取5g亚硝酸钠,加水溶解并定容至100mL。

3.2.3　1mol/L氢氧化钠:称取40g氢氧化钠,用800mL水溶解,放冷,加水定容至1L,混匀。

3.3　标准品

3.3.1　甜蜜素标准品:纯度大于99.0%。

3.4　标准溶液配制

3.4.1　甜蜜素标准贮备液:确称取甜蜜素品0.5000g,纯水定容至100mL,浓度为5.0mg/mL,冰箱冷藏保存2周。

3.4.2　甜蜜素标准使用液:分别吸取0.02mL、0.05mL、0.10mL、0.20mL、0.50mL和1.00mL标准储备溶液,于50mL比色管中,加水至20mL,各管中甜蜜素的含量依次为0.1mg、0.25mg、0.5mg、1.0mg、2.5mg、5mg。

4　仪器和设备

4.1　气相色谱仪:带氢火焰离子化检测器。

4.2　分析天平:0.1mg,0.001g。

4.3　恒温水浴锅。

4.4　涡旋混合器。

4.5　超声波清洗机。

4.6　离心机。

5　分析步骤

5.1　试样制备

葡萄酒和果酒:准确称取20.0g样品于烧杯中,用1mol/L氢氧化钠调至碱性,沸水浴30min,冷却后转移至50mL比色管。

5.2　衍生

把上述装有标准系列和试样溶液的离心管放在试管架上,一起放入冰柜中,冷冻30min。取出后,向各比色管中加入亚硝酸钠溶液(50g/L)和10%硫酸溶液各5mL,加盖,涡旋混合器振摇1min,再放入冰柜中30min,取出后,准确加入正己烷10.00mL,5g氯化钠,加盖,涡旋混合1min,4000r/min离心,正己烷层供气相色谱分析。

5.3　仪器参考条件

气相色谱分析参考条件:

色谱柱：OV-101 色谱柱（30m×0.32mm×0.2μm），或其他非极性二甲基聚硅氧烷高性能通用色谱柱，如 DB 1、DB 5、Rtx 1、Rtx 5 等。

柱温：80℃；进样口温度：150℃；检测室温度：200℃。

氮气：36.6kPa；氢气：40mL/min；空气：400mL/min。

进样体积：1.0μL。

5.4　测定

参照仪器参考条件，将气相色谱仪调节至最佳测定状态，测定标准系列及样品，以保留时间定性，以测得的峰面积对甜蜜素质量（mg）绘制标准曲线。标准色谱图如图 16-1，按 A、B 两峰之和进行计算。

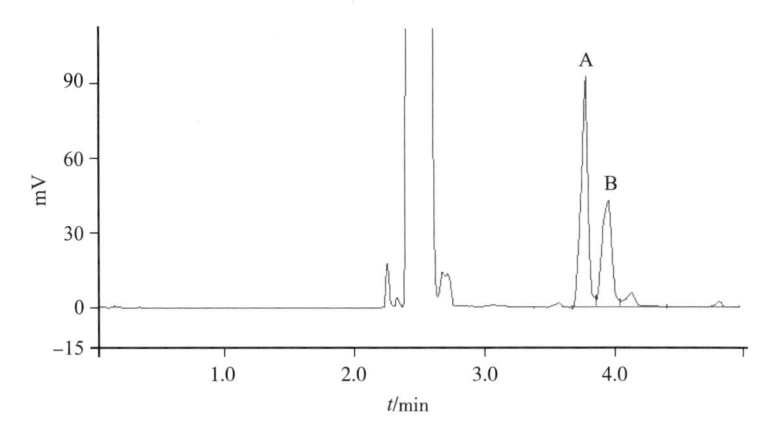

图 16-1　甜蜜素标准色谱图

6　分析结果的表述

试样中甜蜜素含量按式（16-1）计算：

$$X=\frac{m_1}{m} \qquad (16\text{-}1)$$

式中：

X——样品中甜蜜素含量，单位为克每千克（g/kg）；

m_1——由标准曲线求得的测定用试样溶液中甜蜜素的质量，单位为毫克（mg）；

m——用于衍生的样品溶液相当的样品质量，单位为克（g），对于液体试样，m 为 20g。

计算结果以重复性条件下获得的两次独立测定结果的算术平均值表示，保留两位有效数字。

7　检出限和精密度

液体样品取 20g 样品进行衍生测定，当从标准曲线求得的质量为 0.1mg 时，样品中的浓度为检出限，为 0.005g/kg；当从标准曲线求得的质量为 0.3mg 时，样品中的浓度为定量限，为 0.015g/kg。

液体样品回收率为 90%～110%，RSD≤5%。

三、注意事项

1. 乳化：用正己烷提取后多数样品有乳化现象，一般静置15min即有好转，不必特殊处理。但部分样品，如红葡萄酒的取样量为1～20g均乳化且静置无效，对于此类样品，4000r/min离心10min即可。离心前可以将玻璃比色管中的液体振摇后迅速倒入聚乙烯离心管，用聚乙烯离心管离心，但衍生反应不能在聚乙烯离心管中进行，否则响应值会降低。对于严重乳化的样品，必须立即离心破乳，如果仅从乳化层上部吸出少量正己烷测定，回收率降低；如果离心时间延长，回收率会升高。

2. 除醇：红葡萄酒样品必须除醇，否则回收率会降低15%。除醇前需加入1mol/L氢氧化钠，使红葡萄酒变为绿色(此时pH=8左右)。

3. 为减少沸点较低的待测物质挥发损失，建议在尽可能低的温度下进行衍生。

第二节 液相色谱-串联质谱法

一、测定标准操作程序

酒中甜蜜素的测定(液相色谱-串联质谱法)标准操作程序如下：

1 范围

本程序规定了酒类样品中甜蜜素的测定方法。

本程序适用于酒类样品中甜蜜素的测定。

2 原理

试样提取后，离心后过滤，液相色谱-串联质谱法测定，外标法定量。

3 试剂和材料

注：除非另有说明，所有试剂均为色谱纯，水为符合GB/T 6682规定的一级水。

3.1 试剂

3.1.1 甲酸(HCOOH)。

3.1.2 乙腈(CH_3CN)。

3.2 试剂配制

3.2.1 0.05%甲酸水溶液：吸取500μL甲酸，加水定容至1000mL，混匀。

3.3 标准品

3.3.1 甜蜜素标准品：CAS号为139-05-9，纯度大于99.0%。

3.4 标准溶液配制

3.4.1 甜蜜素标准贮备液(1.0mg/mL)：确称取甜蜜素品0.0100g至10mL容量瓶中，用水溶解并定容至刻度，混匀，4℃冰箱保存。

3.4.2 甜蜜素标准中间液：准确吸取100μL标准贮备液至100mL容量瓶中，用水定容至刻度，混匀，4℃冰箱保存。

3.4.3 甜蜜素标准使用液:准确吸取适量标准中间液,用水配制成 1.0μg/L、5.0μg/L、10μg/L、20μg/L、50μg/L、100μg/L 的标准系列。

4 仪器和设备

4.1 超高效液相色谱-串联质谱仪:配有电喷雾离子源(ESI)。

4.2 分析天平:0.01mg,0.001g。

4.3 高速冷冻离心机。

4.4 涡旋混合器。

4.5 超声波清洗机。

4.6 移液器:量程 10~100μL 和 100~1000μL。

4.7 微孔滤膜:0.22μm。

5 分析步骤

5.1 试样制备

称取已混匀的样品 1g(精确到 0.01g)于 10mL 容量瓶中,用水定容至刻度,过 0.22μm 滤膜后待上机测定。

5.2 仪器参考条件

5.2.1 液相色谱分析参考条件:

色谱柱:ACQUITY UPLC・BEH C_{18}(1.7μm,2.1mm×100mm),或相当产品。

柱温:30℃。

流动相:0.05%甲酸水溶液+乙腈=85+15。

流速:0.30mL/min。

进样量:10μL。

5.2.2 质谱条件

离子源:电喷雾离子源,ESI^-。

毛细管电压:2.5kV。

离子源温度:150℃。

脱溶剂气温度:500℃。

脱溶剂气流量:800L/h。

锥孔反吹气流量:50L/h。

检测方式:多离子反应监测 MRM。

目标物保留时间、定性定量离子对及锥孔电压、碰撞能量见表 16-1。

表 16-1 标物保留时间、定性定量离子对及锥孔电压、碰撞能量目标物保留时间(min)母离子

目标物	保留时间 min	母离子(m/z)	子离子(m/z)	锥孔电压 V	碰撞能量 eV
甜蜜素	1.20	178.0	*80.0 96.0	40	24 20

注:* 定量离子(the quantitative ion)。

5.3　标准曲线的制作

将甜蜜素标准使用液 1.0μg/L、5.0μg/L、10μg/L、20μg/L、50μg/L、100μg/L 上机测定，以目标组分峰面积为纵坐标，以标准使用液的浓度(μg/L)为横坐标，进行线性回归，绘制标准曲线。

5.4　定性方法

各测定目标化合物的定性以保留时间和两对离子(特征离子对/定量离子对)所对应的 LC-MS/MS 色谱峰相对丰度进行。要求被测试样中目标化合物的保留时间与标准溶液中的目标化合物的保留时间一致，同时被测试样中目标化合物的两对离子对应的 LC-MS/MS 色谱峰相对丰度比与标准溶液中目标化合物色谱峰丰度比一致，允许的偏差见表 16-2。

表 16-2　定性测定时相对离子丰度的最大允许偏差

相对离子丰度	>50%	>20%至 50%	>10%至 20%	≤10%
允许的相对偏差	±20%	±25%	±30%	±50%

5.5　定量方法

本实验采用外标法定量。

5.6　空白试验

除不加样品外，采用完全相同的测定步骤进行操作。

6　分析结果的表述

试样中甜蜜素含量按式(16-2)计算：

$$X=\frac{c\times V}{m\times 10^{6}} \qquad \cdots\cdots (16\text{-}1)$$

式中：

X——样品中甜蜜素含量，单位为克每千克(g/kg)；

c——由标准曲线求得的测定用试样溶液中甜蜜素的含量，单位为微克每升(μg/L)；

V——试样最终定容体积，单位为毫升(mL)；

m——试样质量，单位为克(g)；

10^6——单位换算系数。

计算结果以重复性条件下获得的两次独立测定结果的算术平均值表示，保留三位有效数字。

7　检出限和精密度

甜蜜素的检出限为 10^{-5}g/kg，对应于样品测定液中的浓度为 1μg/L；定量限为 3×10^{-5}g/kg，对应于样品测定液中的浓度为 3μg/L。

于不同样品中分别进行不同浓度的加标回收试验，样品回收率应为 80%～120%，RSD≤10%。

8　**附图**

图 16-2 为甜蜜素多离子反应监测质谱图(20μg/L)。

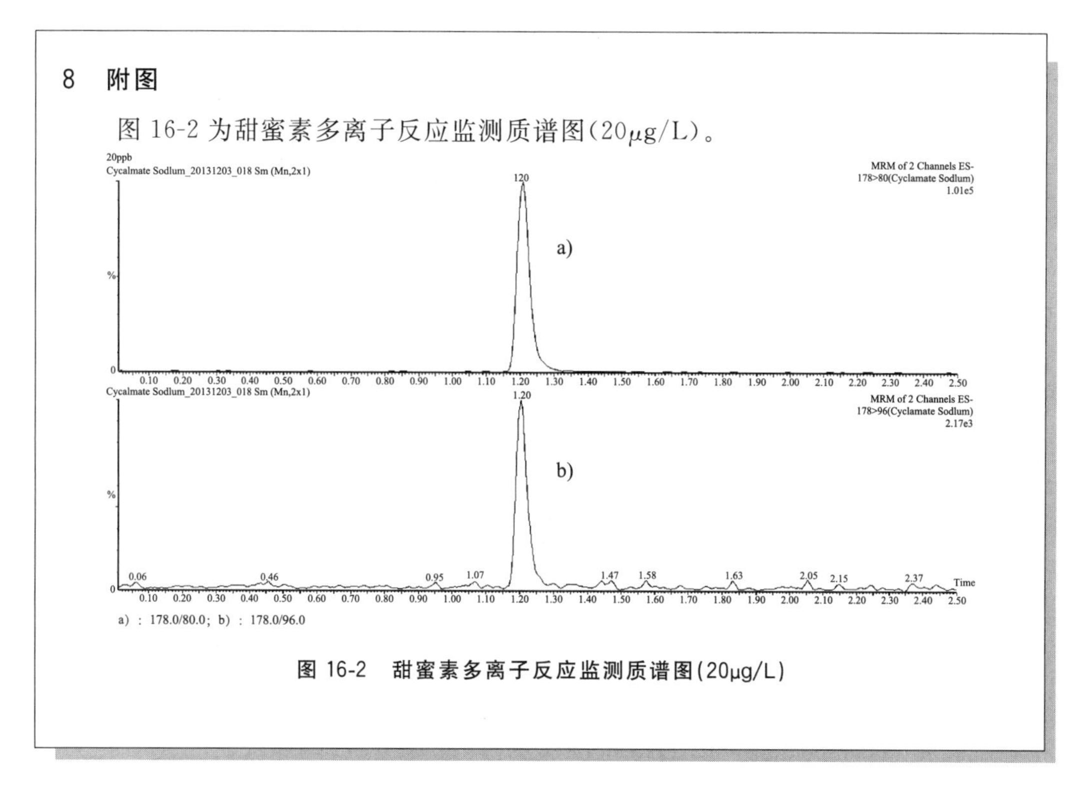

图 16-2　甜蜜素多离子反应监测质谱图(20μg/L)

三、注意事项

1. 由于子离子 96.0(m/z)的强度比较小,实际工作中可以考虑增加 178.0/178.0 作为辅助定性离子对。

2. ESI 过程比较复杂,溶剂和样品组成成分的性质,如挥发性、粘度等均会影响离子化程度和信号强度,所以不同基质的样品均需做加标回收试验。

3. 流动相中加入一定比例的甲酸时,有助于提高目标物在 C_{18} 柱上的保留能力,但同时甲酸也会抑制目标物的负离子化效率。流动相中使用 0.05%甲酸水溶液时,能确保目标物在 C_{18} 柱上有一定保留的同时,也有较好的负离子化效率。

4. 白酒样品可直接取样上机测定,测定值带入标准曲线得出含量,其单位为微克每升(μg/L),再根据酒的密度以及一定的单位换算系数,换算成克每千克(g/kg)。

5. 原卫生部监督局《关于白酒中甜蜜素检验方法给中国食品工业协会白酒专业委员会的复函》(卫监督食便函[2004]36 号)提出:“《食品中环己基氨基磺酸钠的测定》(GB/T 5009.97—2003)适用范围不包括白酒”。由于存在甜蜜素的测定干扰,在使用该方法进行白酒中甜蜜素检测时应防止误判。

四、国内外酒中甜味剂使用规定及检测方法

GB 2760—2014《食品安全国家标准　食品添加剂使用标准》收载的甜味剂 20 个,可在酒类食品中使用的甜味剂如下:

N-[N-(3,3－二甲基丁基)]-L-α-天门冬氨-L-苯丙氨酸 1-甲酯(又名纽甜)

食品分类号	食品名称	最大使用量 g/kg	备注
15.03	发酵酒(15.03.01 葡萄酒除外)	0.033	15.03.01 葡萄酒除外

环己基氨基磺酸钠(又名甜蜜素),环己基氨基磺酸钙

食品分类号	食品名称	最大使用量 g/kg	备注
15.02	配制酒	0.65	以环己基氨基磺酸计

乳糖醇(又名 4-β-D 吡喃半乳糖-D-山梨醇),按生产需要适量使用

食品分类号	食品名称	食品分类号	食品名称
15.01	蒸馏酒	15.03.04	蜂蜜酒
15.02	配制酒	15.03.05	啤酒和麦芽饮料
15.03.02	黄酒	15.03.06	其他发酵酒类(充气型)
15.03.03	果酒		

三氯蔗糖(又名蔗糖素)

食品分类号	食品名称	最大使用量 g/kg
15.02	配制酒	0.25
15.03	发酵酒	0.65

糖精钠

食品分类号	食品名称	最大使用量 g/kg	备注
15.02	配制酒	0.15	以糖精计

异麦芽酮糖

食品分类号	食品名称	最大使用量 g/kg
15.02	配制酒	按生产需要适量使用

赤藓糖醇,按生产需要适量使用

食品分类号	食品名称	食品分类号	食品名称
15.01	蒸馏酒	15.03.04	蜂蜜酒
15.02	配制酒	15.03.05	啤酒和麦芽饮料
15.03.02	黄酒	15.03.06	其他发酵酒类(充气型)
15.03.03	果酒		

罗汉果甜苷,按生产需要适量使用

食品分类号	食品名称	食品分类号	食品名称
15.01	蒸馏酒	15.03.04	蜂蜜酒
15.02	配制酒	15.03.05	啤酒和麦芽饮料
15.03.02	黄酒	15.03.06	其他发酵酒类(充气型)
15.03.03	果酒		

木糖醇,按生产需要适量使用

食品分类号	食品名称	食品分类号	食品名称
15.01	蒸馏酒	15.03.04	蜂蜜酒
15.02	配制酒	15.03.05	啤酒和麦芽饮料
15.03.02	黄酒	15.03.06	其他发酵酒类(充气型)
15.03.03	果酒		

乳糖醇(又名4-β-D吡喃半乳糖-D-山梨醇),按生产需要适量使用

食品分类号	食品名称	食品分类号	食品名称
15.01	蒸馏酒	15.03.04	蜂蜜酒
15.02	配制酒	15.03.05	啤酒和麦芽饮料
15.03.02	黄酒	15.03.06	其他发酵酒类(充气型)
15.03.03	果酒	—	—

贵州省食品安全地方标准DBS 52/007—2014提出了白酒中甜蜜素、糖精钠、安赛蜜和三氯蔗糖四种甜味剂测定的液相色谱-串联质谱法,适合于白酒中甜蜜素、糖精钠、安赛蜜和三氯蔗糖四种甜味剂的测定。

第十七章

葡萄酒及果酒中二氧化硫的测定标准程序

第一节　蒸馏-滴定法

一、概述

二氧化硫(Sulfur dioxide)及亚硫酸盐(Sulfites),如亚硫酸氢钠($NaHSO_3$)、亚硫酸氢钾($KHSO_3$)、亚硫酸钙($CaSO_3$)、焦亚硫酸钠($Na_2S_2O_5$)、焦亚硫酸钾($K_2S_2O_5$)、连二亚硫酸钠($Na_2S_2O_4$)、亚硫酸钠(Na_2SO_3)和硫磺(S)等具有漂白、脱色、防腐、抗氧化、抑制酶等作用,在食品工业广泛应用。但人体摄入过量的亚硫酸盐对胃肠、肝脏有损害作用,引发呼吸困难、腹泻、呕吐等症状,引起红血球、血红蛋白的减少,严重危害人类健康。哮喘病人食用含亚硫酸盐的食物能加重病情,甚至死亡。世界卫生组织(WHO)规定二氧化硫的人体允许摄入量(ADI)为0.7mg/kg体重。许多国家对食品中残留的二氧化硫量作了限定,如英国规定食品中二氧化硫最高允许用量70mg/kg;我国《食品添加剂使用卫生标准》也对各类食品中亚硫酸盐的允许用量做了明确规定。

食品中亚硫酸盐检测方法较多,包括滴定法、比色法(分光光度法)、电化学法、色谱法和化学发光法等。滴定碘量法有直接滴定碘量法、蒸馏-碘量法和蒸馏-碱滴定法等三种方法。直接滴定碘量法操作简单,但有色样品滴定终点难以判定;蒸馏-碘量法用蒸馏分离样品中的二氧化硫,乙酸铅溶液吸收,再以碘标准溶液滴定,硫化氢、维生素C等干扰测定;蒸馏-碱滴定法以甲基红指示终点,变色灵敏,终点容易判断,但样品中的有机酸,对测定产生正误差。

比色法有盐酸副玫瑰苯胺法及蒸馏-比色法等。盐酸副玫瑰苯胺法利用亚硫酸盐与四氯汞钠形成稳定络合物后进行比色测定。方法的缺点是:(1)使用有毒的四氯汞钠溶液,污染环境;(2)组成复杂的样品干扰络合反应而产生假阳性;(3)葡萄酒等有颜色的样品,干扰测定。

二、标准操作程序

酒中二氧化硫测定(蒸馏-滴定法)标准操作程序如下:

1　范围

本程序规定了啤酒、果酒、黄酒、白酒等酒类食品中二氧化硫的蒸馏-滴定法测定。

本程序适用于啤酒、果酒、黄酒、白酒等酒类食品中二氧化硫的测定。

2　原理

样品经酸化、蒸馏后，蒸馏物用乙酸铅溶液吸收。吸收后的乙酸铅溶液用盐酸酸化，碘标准溶液滴定，根据所消耗的碘标准溶液量，计算出样品中二氧化硫含量。反应方程如下：

$$SO_3^{2-}+2H^+ = H_2O+SO_2\uparrow$$

$$H_2O+SO_2+Pb(AC)_2 = PbSO_3\downarrow+2HAC$$

$$PbSO_3+2H^+ = Pb^{2+}+H_2O+SO_2\uparrow$$

$$SO_2+I_2+2H_2O = 2I^-+SO_4^{2-}+4H^+$$

3　试剂和材料

注：除非另有说明，所有试剂均为分析纯。

3.1　试剂

3.1.1　乙酸铅（$C_4H_6O_4Pb$）。

3.1.2　盐酸（HCl）。

3.1.3　淀粉[$(C_6H_{10}O_5)_n$]。

3.2　试剂配制

3.2.1　盐酸（1+1）：量取50mL盐酸，缓缓倾入50mL水中，边加边搅拌。

3.2.2　乙酸铅溶液（20g/L）：称取2g乙酸铅，溶于少量水中并稀释至100mL。

3.2.3　淀粉指示液（10g/L）：称取1g可溶性淀粉，用少许水调成糊状，缓缓倾入100mL沸水中，边加边搅拌，煮沸2min，放冷备用，临用现配。

3.3　标准溶液配制

3.3.1　碘标准溶液[$c(1/2I_2=0.01000mol/L)$]：将碘标准溶液（0.1000mol/L）用水稀释10倍。

4　仪器和设备

4.1　1000mL全玻璃蒸馏器。

4.2　碘量瓶。

4.3　酸式滴定管。

5　分析步骤

5.1　样品处理

取5.00～10.0mL样品，置于蒸馏烧瓶中加入250mL水，装上冷凝装置，冷凝管下端插入装有25mL乙酸铅吸收液的碘量瓶底部，然后在蒸馏瓶中加入10mL

盐酸，立即盖塞，加热蒸馏。当蒸馏液约 200mL 时，使冷凝管下端离开液面，再蒸馏 1min。用少量蒸馏水冲洗插入乙酸铅溶液的冷凝管出口部分，蒸馏装置见图 17-1。同时做空白试验。

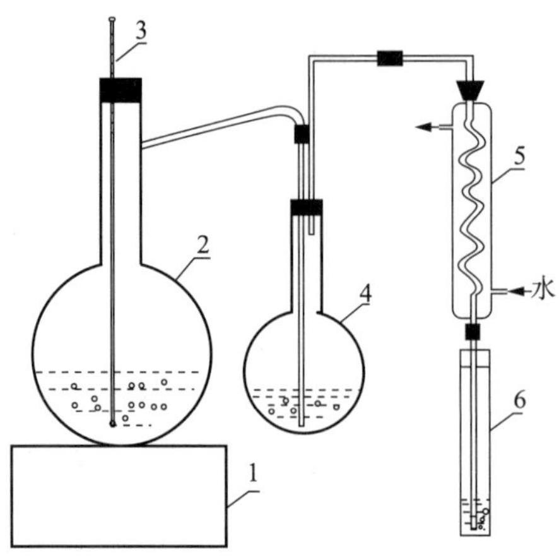

1. 加热器；2. 1000mL 水蒸气发生器；3. 温度计；4. 250mL 蒸馏瓶；5. 冷凝管；6. 收集管。

图 17-1　全玻璃蒸馏装置图

5.2　试样测定

向取下的碘量瓶中依次加入 10mL 浓盐酸、1mL 淀粉指示液，摇匀之后用碘标准溶液滴定至溶液颜色变蓝且 30s 内不退色为止。

6　分析结果的表述

试样中二氧化硫含量按式(17-1)计算：

$$X=\frac{(A-B)\times c\times 0.032\times 1000}{V} \quad\cdots\cdots\cdots\cdots\cdots\cdots\quad (17\text{-}1)$$

式中：

X——样品中的二氧化硫总含量，单位为克每升(g/L)；

A——滴定样品所用碘标准滴定溶液的体积，单位为毫升(mL)；

B——滴定试剂空白所用碘标准滴定溶液的体积，单位为毫升(mL)；

c——碘标准溶液的浓度，单位为摩尔每升(mol/L)；

V——样品体积，单位为毫升(mL)；

0.032——1mL 碘标准溶液[$c(1/2I_2)$=1.0mol/L]相当于二氧化硫的质量，单位为克(g)。

结果保留 3 位有效数字。

7　灵敏度和精密度

当取样体积为 5.00mL 时，本方法二氧化硫检出限为 13mg/L，定量限为 32mg/L。

在重复性条件下获得的两次独立测定结果的相对偏差，不得超过算术平均值的 10%。

三、注意事项

1. 本标准操作程序是在 GB 5009.34—2003《食品中亚硫酸盐的测定》的基础上进行了修改。

2. 蒸馏装置易漏气，要连接好，避免二氧化硫损失，影响回收率。

3. 酒样中一些还原性物质（如硫化氢、维生素 C），也能与参与反应，造成测定结果偏大。

4. 为保证分析结果的准确性，每批样品应加标实验，加标量为样品含量的 0.5～2 倍，回收率为 85%～110%。

四、国内外酒中二氧化硫的使用规定和检测方法

中国、欧盟和美国酒中二氧化硫的使用规定见表 17-1。

表 17-1　酒中二氧化硫最大使用量

国家/地区	名称	最大使用量 g/kg
中国	葡萄酒、果酒	≤0.25g/kg
欧盟	红葡萄酒	≤160mg/L
	白葡萄酒和粉红葡萄酒	≤210mg/L
美国	酒	≤350mg/L

酒中二氧化硫测定的国际方法见表 17-2。

表 17-2　酒中二氧化硫常用检验方法

方法	原理	方法名称	检测对象
直接滴定碘量	氧化还原滴定	国际葡萄酒总局快速实验法 SN/T 0230.1/2—1993	游离态亚硫酸盐
蒸馏-碱滴定法	蒸馏、吸收，酸碱滴定	AOAC Official Method 990.28 ISO 5522-1981(E)-1 国际葡萄酒总局常用方法	总亚硫酸盐
蒸馏-碱滴定法	蒸馏出的二氧化硫，用过氧化氢溶液氧化吸收，碱滴定生成的硫酸	Analytica-EBC Method 9.25.1	啤酒中总二氧化硫
流动注射法	—	AOAC Official Method 990.30 Sulfite(Free) in Wines Flow Injection Analysis Method	游离亚硫酸盐

第二节　蒸馏-离子色谱法

一、标准操作程序

酒中二氧化硫测定(蒸馏-离子色谱法)标准操作程序如下：

1　范围

本程序规定了啤酒、果酒、黄酒、白酒等酒类食品中二氧化硫的蒸馏-离子色谱法。

本程序适用于啤酒、果酒、黄酒、白酒等酒类食品中二氧化硫的测定。

2　原理

食品中的亚硫酸盐在酸性条件下用水蒸气蒸馏，强碱溶液吸收 SO_2 生成 SO_3^{2-}。水溶液中的 SO_3^{2-} 等阴离子随淋洗液进入离子交换柱系统，根据离子与交换剂亲和力的不同而被分离，阴离子流经抑制系统转换成具有高电导的强酸，淋洗液则转变为低电导的碳酸。电导检测器检测，以相对保留时间定性，峰高或峰面积定量。

3　试剂和材料

除另有说明外，所有试剂均为分析纯，水为 GB/T 6682 规定的一级水。

3.1　亚硫酸钠(Na_2SO_3)。

3.2　碳酸钠(Na_2CO_3)，优级纯。

3.3　碳酸氢钠($NaHCO_3$)，优级纯。

3.4　氢氧化钠(NaOH)，优级纯。

3.5　甲醛(CH_2O)，37%，优级纯。

3.6　硫酸(H_2SO_4)，95%～98%，优级纯。

3.7　试剂配制

3.7.1　氢氧化钠溶液(10g/L)：称取 1g 氢氧化钠，溶于水中并稀释至 100mL。

3.7.2　硫酸溶液(1+1)：量取 50mL 浓硫酸缓慢加入 50mL 水中，边加边搅拌，得到约 100mL 硫酸溶液。

3.8　标准溶液配制

3.8.1　二氧化硫储备液(1000.0mg/L)：称取 0.2648g 亚硫酸钠(37.77% SO_2)，用少量水溶解，加入 0.5mL 37%甲醛，转移到 100mL 容量瓶中，加水定容至刻度，摇匀即得到，冰箱储藏，可稳定 1 周。临用时采用直接碘量法标定储备液中二氧化硫的含量。

3.8.2　二氧化硫中间液(100.0mg/L)：吸取二氧化硫储备液 10mL 于 100mL 容量瓶中，加水定容至刻度，得到二氧化硫中间液。

3.8.3　二氧化硫中间液(10.0mg/L)：吸取二氧化硫储备液 1.00mL 于 100mL 容量瓶中，加水定容至刻度，得到二氧化硫中间液。

3.8.4 标准曲线工作液的配制：分别吸取 10.0mg/L 二氧化硫中间液 0mL、0.40mL、1.00mL、2.00mL、3.00mL 于 50mL 容量瓶中，再分别吸取 100.0mg/L 二氧化硫中间液 0.50mL、1.00mL、2.00mL、3.50mL、5.00mL 于 50mL 容量瓶中，加水定容至刻度，此标准系列二氧化硫浓度分别为 0.0mg/L、0.080mg/L、0.20mg/L、0.40mg/L、0.60mg/L、1.00mg/L、2.00mg/L、4.00mg/L、7.00mg/L、10.0mg/L。标准曲线工作液，现配现用。

4 仪器设备与材料

4.1 离子色谱仪，配有电导检测器。

4.2 凯氏蒸馏器

4.3 3mL 强阳离子交换固相萃取柱（SCX）：填料为表面接有脂肪族磺酸盐的硅胶。使用前需依次经 3mL 甲醇和 10mL 的水进行活化。

5 分析步骤

5.1 样品处理

称取样品 5～10mL 经充分摇匀的样品于蒸馏管中，加入 20mL（1+1）硫酸，立即接到蒸馏器上，水蒸气蒸馏，用 25mL10g/L 氢氧化钠溶液（加 1 滴甲醛）吸收至溶液体积 100mL 为止。约 4mL 溶液过固相萃取柱，弃去 2mL 初滤液后收集滤液作为待测样液。同时做试剂空白试验。

5.2 离子色谱参考条件

色谱柱：柱填料为带烷基季铵功能基的强碱性阴离子交换树脂。

淋洗液：根据色谱柱使用要求配制流动相浓度，自动抑制模式。

检测：抑制电导，进样量 25μL，以保留时间定性，峰面积定量。

柱温：室温。

5.3 标准曲线制备

在设定色谱条件下进样测定标准曲线工作液，以标准系列质量浓度为横坐标，峰面积为纵坐标，绘制标准曲线。

5.4 样品测定

在设定的色谱条件下，进样测定待测样液。

6 分析结果的表述

样品中二氧化硫的含量按式（17-2）计算：

$$X=\frac{(c-c_0)\times V_1\times 1000}{V_2\times 1000} \quad \cdots\cdots (17\text{-}2)$$

式中：

X——试样中二氧化硫的含量，单位为克每升（mg/L）；

c——试样蒸馏液中二氧化硫浓度，单位为毫克每升（mg/L）；

c_0——空白蒸馏液中二氧化硫浓度，单位为毫克每升(mg/L)；

V_1——蒸馏液总体积，单位为毫升(mL)；

V_2——试样体积，单位为毫升(mL)；

计算结果以重复性条件下获得的两次独立测定结果的算术平均值表示，保留三位有效数字(或小数点后一位)。

7 灵敏度和精密度

当取样体积为5.00mL时，本方法二氧化硫检出限为0.25mg/L，定量限为0.7mg/L。

在重复性条件下获得的两次独立测定结果的相对偏差，不得超过算术平均值的10%。

8 色谱图

二氧化硫标准品和样品中二氧化硫离子色谱图见图17-2～图17-4。

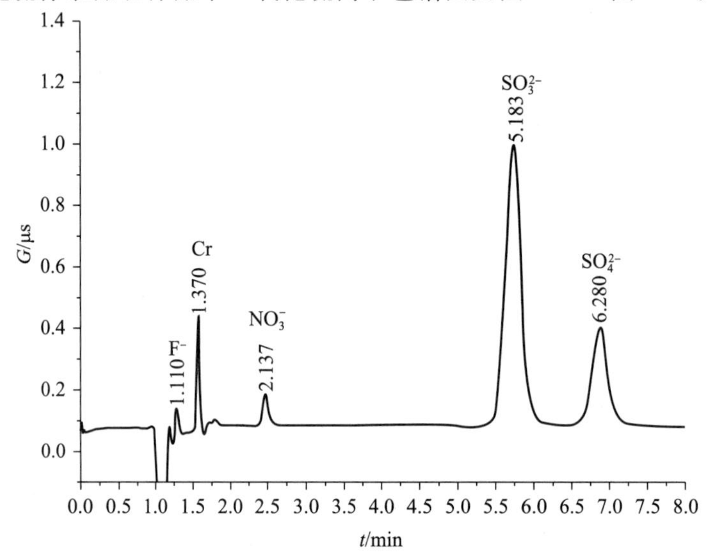

图17-2 二氧化硫测定离子色谱图

色谱条件：

分析柱IonPacAS9-SC(250×4mm)、保护柱AG9-SC(50×4mm)；淋洗液：碳酸氢钠[$c(NaHCO_3)$=1.7mmol/L]-碳酸钠[$c(Na_2CO_3)$=1.8mmol/L]；流速：1.50mL/min；

淋洗液：碳酸氢钠[$c(NaHCO_3)$=1.7mmol/L]-碳酸钠[$c(Na_2CO_3)$=1.8mmol/L]溶液，称取0.143g碳酸氢钠和0.191g碳酸钠，溶于水中，并用水稀释到1000mL。

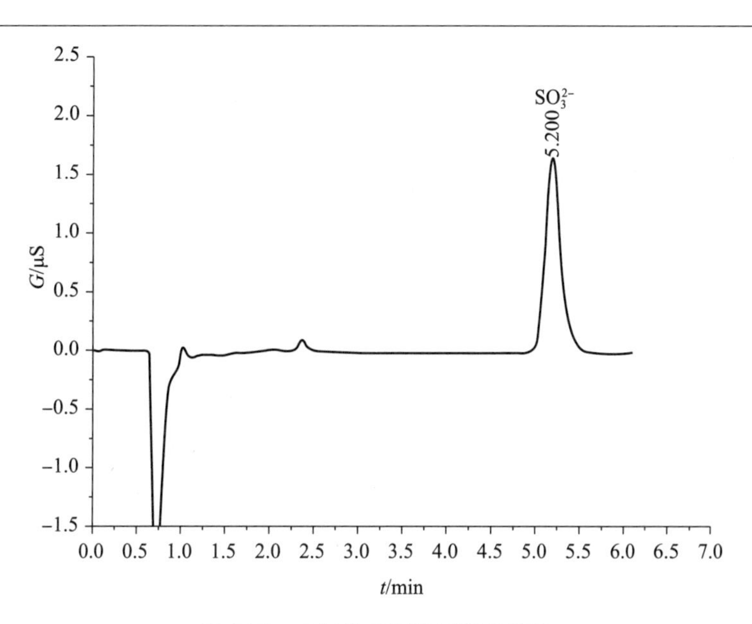

图 17-3　二氧化硫标准溶液色谱图

分析柱：METROSEP ASUPP10(250×4mmI. D.)；淋洗液：碳酸氢钠[$c(NaHCO_3)$=4.0mmol/L]-碳酸钠[$c(Na_2CO_3)$=6.0mmol/L]；流速：1.40mL/min。

淋洗液：碳酸氢钠[$c(NaHCO_3)$ = 4.0mmol/L]-碳酸钠[$c(Na_2CO_3)$ = 6.0mmol/L]溶液，称取 0.336g 碳酸氢钠和 0.636g 碳酸钠，溶于水中，并用水稀释到 1000mL。

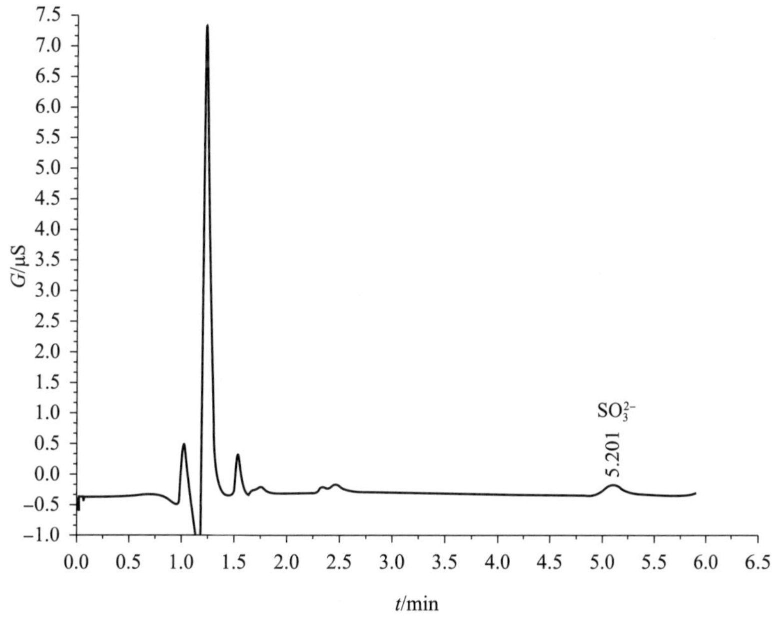

图 17-4　红酒中二氧化硫色谱图

色谱条件同图 17-2。

二、注意事项

1. 样品处理

SO_3^{2-} 与酒中的二硫化物、羰基化合物反应生成有机亚硫酸化合物，不能完全检测 SO_3^{2-}。反应式如下：

$$R\text{-}S\text{-}S\text{-}R' + SO_3^{2-} \rightleftharpoons R\text{-}S\text{-}SO_3^{-} + R'\text{-}S^{-}$$

$$R_2>C=O + HSO_3^{-} \rightleftharpoons R_2>C(-OH)SO_3^{-}$$

因此，将有机亚硫酸化合物转化为游离的 SO_3^{2-}，是准确测定的关键。根据反应式，加酸可使 SO_3^{2-} 转化为 SO_2，蒸馏出来后用碱溶液或沉淀剂吸收 SO_2，再测定。AOAC 987.04、Monier-Williams 法分别使用快速蒸馏法、水冷却蒸馏法（约需 90min）处理样品。采用 Kjeltec Auto Distillation Foss Tecator 蒸馏酒中的 SO_3^{2-}，以实现快速测定。

$$SO_2 + H_2O \rightleftharpoons SO_2(H_2O) = H_2SO_3 \rightleftharpoons H^+ + HSO_3^- \rightleftharpoons 2H^+ + SO_3^{2-}$$

$$PK_1 \approx 2 \qquad PK_2 \approx 7$$

2. 蒸馏用的酸

SO_3^{2-} 在强酸性介质中分解为 SO_2 气体，根据文献报道硫酸、盐酸、硝酸和柠檬酸等均可与 SO_3^{2-} 反应生成 SO_2，且普遍使用硫酸，柠檬酸不能使反应完全，SO_3^{2-} 线性范围较窄。20mL(1+1) H_2SO_4 即可。

3. 吸收液浓度及体积

实验表明，25～45mL 10g/L NaOH 用作吸收液较合适，回收率较好，不影响后续的离子色谱法测定。

参 考 文 献

[1] GB/T 5009.34—2003 食品中亚硫酸盐的测定

[2] Worldbk Health Organization (WHO). Evaluation of certain food additives (fifty-first report of the Joint FAO/WHO Expert Committee on Food Additives). WHO technical report series, 2000, No. 891, WHO, Geneva, Switzerland, 2000: 93-96.

[3] CASELLA Ig. , ROSSELLA M. Sulfite oxidation at a platinumglassy carbon electrode determination of sulfite by ion exclusion chromatography with amperometric detection[J]. Analytica Chimica Acta, 1995, 311: 199 - 210.

[4] LEUBOLT R , KLEINHL. Determination of sulphite and ascorbic acid byh-Ligh - performance liquid chromatography with electrochemical detection[J]. Journal of Chromatgr aphy A, 1993, 640 : 271 - 2771.

[5] ZHONG Z. X. , LIG. K. , ZHU B. HL. , LUO Z. B. , HUANG L. , WU X. M. A rapid distillation method coupled with ion chromatography for the determination of total sulphur dioxide in foods[J], Food Chemistry, 2012, 131: 1044-1050.

[6] 吴敏，张志刚，王根芳，等. 进出口食品中亚硫酸盐测定方法的探讨[J]. 福建分析测试，2003，12(1)：1708-1711.

第六部分

微生物的测定

第十八章

酒中沙门氏菌的测定标准操作程序

一、概述

沙门氏菌属(*Salmonella*)是一群寄生在人类和动物肠道中，生化反应和抗原结构相关的革兰氏阴性杆菌。根据生化反应，DNA 同源性等，沙门氏菌属分为肠道沙门氏菌和帮戈沙门氏菌两个种，肠道沙门氏菌又分为 6 个亚种。

沙门氏菌大小(0.6～1.0)μm×(2～4)μm，除鸡沙门氏菌等个别菌外，都有周身鞭毛，一般无荚膜，均无芽孢。沙门氏菌营养要求不高，在普通琼脂平板上形成中等大小、无色半透明的 S 型菌落。不发酵乳糖或蔗糖，对葡萄糖、麦芽糖和甘露醇发酵，除伤寒沙门氏菌不产气外，其他沙门氏菌均产酸产气。生化反应对沙门氏菌属的种和亚种鉴定有重要意义。

沙门氏菌属细菌的血清型在 2000 种以上，但对人致病的只是少数。沙门氏菌属细菌的抗原主要有 O 和 H 两种抗原，少数菌尚有一种表面抗原被认为与毒力有关，称为 Vi 抗原。沙门氏菌 O 抗原至少有 58 种，以阿拉伯数字顺序排列，现已排至 67。每个沙门氏菌的血清型含一种或多种 O 抗原，凡含相同抗原组分的归为一个组，则可将沙门氏菌属分成 A-Z、O51-O63、O65-6742 个组，引起人类疾病的沙门氏菌大多数在 A-E 组。

沙门氏菌 O 抗原分第Ⅰ相和第Ⅱ相两种，第Ⅰ相特异性高，又称特异相，以 a、b、c……表示。第Ⅱ相特异性低，可为多种沙门氏菌共有，故亦称非特异相，以 1、2、3……表示。一个菌株同时有第Ⅰ相和第Ⅱ相 H 抗原的称双相菌，仅有一种相者为单向菌。每一组沙门氏菌根据 H 抗原不同，可进一步将组内沙门氏菌分成不同菌型。虽然沙门氏菌的血清型很多，但是研究发现从人体、动物和食品中分离出的沙门氏菌仅约 40～50 个血清型，而在一个国家中的一定时期内只约有 10 个血清型是比较常见的。

沙门氏菌在外界的生活能力很强，在普通水中虽不易繁殖，但可存活 2～3 周。在冰或人的粪便中可活 1～2 月，在土壤中可过冬。在指尖上至少可存活 10min。沙门氏菌不产生外毒素，主要是食入活菌而引起的食物中毒。食入的活菌数量越多，发生中毒的机会就越大。

造成酒类主要是发酵酒微生物污染的原因较为复杂，从原料到成品以及空气和水，从生产到储存的整个过程，都存在微生物污染的潜在危害。微生物污染途径可以是生产工艺卫生要求不严格，受污染的设备与管道导致对酒液的污染，另外包装容器污染，生产环境和操作人员的卫生状况也是不容忽视的污染源。

二、酒中沙门氏菌的测定标准操作程序

1 方法来源

GB 4789.4《食品安全国家标准 食品微生物学检验 沙门氏菌检验》

2 范围

本程序规定了酒精度低的发酵酒中沙门氏菌(*Salmonella*)的检验方法。

本程序适用于发酵酒中沙门氏菌的检验。第一法适用于发酵酒中沙门氏菌的定性检验;第二法适用于沙门氏菌的的计数。

3 设备和材料

除微生物实验室常规灭菌及培养设备外,其他设备和材料如下:

3.1 冰箱:2～5℃。

3.2 恒温培养箱:36±1℃,42±1℃。

3.3 均质器。

3.4 振荡器。

3.5 电子天平:感量 0.1g。

3.6 无菌锥形瓶:容量 500mL,250mL。

3.7 无菌吸管:1mL(具 0.01mL 刻度)、10mL(具 0.1mL 刻度)或微量移液器及吸头。

3.8 无菌培养皿:直径 90mm。

3.9 无菌试管:3mm×50mm、10mm×75mm。

3.10 无菌毛细管。

3.11 pH 计或 pH 比色管或精密 pH 试纸。

3.12 全自动微生物生化鉴定系统。

4 培养基和试剂

4.1 缓冲蛋白胨水(BPW):见附录 A 中 A.1。

4.2 四硫磺酸钠煌绿(TTB)增菌液:见 A.2。

4.3 亚硒酸盐胱氨酸(SC)增菌液:见 A.3。

4.4 亚硫酸铋(BS)琼脂:见 A.4。

4.5 HE 琼脂:见 A.5。

4.6 木糖赖氨酸脱氧胆盐(XLD)琼脂:见 A.6。

4.7 沙门氏菌属显色培养基。

4.8 三糖铁(TSI)琼脂:见 A.7。

4.9 蛋白胨水、靛基质试剂:见 A.8。

4.10 尿素琼脂(pH 7.2):见 A.9。

4.11 氰化钾(KCN)培养基:见 A.10。

4.12　赖氨酸脱羧酶试验培养基：见 A.11。
4.13　糖发酵管：见 A.12。
4.14　邻硝基酚 β-D 半乳糖苷（ONPG）培养基：见 A.13。
4.15　半固体琼脂：见 A.14。
4.16　丙二酸钠培养基：见 A.15。
4.17　沙门氏菌 O 和 H 诊断血清。
4.18　生化鉴定试剂盒。

第一法　定性检验

5　检验程序

沙门氏菌检验程序见图 18-1。

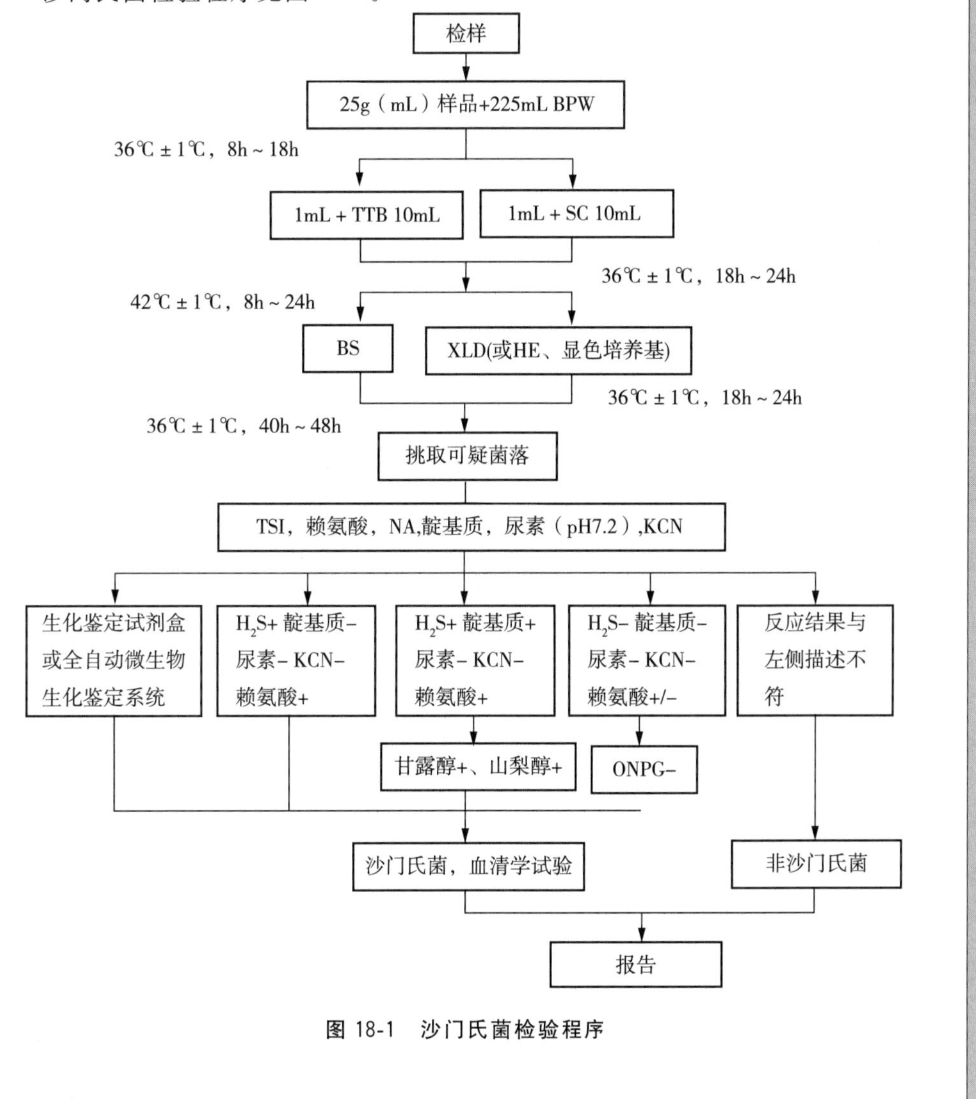

图 18-1　沙门氏菌检验程序

6　操作步骤

6.1　前增菌

称取25g(mL)样品放入盛有225mL BPW的无菌均质杯中，以8000～10000r/min均质1～2min，或置于盛有225mL BPW的无菌均质袋中，用拍击式均质器拍打1～2min。若样品为液态，不需要均质，振荡混匀。如需要，测定pH值，用1mol/mL无菌NaOH或HCl调pH至6.8±0.2。无菌操作将样品转至500mL锥形瓶中，如使用均质袋，可直接进行培养，于36±1℃培养8～18h。

如为冷冻产品，应在45℃以下不超过15min，或2～5℃不超过18h解冻。

6.2　增菌

轻轻摇动培养过的样品混合物，移取1mL，转种于10mL TTB内，于42±1℃培养18～24h。同时，另取1mL，转种于10mL SC内，于36±1℃培养18～24h。

6.3　分离

分别用接种环取增菌液1环，划线接种于一个BS琼脂平板和一个XLD琼脂平板(或HE琼脂平板或沙门氏菌属显色培养基平板)。于36±1℃分别培养18～24h(XLD琼脂平板、HE琼脂平板、沙门氏菌属显色培养基平板)或40～48h(BS琼脂平板)，观察各个平板上生长的菌落，各个平板上的菌落特征见表18-1。

表18-1　沙门氏菌属在不同选择性琼脂平板上的菌落特征

选择性琼脂平板	沙门氏菌
BS琼脂	菌落为黑色有金属光泽、棕褐色或灰色，菌落周围培养基可呈黑色或棕色；有些菌株形成灰绿色的菌落，周围培养基不变
HE琼脂	蓝绿色或蓝色，多数菌落中心黑色或几乎全黑色；有些菌株为黄色，中心黑色或几乎全黑色
XLD琼脂	菌落呈粉红色，带或不带黑色中心，有些菌株可呈现大的带光泽的黑色中心，或呈现全部黑的菌落；有些菌株为黄色菌落，带或不带黑色中心
沙门氏菌属显色培养基	按照显色培养基的说明进行判定

6.4　生化试验

6.4.1　自选择性琼脂平板上分别挑取2个以上典型或可疑菌落，接种三糖铁琼脂，先在斜面划线，再于底层穿刺；接种针不要灭菌，直接接种赖氨酸脱羧酶试验培养基和营养琼脂平板，于36±1℃培养18～24h，必要时可延长至48h。在三糖铁琼脂和赖氨酸脱羧酶试验培养基内，沙门氏菌属的反应结果见表18-2。

表 18-2　沙门氏菌属在三糖铁琼脂和赖氨酸脱羧酶试验培养基内的反应结果

三糖铁琼脂				赖氨酸脱羧酶试验培养基	初步判断
斜面	底层	产气	硫化氢		
K	A	+(−)	+(−)	+	可疑沙门氏菌属
K	A	+(−)	+(−)	−	可疑沙门氏菌属
A	A	+(−)	+(−)	+	可疑沙门氏菌属
A	A	+/−	+/−	−	非沙门氏菌
K	K	+/−	+/−	+	非沙门氏菌

注：K：产碱，A：产酸；+：阳性，−：阴性；+(−)：多数阳性，少数阴性；+/−：阳性或阴性。

6.4.2　接种三糖铁琼脂和赖氨酸脱羧酶试验培养基的同时，可直接接种蛋白胨水（供做靛基质试验）、尿素琼脂（pH7.2）、氰化钾（KCN）培养基，也可在初步判断结果后从营养琼脂平板上挑取可疑菌落接种。于 36±1℃培养 18～24h，必要时可延长至 48h，按表 18-3 判定结果。将已挑菌落的平板储存于 2～5℃或室温至少保留 24h，以备必要时复查。

表 18-3　沙门氏菌属生化反应初步鉴别表

反应序号	硫化氢(H2S)	靛基质	pH 7.2 尿素	氰化钾(KCN)	赖氨酸脱羧酶
A1	+	−	−	−	+
A2	+	+	−	−	+
A3	−	−	−	−	+/−

注：+阳性；−阴性；+/−阳性或阴性。

6.4.2.1　反应序号 A1：典型反应判定为沙门氏菌属。如尿素、KCN 和赖氨酸脱羧酶 3 项中有 1 项异常，按表 18-4 可判定为沙门氏菌。如有 2 项异常为非沙门氏菌。

表 18-4　沙门氏菌属生化反应初步鉴别表

pH 7.2 尿素	氰化钾(KCN)	赖氨酸脱羧酶	判定结果
−	−	−	甲型副伤寒沙门氏菌（要求血清学鉴定结果）
−	+	+	沙门氏菌Ⅳ或Ⅴ（要求符合本群生化特性）
+	−	+	沙门氏菌个别变体（要求血清学鉴定结果）

注：+表示阳性；+表示阴性。

6.4.2.2　反应序号 A2：补做甘露醇和山梨醇试验，沙门氏菌靛基质阳性变体两项试验结果均为阳性，但需要结合血清学鉴定结果进行判定。

6.4.2.3　反应序号 A3：补做 ONPG。ONPG 阴性为沙门氏菌，同时赖氨酸脱羧酶阳性，甲型副伤寒沙门氏菌为赖氨酸脱羧酶阴性。

6.4.2.4　必要时按表18-5进行沙门氏菌生化群的鉴别。

表18-5　沙门氏菌属各生化群的鉴别

项目	Ⅰ	Ⅱ	Ⅲ	Ⅳ	Ⅴ	Ⅵ
卫矛醇	+	+	－	－	+	－
山梨醇	+	+	+	+	+	－
水杨苷	－	－	－	+	－	－
ONPG	－	－	+	－	+	－
丙二酸盐	－	+	+	－	－	－
KCN	－	－	－	+	+	－
注：+表示阳性；－表示阴性。						

6.4.3　如选择生化鉴定试剂盒或全自动微生物生化鉴定系统，可根据6.4.1的初步判断结果，从营养琼脂平板上挑取可疑菌落，用生理盐水制备成浊度适当的菌悬液，使用生化鉴定试剂盒或全自动微生物生化鉴定系统进行鉴定。

6.5　血清学鉴定

6.5.1　抗原的准备

一般采用1.2%～1.5%琼脂培养物作为玻片凝集试验用的抗原。

O血清不凝集时，将菌株接种在琼脂量较高的（如2%～3%）培养基上再检查；如果是由于Vi抗原的存在而阻止了O凝集反应时，可挑取菌苔于1mL生理盐水中做成浓菌液，于酒精灯火焰上煮沸后再检查。H抗原发育不良时，将菌株接种在0.55%～0.65%半固体琼脂平板的中央，俟菌落蔓延生长时，在其边缘部分取菌检查；或将菌株通过装有0.3%～0.4%半固体琼脂的小玻管1～2次，自远端取菌培养后再检查。

6.5.2　多价菌体抗原（O）鉴定

在玻片上划出2个约1cm×2cm的区域，挑取1环待测菌，各放1/2环于玻片上的每一区域上部，在其中一个区域下部加1滴多价菌体（O）抗血清，在另一区域下部加入1滴生理盐水，作为对照。再用无菌的接种环或针分别将两个区域内的菌落研成乳状液。将玻片倾斜摇动混合1min，并对着黑暗背景进行观察，任何程度的凝集现象皆为阳性反应。

6.5.3　多价鞭毛抗原（H）鉴定同6.5.2。

6.5.4　血清学分型（选作项目）

6.5.4.1　O抗原的鉴定

用A～F多价O血清做玻片凝集试验，同时用生理盐水做对照。在生理盐水中自凝者为粗糙形菌株，不能分型。

被 A～F 多价 O 血清凝集者，依次用 O4；O3、O10；O7；O8；O9；O2 和 O11 因子血清做凝集试验。根据试验结果，判定 O 群。被 O3、10 血清凝集的菌株，再用 O10、O15、O34、O19 单因子血清做凝集试验，判定 E1、E2、E3、E4 各亚群，每一个 O 抗原成分的最后确定均应根据 O 单因子血清的检查结果，没有 O 单因子血清的要用两个 O 复合因子血清进行核对。

不被 A～F 多价 O 血清凝集者，先用 9 种多价 O 血清检查，如有其中一种血清凝集，则用这种血清所包括的 O 群血清逐一检查，以确定 O 群。每种多价 O 血清所包括的 O 因子如下：

O 多价 1　A，B，C，D，E，F，群（并包括 6，14 群）
O 多价 2　13，16，17，18，21 群
O 多价 3　28，30，35，38，39 群
O 多价 4　40，41，42，43 群
O 多价 5　44，45，47，48 群
O 多价 6　50，51，52，53 群
O 多价 7　55，56，57，58 群
O 多价 8　59，60，61，62 群
O 多价 9　63，65，66，67 群

6.5.4.2　H 抗原的鉴定

属于 A～F 各 O 群的常见菌型，依次用表 18-6 所述 H 因子血清检查第 1 相和第 2 相的 H 抗原。

表 18-6　A～F 群常见菌型 H 抗原表

O 群	第 1 项	第 2 项
A	a	无
B	g，f，s	无
B	i，b，d	2
C1	k，v，r，c	5，Z15
C2	b，d，r	2，5
D（不产气的）	d	无
D（产气的）	g，m，p，q	无
E1	h，v	6，w，x
E4	g，s，t	无
E4	i	—

不常见的菌型，先用 8 种多价 H 血清检查，如有其中一种或两种血清凝集，则再用这一种或两种血清所包括的各种 H 因子血清逐一检查，以第 1 相和第 2 项的 H 抗原。8 种多价 H 血清所包括的 H 因子如下：

H 多价 1　a,b,c,d,i

H 多价 2　eh,enx,enz_{15},fg,gms,gpu,gp,gq,mt,gz_{51}

H 多价 3　k,r,y,z,z_{10},lv,lw,lz_{13},lz_{28},lz_{40}

H 多价 4　1,2;1,5;1,6;1,7;z_6

H 多价 5　z_4z_{23},z_4z_{24},z_4z_{32},z_{29},z_{35},z_{36},z_{38}

H 多价 6　z_{39},z_{41},z_{42},z_{44}

H 多价 7　z_{52},z_{53},z_{54},z_{55}

H 多价 8　z_{56},z_{57},z_{60},z_{61},z_{62}

每一个 H 抗原成分的最后确定均应根据 H 单因子血清的检查结果,没有 H 单因子血清的要用两个 H 复合因子血清进行核对。

检出第 1 相 H 抗原而未检出第 2 相 H 抗原的或检出第 2 相 H 抗原而未检出第 1 相 H 抗原的,可在琼脂斜面上移种 1～2 代后再检查。如仍只检出一个相的 H 抗原,要用位相变异的方法检查其另一个相。单相菌不必做位相变异检查。

位相变异试验方法如下:

小玻管法:将半固体管(每管约 1～2mL)在酒精灯上溶化并冷至 50℃,取已知相的 H 因子血清 0.05～0.1mL,加入于溶化的半固体内,混匀后,用毛细吸管吸取分装于供位相变异试验的小玻管内,俟凝固后,用接种针挑取待检菌,接种于一端。将小玻管平放在平皿内,并在其旁放一团湿棉花,以防琼脂中水分蒸发而干缩,每天检查结果,待另一相细菌解离后,可以从另一端挑取细菌进行检查。培养基内血清的浓度应有适当的比例,过高时细菌不能生长,过低时同一相细菌的动力不能抑制。一般按原血清 1∶200～1∶800 的量加入。

小倒管法:将两端开口的小玻管(下端开口要留一个缺口,不要平齐)放在半固体管内,小玻管的上端应高出于培养基的表面,灭菌后备用。临用时在酒精灯上加热溶化,冷至 50℃,挑取因子血清 1 环,加入小套管中的半固体内,略加搅动,使其混匀,俟凝固后,将待检菌株接种于小套管中的半固体表层内,每天检查结果,待另一相细菌解离后,可从套管外的半固体表面取菌检查,或转种 1%软琼脂斜面,于 37℃培养后再做凝集试验。

简易平板法:将 0.35%～0.4%半固体琼脂平板烘干表面水分,挑取因子血清 1 环,滴在半固体平板表面,放置片刻,待血清吸收到琼脂内,在血清部位的中央点种待检菌株,培养后,在形成蔓延生长的菌苔边缘取菌检查。

6.5.4.3　Vi 抗原的鉴定

用 Vi 因子血清检查。已知具有 Vi 抗原的菌型有:伤寒沙门氏菌,丙型副伤寒沙门氏菌,都柏林沙门氏菌。

6.5.4.4　菌型的判定

根据血清学分型鉴定的结果,按照附录 A 或有关沙门氏菌属抗原表判定菌型。

7 结果与报告

综合以上生化试验和血清学鉴定的结果，报告 25g(mL)样品中检出或未检出沙门氏菌。

第二法 MPN 计数法

8 定量检测

8.1 基于“三管”MPN 法，取检样 25g(mL)加入装有 225mL 缓冲蛋白胨水中，均质制成 1∶10 稀释液，用灭菌吸管吸取 1:10 稀释液 1mL，注入含有 9mLBPW 的试管内，振摇试管混匀，制备 1∶100 的稀释液。

8.2 另取 1mL 灭菌吸管，按上条操作依次制备 10 倍递增稀释液，每递增稀释一次，换用 1 支 1mL 灭菌吸管。

8.3 根据对检样污染情况的估计，选择三个连续的适宜稀释度，每个稀释度接种 3 支含有 9mL BPW 的试管，每管接种 1mL。置 36±1℃恒温箱内，培养 8～18h。分别移取 1mL 转种于 10mLTTB，42±1℃培养 18～24h。

8.4 分离、鉴定方法同第一法。

9 结果报告

根据证实为沙门氏菌阳性的试管管数，查 MPN 检索表(附录 C)，报告每克(毫升)沙门氏菌的 MPN 值。

附录 A 培养基和试剂

A.1 缓冲蛋白胨水(BPW)

A.1.1 成分

蛋白胨 10.0g；氯化钠 5.0g；磷酸氢二钠(含 12 个结晶水)9.0g；磷酸二氢钾 1.5g；蒸馏水 1000mL；pH 7.2±0.2。

A.1.2 制法

将各成分加入蒸馏水中，搅混均匀，静置约 10min，煮沸溶解，调节 pH，高压灭菌 121℃，15min。

A.2 四硫磺酸钠煌绿(TTB)增菌液

A.2.1 基础液

蛋白胨 10.0g；牛肉膏 5.0g；氯化钠 3.0g；碳酸钙 45.0g；蒸馏水 1000mL；pH 7.0±0.2。

除碳酸钙外，将各成分加入蒸馏水中，煮沸溶解，再加入碳酸钙，调节 pH，高压灭菌 121℃，20min。

A.2.2 硫代硫酸钠溶液

硫代硫酸钠(含 5 个结晶水)50.0g；蒸馏水加至 100mL；高压灭菌 121℃，20min。

A.2.3 碘溶液

碘片 20.0g;碘化钾 25.0g;蒸馏水 100mL。

将碘化钾充分溶解于少量的蒸馏水中,再投入碘片,振摇玻瓶至碘片全部溶解为止,然后加蒸馏水至规定的总量,贮存于棕色瓶内,塞紧瓶盖备用。

A.2.4 0.5%煌绿水溶液

煌绿 0.5g;蒸馏水 100mL。

溶解后,存放暗处,不少于 1d,使其自然灭菌。

A.2.5 牛胆盐溶液

牛胆盐 10.0g;蒸馏水 100mL。

加热煮沸至完全溶解,高压灭菌 121℃,20min。

A.2.6 制法

基础液 900mL;硫代硫酸钠溶液 100mL;碘溶液 20.0mL;煌绿水溶液 2.0mL;牛胆盐溶液 50.0mL。

临用前,按上列顺序,以无菌操作依次加入基础液中,每加入一种成分,均应摇匀后再加入另一种成分。

A.3 亚硒酸盐胱氨酸(SC)增菌液

A.3.1 成分

蛋白胨 5.0g;乳糖 4.0g;磷酸氢二钠 10.0g;亚硒酸氢钠 4.0g;L-胱氨酸0.01g;蒸馏水 1000mL;pH 7.0±0.2。

A.3.2 制法

除亚硒酸氢钠和 L-胱氨酸外,将各成分加入蒸馏水中,煮沸溶解,冷至 55℃以下,以无菌操作加入亚硒酸氢钠和 1g/LL-胱氨酸溶液溶液 10mL(称取 0.1gL-胱氨酸,加 1mol/L 氢氧化钠溶液 15mL,使溶解,再加无菌蒸馏水至 100mL 即成,如为 DL-胱氨酸,用量应加倍)。摇匀,调节 pH。

A.4 亚硫酸铋(BS)琼脂

A.4.1 成分

蛋白胨 10.0g;牛肉膏 5.0g;葡萄糖 5.0g;硫酸亚铁 0.3g;磷酸氢二钠 4.0g;煌绿0.025g或 5.0g/L 水溶液 5.0mL;柠檬酸铋铵 2.0g;亚硫酸钠 6.0g;琼脂 18.0～20.0g;蒸馏水 1000mL;pH 7.5±0.2。

A.5 HE 琼脂(Hektoen enteric agar)

A.5.1 成分

蛋白胨 12.0g;牛肉膏 3.0g;乳糖 12.0g;蔗糖 12.0g;水杨素 2.0g;胆盐 20.0g;氯化钠 5.0g;琼脂 18.0～20.0.0g;蒸馏水 1000mL;0.4%溴麝香草酚蓝溶液 16.0mL;Andrade 指示剂 20.0mL;甲液 20.0mL;乙液 20.0mL;pH 7.5±0.2。

A.5.2　制法

将前面七种成分溶解于400mL蒸馏水内作为基础液；将琼脂加入于600mL蒸馏水内。然后分别搅拌均匀，煮沸溶解。加入甲液和乙液于基础液内，调节pH。再加入指示剂，并与琼脂液合并，待冷至50～55℃倾注平皿。

注：①本培养基不需要高压灭菌，在制备过程中不宜过分加热，避免降低其选择性。

②甲液的配制：硫代硫酸钠34.0g；柠檬酸铁铵4.0g；蒸馏水100mL。

③乙液的配制：去氧胆酸钠10.0g；蒸馏水100mL。

④Andrade指示剂：酸性复红0.5g；1mol/L氢氧化钠溶液16.0mL；蒸馏水100mL。将复红溶解于蒸馏水中，加入氢氧化钠溶液。数小时后如复红褪色不全，再加氢氧化钠溶液1mL～2mL。

A.6　木糖赖氨酸脱氧胆盐(XLD)琼脂

A.6.1　成分

酵母膏3.0g；L-赖氨酸5.0g；木糖3.75g；乳糖7.5g；蔗糖7.5g；去氧胆酸钠2.5g；柠檬酸铁铵0.8g；硫代硫酸钠6.8g；氯化钠5.0g；琼脂15.0g；酚红0.08g；蒸馏水1000mL；pH7.4±0.2。

A.6.2　制法

除酚红和琼脂外，将其他成分加入400mL蒸馏水中，煮沸溶解，调节pH。另将琼脂加入600mL蒸馏水中，煮沸溶解。将上述两溶液混合均匀后，再加入指示剂，待冷至50～55℃倾注平皿。

注：本培养基不需要高压灭菌，在制备过程中不宜过分加热，避免降低其选择性，贮于室温暗处。本培养基宜于当天制备，第二天使用。

A.7　三糖铁(TSI)琼脂

A.7.1　成分

蛋白胨20.0g；牛肉膏5.0g；乳糖10.0g；蔗糖10.0g；葡萄糖1.0g；硫酸亚铁铵(含6个结晶水)0.2g；酚红0.025g或5.0g/L溶液5.0mL；氯化钠5.0g；硫代硫酸钠0.2g；琼脂12.0g；蒸馏水1000mL；pH 7.4±0.2。

A.7.2　制法

除酚红和琼脂外，将其他成分加入400mL蒸馏水中，煮沸溶解，调节pH。另将琼脂加入600mL蒸馏水中，煮沸溶解。

将上述两溶液混合均匀后，再加入指示剂，混匀，分装试管，每管约2～4mL，高压灭菌121℃ 10min或115℃ 15min，灭菌后置成高层斜面，呈桔红色。

A.8　蛋白胨水、靛基质试剂

A.8.1　蛋白胨水

蛋白胨(或胰蛋白胨)	20.0g
氯化钠	5.0g
蒸馏水	1000mL

pH 7.4±0.2

将上述成分加入蒸馏水中，煮沸溶解，调节 pH，分装小试管，121℃高压灭菌 15min。

A.8.2 靛基质试剂

A.8.2.1 柯凡克试剂：将 5g 对二甲氨基甲醛溶解于 75mL 戊醇中，然后缓慢加入浓盐酸 25mL。

A.8.2.2 欧-波试剂：将 1g 对二甲氨基苯甲醛溶解于 95mL 95%乙醇内。然后缓慢加入浓盐酸 20mL。

A.8.3 试验方法

挑取小量培养物接种，在 36±1℃培养 1～2d，必要时可培养 4～5d。加入柯凡克试剂约 0.5mL，轻摇试管，阳性者于试剂层呈深红色；或加入欧-波试剂约0.5mL，沿管壁流下，覆盖于培养液表面，阳性者于液面接触处呈玫瑰红色。

注：蛋白胨中应含有丰富的色氯酸。每批蛋白胨买来后，应先用已知菌种鉴定后方可使用。

A.9 尿素琼脂(pH 7.2)

A.9.1 成分

蛋白胨	1.0g
氯化钠	5.0g
葡萄糖	1.0g
磷酸二氢钾	2.0g
0.4%酚红	3.0mL
琼脂	20.0g
蒸馏水	1000mL
20%尿素溶液	100mL

pH7.2±0.2

A.9.2 制法

除尿素、琼脂和酚红外，将其他成分加入 400mL 蒸馏水中，煮沸溶解，调节 pH。另将琼脂加入 600mL 蒸馏水中，煮沸溶解。

将上述两溶液混合均匀后，再加入指示剂后分装，121℃高压灭菌 15min。冷至 50～55℃，加入经除菌过滤的尿素溶液。尿素的最终浓度为 2%。分装于无菌试管内，放成斜面备用。

A.9.3 试验方法

挑取琼脂培养物接种，在 36±1℃培养 24h，观察结果。尿素酶阳性者由于产碱而使培养基变为红色。

A.10 氰化钾(KCH)培养基

A.10.1 成分

蛋白胨	10.0g
氯化钠	5.0g

磷酸二氢钾	0.225g
磷酸氢二钠	5.64g
蒸馏水	1000mL
0.5%氰化钾	20.0mL

A.10.2 制法

将除氰化钾以外的成分加入蒸馏水中,煮沸溶解,分装后121℃高压灭菌15min。放在冰箱内使其充分冷却。每100mL培养基加入0.5%氰化钾溶液2.0mL(最后浓度为1∶10000),分装于无菌试管内,每管约4mL,立刻用无菌橡皮塞塞紧,放在4℃冰箱内,至少可保存两个月。同时,将不加氰化钾的培养基作为对照培养基,分装试管备用。

A.10.3 试验方法

将琼脂培养物接种于蛋白胨水内成为稀释菌液,挑取1环接种于氰化钾(KCN)培养基。并另挑取1环接种于对照培养基。在36±1℃培养1～2d,观察结果。如有细菌生长即为阳性(不抑制),经2d细菌不生长为阴性(抑制)。

注:氰化钾是剧毒药,使用时应小心,切勿沾染,以免中毒。夏天分装培养基应在冰箱内进行。试验失败的主要原因是封口不严,氰化钾逐渐分解,产生氢氰酸气体逸出,以致药物浓度降低,细菌生长,因而造成假阳性反应。试验时对每一环节都要特别注意。

A.11 赖氨酸脱羧酶试验培养基

A.11.1 成分

蛋白胨	5.0g
酵母浸膏	3.0g
葡萄糖	1.0g
蒸馏水	1000mL
1.6%溴甲酚紫-乙醇溶液	1.0mL
L-赖氨酸或DL-赖氨酸	0.5g/100mL或1.0g/100mL
pH6.8±0.2	

A.11.2 制法

除赖氨酸以外的成分加热溶解后,分装每瓶100mL,分别加入赖氨酸。L-赖氨酸按0.5%加入,DL-赖氨酸按1%加入。调节pH。对照培养基不加赖氨酸。分装于无菌的小试管内,每管0.5mL,上面滴加一层液体石蜡,115℃高压灭菌10min。

A.11.3 试验方法

从琼脂斜面上挑取培养物接种,于36±1℃培养18～24h,观察结果。氨基酸脱羧酶阳性者由于产碱,培养基应呈紫色。阴性者无碱性产物,但因葡萄糖产酸而使培养基变为黄色。对照管应为黄色。

A.12　糖发酵管

A.12.1　成分

牛肉膏	5.0g
蛋白胨	10.0g
氯化钠	3.0g
磷酸氢二钠(含12个结晶水)	2.0g
0.2%溴麝香草酚蓝溶液	12.0mL
蒸馏水	1000mL

pH 7.4±0.2

A.12.2　制法

A.12.2.1　葡萄糖发酵管按上述成分配好后，调节pH。按0.5%加入葡萄糖，分装于有一个倒置小管的小试管内，121℃高压灭菌15min。

A.12.2.2　其他各种糖发酵管可按上述成分配好后，分装每瓶100mL，121℃高压灭菌15min。另将各种糖类分别配好10%溶液，同时高压灭菌。将5mL糖溶液加入于100mL培养基内，以无菌操作分装小试管。

注：蔗糖不纯，加热后会自行水解者，应采用过滤法除菌。

A.12.3　试验方法：从琼脂斜面上挑取小量培养物接种，于36±1℃培养，一般2～3d。迟缓反应需观察14～30d。

A.13　ONPG培养基

A.13.1　成分

邻硝基酚β-D半乳糖苷(ONPG) (O-Nitrophenyl-β-D-galactopyranoside)	60.0mg
0.01mol/L磷酸钠缓冲液(pH 7.5)	10.0mL
1%蛋白胨水(pH 7.5)	30.0mL

A.13.2　制法

将ONPG溶于缓冲液内，加入蛋白胨水，以过滤法除菌，分装于无菌的小试管内，每管0.5mL，用橡皮塞塞紧。

A.13.3　试验方法

自琼脂斜面上挑取培养物1满环接种于36±1℃培养1～3h和24h观察结果。如果β-半乳糖苷酶产生，则于1～3h变黄色，如无此酶则24h不变色。

A.14　半固体琼脂

A.14.1　成分

牛肉膏	0.3g
蛋白胨	1.0g
氯化钠	0.5g
琼脂	0.35～0.4g

蒸馏水　　　　　　　1000mL

pH 7.4±0.2

A.14.2　制法

按以上成分配好，煮沸溶解，调节 pH。分装小试管。121℃高压灭菌 15min。直立凝固备用。

注：供动力观察、菌种保存、H 抗原位相变异试验等用。

A.15　丙二酸钠培养基

A.15.1　成分

酵母浸膏	1.0g
硫酸铵	2.0g
磷酸氢二钾	0.6g
磷酸二氢钾	0.4g
氯化钠	2.0g
丙二酸钠	3.0g
0.2%溴麝香草酚蓝溶液	12.0mL
蒸馏水	1000mL

pH 6.8±0.2

A.15.2　制法

除指示剂以外的成分溶解于水，调节 pH，再加入指示剂，分装试管，121℃高压灭菌 15min。

A.15.3　试验方法

用新鲜的琼脂培养物接种，于 36±1℃培养 48h，观察结果。阳性者由绿色变蓝色。

附录 B　常见沙门氏菌抗原

B.1　常见沙门氏菌抗原

表 18-7　常见沙门氏菌抗原表

菌名	拉丁菌名	O 抗原	H 抗原	
			第 1 相	第 2 相
A　群				
甲型副伤寒沙门氏菌	*S. paratyphi* A	1,2,12	a	[1,5]
B　群				
基桑加尼沙门氏菌	*S. kisangani*	1,4,[5],12	a	1,2
阿雷查瓦莱塔沙门氏菌	*S. arechavaleta*	4,[5],12	a	1,7

续表

菌名	拉丁菌名	O 抗原	H 抗原	
			第 1 相	第 2 相
B　群				
马流产沙门氏菌	*S. abortusequi*	4,12	—	e,n,x,
乙型副伤寒沙门氏菌	*S. paratyphi* B	1,4,[5],12	b	1,2
利密特沙门氏菌	*S. limete*	1,4,12,[27]	b	1,5
阿邦尼沙门氏菌	*S. abony*	1,4,[5],12,27	b	e,n,x
维也纳沙门氏菌	*S. wien*	1,4,12,[27]	b	l,w
伯里沙门氏菌	*S. bury*	4,12,[27]	c	z6
斯坦利沙门氏菌	*S. stanley*	1,4,[5],12,[27]	d	1,2
圣保罗沙门氏菌	*S. saintpaul*	1,4,[5],12	e,h	1,2
里定沙门氏菌	*S. reading*	1,4,[5],12	e,h	1,5
彻斯特沙门氏菌	*S. chester*	1,4,[5],12	e,h	e,n,x
德尔卑沙门氏菌	*S. derby*	1,4,[5],12	f,g	[1,2]
阿贡纳沙门氏菌	*S. agona*	1,4,[5],12	f,g,s	[1,2]
埃森沙门氏菌	*S. essen*	4,12	g,m	—
加利福尼亚沙门氏菌	*S. california*	4,12	g,m,t	[z67]
金斯敦沙门氏菌	*S. kingston*	1,4,[5],12,[27]	g,s,t	[1,2]
布达佩斯沙门氏菌	*S. budapest*	1,4,12,[27]	g,t	—
鼠伤寒沙门氏菌	*S. typhimurium*	1,4,[5],12	i	1,2
拉古什沙门氏菌	*S. Lagos*	1,4,[5],12	i	1,5
布雷登尼沙门氏菌	*S. bredeney*	1,4,12,[27]	l,v	1,7
基尔瓦沙门氏菌Ⅱ	*S. kilwa* Ⅱ	4,12	l,w	e,n,x
海德尔堡沙门氏菌	*S. heidelberg*	1,4,[15],12	r	1,2
印地安纳沙门氏菌	*S. indiana*	1,4,12	z	1,7
斯坦利维尔沙门氏菌	*S. stanleyville*	1,4,[5],12.[27]	z4,z23	[1,2]
伊图里沙门氏菌	*S. ituri*	1,4,12	z10	1,5
C1　群				
奥斯陆沙门氏菌	*S. oslo*	6,7,14	a	e,n,x
爱丁保沙门氏菌	*S. edinburg*	6,7,14	b	1,5
布隆方丹沙门氏菌Ⅱ	*S. bloemfontein* Ⅱ	6,7	b	[e,n,x]:z42

a

续表

菌名	拉丁菌名	O抗原	H抗原	
			第1相	第2相
C1 群				
丙型副伤寒沙门氏菌	*S. paratyphi* C	6,7,[Vi]	c	1,5
猪霍乱沙门氏菌	*S. choleraesuis*	6,7	c	1,5
猪伤寒沙门氏菌	*S. typhisuis*	6,7	c	1,5
罗米他沙门氏菌	*S. lomita*	6,7	e,h	1,5
布伦登卢普沙门氏菌	*S. braenderup*	6,7,14	e,h	e,n,z15
里森沙门氏菌	*S. rissen*	6,7,14	f,g	—
蒙得维的亚沙门氏菌	*S. montevideo*	6,7,14	g,m,[p],s	[1,2,7]
里吉尔沙门氏菌	*S. riggil*	6,7	g,[t]	—
奥雷宁堡沙门氏菌	*S. oranieburg*	6,7,14	m,t	[2,5,7]
奥里塔蔓林沙门氏菌	*S. oritamerin*	6,7	i	1,5
汤卜逊沙门氏菌	*S. thompson*	6,7,14	k	1,5
康科德沙门氏菌	*S. concord*	6,7	l,v	1,2
伊鲁木沙门氏菌	*S. irumu*	6,7	l,v	1,5
姆卡巴沙门氏菌	*S. mkamba*	6,7	l,v	1,6
波恩沙门氏菌	*S. bonn*	6,7	l,v	e,n,x
波茨坦沙门氏菌	*S. potsdam*	6,7,14	l,v	e,n,z15
格但斯克沙门氏菌	*S. gdansk*	6,7,14	l,v	z6
维尔肖沙门氏菌	*S. virchow*	6,7,14	r	1,2
婴儿沙门氏菌	*S. infantis*	6,7,14	r	1,5
巴布亚沙门氏菌	*S. papuana*	6,7	r	e,n,z15
巴累利沙门氏菌	*S. bareilly*	6,7,14	y	1,5
哈特福德沙门氏菌	*S. hartford*	6,7	y	e,n,x
三河岛沙门氏菌	*S. mikawasima*	6,7,14	y	e,n,z15
姆班达卡沙门氏菌	*S. mbandaka*	6,7,14	z10	e,n,z15
田纳西沙门氏菌	*S. tennessee*	6,7,14	z29	[1,2,7]
布伦登卢普沙门氏菌	*S. braenderup*	6,7,14	e,h	e,n,z15
耶路撒冷沙门氏菌	*S. jerusalem*	6,7,14	z10	l,w

续表

菌名	拉丁菌名	O 抗原	H 抗原	
			第 1 相	第 2 相
C2　群				
习志野沙门氏菌	*S. narashino*	6.8	a	e,n,x
名古屋沙门氏菌	*S. nagoya*	6,8	b	1,5
加瓦尼沙门氏菌	*S. gatuni*	6,8	b	e,n,x
慕尼黑沙门氏菌	*S. muenchen*	6,8	d	1,2
蔓哈顿沙门氏菌	*S. manhattan*	6,8	d	1,5
纽波特沙门氏菌	*S. newport*	6,8,20	e,h	1,2
科特布斯沙门氏菌	*S. kottbus*	6,8	e,h	1,5
茨昂威沙门氏菌	*S. tshiongwe*	6,8	e,h	e,n,z15
林登堡沙门氏菌	*S. lindenburg*	6,8	i	1,2
塔科拉迪沙门氏菌	*S. takoradi*	6,8	i	1,5
波那雷恩沙门氏菌	*S. bonariensis*	6,8	i	e,n,x
利齐菲尔德沙门氏菌	*S. litchfield*	6,8	l,v	1,2
病牛沙门氏菌	*S. bovismorbificans*	6,8,20	r,[i]	1,5
查理沙门氏菌	*S. chailey*	6,8	z4,z23	e,n,z15
C3　群				
巴尔多沙门氏菌	*S. bardo*	8	e,h	1,2
依麦克沙门氏菌	*S. emek*	8,20	g,m,s	—
肯塔基沙门氏菌	*S. kentucky*	8,20	i	z6
D　群				
仙台沙门氏菌	*S. sendai*	1,9,12	a	1,5
伤寒沙门氏菌	*S. typhi*	9,12,[Vi]	d	—
塔西沙门氏菌	*S. tarshyne*	9,12	d	1,6
伊斯特本沙门氏菌	*S. eastbourne*	1,9,12	e,h	1,5
以色列沙门氏菌	*S. israel*	9,12	e,h	e,n,z15
肠炎沙门氏菌	*S. enteritidis*	1,9,12	g,m	[1,7]
布利丹沙门氏菌	*S. blegdam*	9,12	g,m,q	—
沙门氏菌Ⅱ	*Salmonella* Ⅱ	1,9,12	g,m,[s],t	[1,5,7]
都柏林沙门氏菌	*S. dublin*	1,9,12,[Vi]	g,p	—
芙蓉沙门氏菌	*S. seremban*	9,12	i	1,5

续表

菌名	拉丁菌名	O 抗原	H 抗原	
			第 1 相	第 2 相
D 群				
巴拿马沙门氏菌	*S. panama*	1,9,12	l,v	1,5
戈丁根沙门氏菌	*S. goettingen*	9,12	l,v	e,n,z15
爪哇安纳沙门氏菌	*S. javiana*	1,9,12	L,z28	1,5
鸡-雏沙门氏菌	*S. gallinarum-pullorum*	1,9,12	—	—
E1 群				
奥凯福科沙门氏菌	*S. okefoko*	3,10	c	z6
瓦伊勒沙门氏菌	*S. vejle*	3,{10},{15}	e,h	1,2
明斯特沙门氏菌	*S. muenster*	3,{10}{15}{15,34}	e,h	1,5
鸭沙门氏菌	*S. anatum*	3,{10}{15}{15,34}	e,h	1,6
纽兰沙门氏菌	*S. newlands*	3,{10},{15,34}	e,h	e,n,x
火鸡沙门氏菌	*S. meleagridis*	3,{10}{15}{15,34}	e,h	l,w
雷根特沙门氏菌	*S. regent*	3,10	f,g,[s]	[1,6]
西翰普顿沙门氏菌	*S. westhampton*	3,{10}{15}{15,34}	g,s,t	—
阿姆德尔尼斯沙门氏菌	*S. amounderness*	3,10	i	1,5
新罗歇尔沙门氏菌	*S. new-rochelle*	3,10	k	l,w
恩昌加沙门氏菌	*S. nchanga*	3,{10}{15}	l,v	1,2
新斯托夫沙门氏菌	*S. sinstorf*	3,10	l,v	1,5
伦敦沙门氏菌	*S. london*	3,{10}{15}	l,v	1,6
吉韦沙门氏菌	*S. give*	3,{10}{15}{15,34}	l,v	1,7
鲁齐齐沙门氏菌	*S. ruzizi*	3,10	l,v	e,n,z15
乌干达沙门氏菌	*S. uganda*	3,{10}{15}	l,z13	1,5
乌盖利沙门氏菌	*S. ughelli*	3,10	r	1,5
韦太夫雷登沙门氏菌	*S. weltevreden*	3,{10}{15}	r	z6
克勒肯威尔沙门氏菌	*S. clerkenwell*	3,10	z	l,w
列克星敦沙门氏菌	*S. lexington*	3,{10}{15}{15,34}	z10	1,5
萨奥沙门氏菌	*S. sao*	1,3,19	e,h	e,n,z15
卡拉巴尔沙门氏菌	*S. calabar*	1,3,19	e,h	l,w
山夫登堡沙门氏菌	*S. senftenberg*	1,3,19	g,[s],t	—
斯特拉特福沙门氏菌	*S. stratford*	1,3,19	i	1,2
塔克松尼沙门氏菌	*S. taksony*	1,3,19	i	z6

续表

菌名	拉丁菌名	O 抗原	H 抗原	
			第 1 相	第 2 相
E4 群				
索恩保沙门氏菌	*S. schoeneberg*	1,3,19	z	e,n,z15
F 群				
昌丹斯沙门氏菌	*S. chandans*	11	d	[e,n,x]
阿柏丁沙门氏菌	*S. aberdeen*	11	i	1,2
布里赫姆沙门氏菌	*S. brijbhumi*	11	i	1,5
威尼斯沙门氏菌	*S. veneziana*	11	i	e,n,x
阿巴特图巴沙门氏菌	*S. abaetetuba*	11	k	1,5
鲁比斯劳沙门氏菌	*S. rubislaw*	11	r	e,n,x
其他群				
浦那沙门氏菌	*S. poona*	1,13,22	z	1,6
里特沙门氏菌	*S. ried*	1,13,22	z4,z23	[e,n,z15]
密西西比沙门氏菌	*S. mississippi*	1,13,23	b	1,5
古巴沙门氏菌	*S. cubana*	1,13,,23	z29	—
苏拉特沙门氏菌	*S. surat*	[1],6,14,[25]	r,[i]	e,n,z15
松兹瓦尔沙门氏菌	*S. sundsvall*	[1],6,14,[25]	z	e,n,x
非丁伏斯沙门氏菌	*S. hvittingfoss*	16	b	e,n,x
威斯敦沙门氏菌	*S. weston*	16	e,h	z6
上海沙门氏菌	*S. shanghai*	16	l,v	1,6
自贡沙门氏菌	*S. zigong*	16	l,w	1,5
巴圭达沙门氏菌	*S. baguida*	21	z4,z23	—
迪尤波尔沙门氏菌	*S. dieuoppeul*	28	i	1,7
卢肯瓦尔德沙门氏菌	*S. luckenwalde*	28	z10	e,n,z15
拉马特根沙门氏菌	*S. ramatgan*	30	k	1,5
阿德莱沙门氏菌	*S. adelaide*	35	f,g	—
旺兹沃思沙门氏菌	*S. wandsworth*	39	b	1,2
雷俄格伦德沙门氏菌	*S. riogrande*	40	b	1,5
莱瑟沙门氏菌	*S. lethe* Ⅱ	41	g,t	—
达莱姆沙门氏菌	*S. dahlem*	48	k	e,n,z15
沙门氏菌Ⅲb	*Salmonella* Ⅲb	61	l,v	1,5,7

附录C　最可能数(MPN)检索表

表18-8　每克(毫升)检样中沙门氏菌最可能数(MPN)检索表

阳性管数			MPN	95%可信限		阳性管数			MPN	95%可信限	
0.1	0.01	0.001		下限	上限	0.1	0.01	0.001		下限	上限
0	0	0	<3.0	-	9.5	2	2	0	21	4.5	42
0	0	1	3.0	0.15	9.6	2	2	1	28	8.7	94
0	1	0	3.0	0.15	11	2	2	2	35	8.7	94
0	1	1	6.1	1.2	18	2	3	0	29	8.7	94
0	2	0	6.2	1.2	18	2	3	1	36	8.7	94
0	3	0	9.4	3.6	38	3	0	0	23	4.6	94
1	0	0	3.6	0.17	18	3	0	1	38	8.7	110
1	0	1	7.2	1.3	18	3	0	2	64	17	180
1	0	2	11	3.6	38	3	1	0	43	9	180
1	1	0	7.4	1.3	20	3	1	1	75	17	200
1	1	1	11	3.6	38	3	1	2	120	37	420
1	2	0	11	3.6	42	3	1	3	160	40	420
1	2	1	15	4.5	42	3	2	0	93	18	420
1	3	0	16	4.5	42	3	2	1	150	37	420
2	0	0	9.2	1.4	38	3	2	2	210	40	430
2	0	1	14	3.6	42	3	2	3	290	90	1000
2	0	2	20	4.5	42	3	3	0	240	42	1000
2	1	0	15	3.7	42	3	3	1	460	90	2000
2	1	1	20	4.5	42	3	3	2	1100	180	4100
2	1	2	27	8.7	94	3	3	3	>1100	420	-

注1：本表采用3个稀释度[0.1g(mL)、0.01g(mL)和0.001g(mL)]，每个稀释度接种3管。

注2：表内所列检样量如改用1g(mL)、0.1g(mL)和0.01g(mL)时，表内数字应相应降低10倍；如改用0.01g(mL)、0.001g(mL)、0.0001g(mL)时，则表内数字应相应增高10倍，其余类推。

第十九章

酒中金黄色葡萄球菌的测定标准操作程序

一、概述

金黄色葡萄球菌（*Staphylococcus aureus*）是一种重要病原菌，隶属于葡萄球菌属（*Staphylococcus*），是革兰氏阳性菌的代表。典型的金黄色葡萄球菌为球型，直径约0.8mm，显微镜下排列成葡萄串状。金黄色葡萄球菌无芽胞、无鞭毛，大多数无荚膜。金黄色葡萄球菌营养要求不高，在普通培养基上生长良好，需氧或兼性厌氧，最适生长温度37℃，最适生长 pH 7.4。有高度的耐盐性，可在7.5%～15%NaCl 肉汤中生长。

金黄色葡萄球菌广泛分布于自然界，如空气、土壤、水及其他环境中。在人类和动物的皮肤与外界相通的腔道中，也经常有此菌存在。当金黄色葡萄球菌污染了含淀粉及水分较多的食品，在合适的温度环境下，此菌可大量繁殖并产生肠毒素，由于肠毒素可耐受100℃的高温 30min 而不被破坏，人食用后会出现严重的腹泻、肠炎甚至死亡，是一种重要的危害人类健康的细菌毒素。

二、酒中金黄色葡萄球菌测定标准操作程序

1 方法来源

GB 4789.10—2010《食品安全国家标准 食品微生物学检验 金黄色葡萄球菌检验》

2 适用范围

本程序规定了发酵酒金黄色葡萄球菌（*Staphylococcus aureus*）的检验方法。

本程序第一法适用于发酵酒金黄色葡萄球菌的定性检验；第二法适用于金黄色葡萄球菌含量较高的食品中金黄色葡萄球菌的计数；第三法适用于金黄色葡萄球菌含量较低而杂菌含量较高的食品中金黄色葡萄球菌的计数。

3 设备和材料

除微生物实验室常规灭菌及培养设备外，其他设备和材料如下：

3.1　恒温培养箱：36±1℃

3.2　冰箱：2～5℃。

3.3　恒温水浴箱：37～65℃。

3.4　天平：感量 0.1g。

3.5　均质器。

3.6　振荡器。

3.7　无菌吸管：1mL(具 0.01mL 刻度)、10mL(具 0.1mL 刻度)或微量移液器及吸头。

3.8　无菌锥形瓶：容量 100mL、500mL。

3.9　无菌培养皿：直径 90mm。

3.10　注射器：0.5mL。

3.11　pH 计或 pH 比色管或精密 pH 试纸。

4　培养基和试剂

4.1　10%氯化钠胰酪胨大豆肉汤：见附录 A 中 A.1。

4.2　7.5%氯化钠肉汤：见 A.2。

4.3　血琼脂平板：见 A.3。

4.4　Baird-Parker 琼脂平板：见 A.4。

4.5　脑心浸出液肉汤(BHI)：见 A.5。

4.6　兔血浆：见 A.6。

4.7　稀释液：磷酸盐缓冲液(见 A.7)。

4.8　营养琼脂小斜面：见 A.8。

4.9　革兰氏染色液：见 A.9。

4.10　无菌生理盐水：见 A.10。

第一法　金黄色葡萄球菌定性检验

5　检验程序

检验程序见图 19-1。

6　操作步骤

6.1　样品的处理

称取 25g 样品至盛有 225mL 7.5%氯化钠肉汤或 10%氯化钠胰酪胨大豆肉汤的无菌均质杯内，8000～10000r/min 均质 1～2min，或放入盛有 225mL7.5%氯化钠肉汤或 10%氯化钠胰酪胨大豆肉汤的无菌均质袋中，用拍击式均质器拍打 1～2min。若样品为液态，吸取 25mL 样品至盛有 225mL 7.5%氯化钠肉汤或 10%氯化钠胰酪胨大豆肉汤的无菌锥形瓶((瓶内可预置适当数量的无菌玻璃珠)中，振荡混匀。

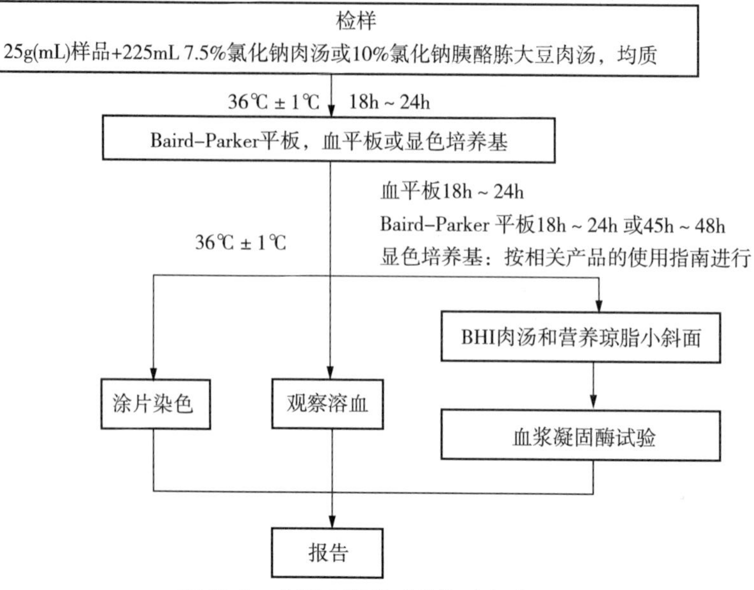

图 19-1　金黄色葡萄球菌检验程序

6.2　增菌和分离培养

6.2.1　将上述样品匀液于 36±1℃培养 18～24h。金黄色葡萄球菌在 7.5%氯化钠肉汤中呈混浊生长，严重时在 10%氯化钠胰酪胨大豆肉汤内呈混浊生长。

6.2.2　将上述培养物，分别划线接种到 Baird-Parker 平板和血平板(或显色培养基)上，血平板 36±1℃培养 18～24h；Baird-Parker 平板 36±1℃培养 18～24h 或 45～48h；显色培养基，按相关产品的使用指南进行。

6.2.3　金黄色葡萄球菌在 Baird-Parker 平板上，菌落直径为 2～3mm，颜色呈灰色到黑色，边缘为淡色，周围为一混浊带，在其外层有一透明圈。用接种针接触菌落有似奶油至树胶样的硬度，偶然会遇到非脂肪溶解的类似菌落；但无混浊带及透明圈。长期保存的冷冻或干燥食品中所分离的菌落比典型菌落所产生的黑色较淡些，外观可能粗糙并干燥。在血平板上，形成菌落较大，圆形、光滑凸起、湿润、金黄色(有时为白色)，菌落周围可见完全透明溶血圈。显色培养基平板，按产品使用指南辨别典型菌落。挑取上述菌落进行革兰氏染色镜检及血浆凝固酶试验。

6.3　鉴定

6.3.1　染色镜检：金黄色葡萄球菌为革兰氏阳性球菌，排列呈葡萄球状，无芽胞，无荚膜，直径约为 0.5～1μm。

6.3.2　血浆凝固酶试验：挑取 Baird-Parker 平板或血平板上可疑菌落 1 个或以上，分别接种到 5mL BHI 和营养琼脂小斜面，36±1℃培养 18～24h。

取新鲜配置兔血浆 0.5mL，放入小试管中，再加入 BHI 培养物 0.2～0.3mL，振荡摇匀，置 36±1℃温箱或水浴箱内，每半小时观察一次，观察 6h，如呈现凝固(即将试管倾斜或倒置时，呈现凝块)或凝固体积大于原体积的一半，被判定为阳性结果。同时以血浆凝固酶试验阳性和阴性葡萄球菌菌株的肉汤培养物作为对照。也可用商品化的试剂，按说明书操作，进行血浆凝固酶试验。

结果如可疑，挑取营养琼脂小斜面的菌落到 5mL BHI，36±1℃培养 18～48h，重复试验。

6.4　葡萄球菌肠毒素的检验

可疑食物中毒样品或产生葡萄球菌肠毒素的金黄色葡萄球菌菌株的鉴定，应按附录 B 检测葡萄球菌肠毒素。

7　结果与报告

7.1　结果判定：符合 6.2.3、6.3，可判定为金黄色葡萄球菌。

7.2　结果报告：在 25g(mL)样品中检出或未检出金黄色葡萄球菌。

第二法　Baird-Parker/显色培养基平板计数

8　检验程序

金黄色葡萄球菌平板计数法检验程序见图 19-2。

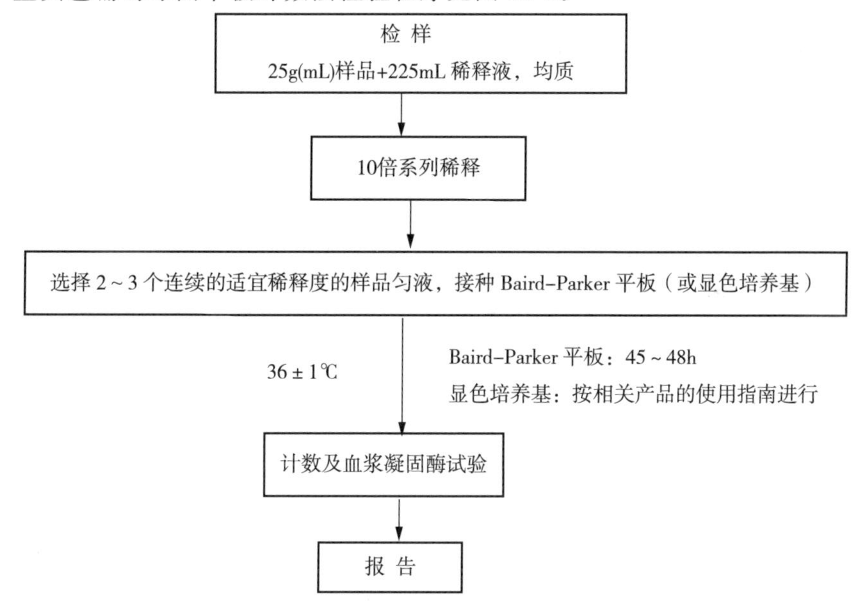

图 19-2　金黄色葡萄球菌 Baird-Parker 平板法检验程序

9　操作步骤

9.1　样品的稀释

9.1.1　固体和半固体样品：称取 25g 样品置盛有 225mL 磷酸盐缓冲液或生理盐水的无菌均质杯内，8000～10000r/min 均质 1～2min，或置盛有 225mL 稀释液的无菌均质袋中，用拍击式均质器拍打 1～2min，制成 1∶10 的样品匀液。

9.1.2　液体样品：以无菌吸管吸取 25mL 样品置盛有 225mL 磷酸盐缓冲液或生理盐水的无菌锥形瓶（瓶内预置适当数量的无菌玻璃珠）中，充分混匀，制成 1∶10 的样品匀液。

9.1.3　用 1mL 无菌吸管或微量移液器吸取 1∶10 样品匀液 1mL，沿管壁缓慢注于盛有 9mL 稀释液的无菌试管中（注意吸管或吸头尖端不要触及稀释液面），振摇试管或换用 1 支 1mL 无菌吸管反复吹打使其混合均匀，制成 1∶100 的样品匀液。

9.1.4　按 9.1.3 操作程序，制备 10 倍系列稀释样品匀液。每递增稀释一次，换用 1 次 1mL 无菌吸管或吸头。

9.2　样品的接种

根据对样品污染状况的估计，选择 2～3 个适宜稀释度的样品匀液（液体样品可包括原液）在进行 10 倍递增稀释时，每个稀释度分别吸取 1mL 样品匀液以0.3mL、0.3mL、0.4mL 接种量分别加入三块 Baird-Parker 平板（或显色培养基平板），然后用无菌 L 棒涂布整个平板，注意不要触及平板边缘。使用前，如平板表面有水珠，可放在 25～50℃ 的培养箱里干燥，直到平板表面的水珠消失。

9.3　培养

在通常情况下，涂布后，将平板静置 10min，如样液不易吸收，可将平板放在培养箱 36±1℃培养 1h；等样品匀液吸收后翻转平皿，倒置于培养箱，36±1℃，Baird-Parker 平板培养 45～48h（显色培养基平板，按使用说明）。

9.4　典型菌落计数和确认

9.4.1　金黄色葡萄球菌在 Baird-Parker 平板上典型菌落的确认同 6.2.3，在显色培养基平板上典型菌落形态见相关产品使用说明。

9.4.2　选择有典型的金黄色葡萄球菌菌落的平板，且同一稀释度 3 个平板所有菌落数合计为 20～200CFU 的平板，计数典型菌落数。如果：

a）如果只有一个稀释度平板的菌落数为 20～200CFU 之间且有典型菌落，计数该稀释度平板上的典型菌落。

b）最低稀释度平板的菌落数小于 20CFU 且有典型菌落，计数该稀释度平板上的典型菌落。

c）某一稀释度平板的菌落数大于 200CFU 且有典型菌落，但下一稀释度平板上没有典型菌落，应计数该稀释度平板上的典型菌落。

d）某一稀释度平板的菌落数大于 200CFU 且有典型菌落，且下一稀释度平板上有典型菌落，但其平板上的菌落数不在 20～200CFU 之间，应计数该稀释度平板上的典型菌落。

以上按式（19-1）计算。

e）2 个连续稀释度的平板菌落数均在 20～200CFU 之间，按式（19-2）计算。

9.4.3　从典型菌落中任选 5 个菌落(小于 5 个全选),分别接种到 5mL BHI 肉汤和营养琼脂斜面,36±1℃培养 18～24h。

9.4.4　取新鲜配制兔血浆 0.5mL,放入小试管中,再加入 8.4.3BHI 培养物 0.2～0.3mL,振荡摇匀,置 36±1℃恒温培养箱或水浴内,每半小时观察一次,观察 6h,如呈现凝固(即将试管倾斜或倒置时,呈现凝块)或凝固体积大于原体积的一半,判定为阳性结果。同时以血浆凝固酶试验阳性和阴性葡萄球菌株的肉汤培养物作为对照。也可用商品化的试剂,按说明书操作,进行凝固酶试验。

9.4.5　如实验结果可疑,挑取营养琼脂斜面的菌落到 5mL BHI 肉汤,36±1℃培养 18～48h,重复 9.4.4。

10　分析结果的表述

计算公式如下:

$$T=\frac{AB}{Cd} \quad (19\text{-}1)$$

式中:

T——样品中金黄色葡萄球菌菌落数;

A——某一稀释度典型菌落的总数;

B——某一稀释度血浆凝固酶阳性的菌落数;

C——某一稀释度用于血浆凝固酶试验的菌落数;

d——稀释因子。

$$T=\frac{A_1B_1/C_1+A_2B_2/C_2}{1.1d} \quad (19\text{-}2)$$

式中:

T——样品中金黄色葡萄球菌菌落数;

A_1——第一稀释度(低稀释倍数)典型菌落的总数;

A_2——第二稀释度(高稀释倍数)典型菌落的总数;

B_1——第一稀释度(低稀释倍数)血浆凝固酶阳性的菌落数;

B_2——第二稀释度(高稀释倍数)血浆凝固酶阳性的菌落数;

C_1——第一稀释度(低稀释倍数)用于血浆凝固酶试验的菌落数;

C_2——第二稀释度(高稀释倍数)用于血浆凝固酶试验的菌落数;

1.1——计算系数;

d——稀释因子(第一稀释度)。

11　结果与报告

根据 Baird-Parker 或显色培养基平板上金黄色葡萄球菌的典型菌落数,按 10 中公式计算,报告每 g(mL)样品中金黄色葡萄球菌数,以 CFU/g(mL)表示;如 T 值为 0,则以小于 1 乘以最低稀释倍数报告。

第三法 MPN计数法

12 检验程序

金黄色葡萄球菌MPN法检验程序见图19-3。

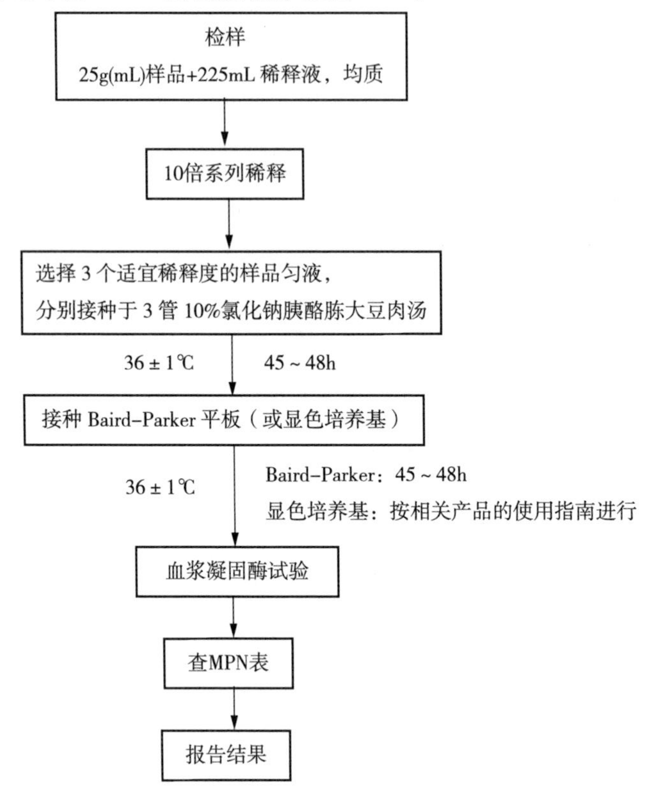

图19-3 金黄色葡萄球菌MPN法检验程序

13 操作步骤

13.1 样品的稀释

按9.1进行(稀释液也可以直接选择10%氯化钠肉汤)。

13.2 接种和培养

13.2.1 根据对样品污染状况的估计,选择3个适宜的连续稀释度的样品匀液(液体样品可以选择原液),每个稀释度接种3管10%氯化钠胰酪胨大豆肉汤管,每管(含10mL 10%氯化钠胰酪胨大豆肉汤)接种1mL(如接种量超过1mL,则用双料10%氯化钠胰酪胨大豆肉汤),将上述接种物36±1℃培养,45~48h。

13.2.2 用接种环从有细菌生长的各管中,移取1环,分别接种Baird-Parker平板(或显色培养基),36±1℃培养,45~48h(显色培养基平板按产品使用说明进行)。

13.3 典型菌落确认

13.3.1　见6.2.3。

13.3.2　从典型菌落中至少挑取1个菌落接种到BHI肉汤和营养琼脂斜面，36±1℃培养18～24h。进行血浆凝固酶试验，见6.4.4、6.4.5。

14　结果与报告

计算血浆凝固酶试验阳性菌落对应的管数，查MPN检索表（见附录C），报告每克（毫升）样品中金黄色葡萄球菌的最可能数，以MPN/g(mL)表示。

附录A　培养基和试剂

A.1　10%氯化钠胰酪胨大豆肉汤

A.1.1　成分

胰酪胨（或胰蛋白胨）	17g
植物蛋白胨（或大豆蛋白胨）	3g
氯化钠	100g
磷酸氢二钾	2.5g
丙酮酸钠	10g
葡萄糖	2.5g
蒸馏水	1000mL

pH 7.3±0.2

A.1.2　制法

将上述成分混合，加热，轻轻搅拌并溶解，调节pH，分装，121℃高压灭菌15min。

A.2　7.5%氯化钠肉汤

A.2.1　成分

蛋白胨	10g
牛肉膏	5g
氯化钠	75g
蒸馏水	1000mL

pH 7.4±0.2

A.2.2　制法

将上述成分加热溶解，调节pH，分装，每瓶50mL，121℃高压灭菌15min。

A.3　血琼脂平板

A.3.1　成分

豆粉琼脂（pH 7.4～7.6）	100mL
脱纤维羊血（或兔血）	5～10mL

A.3.2　制法

加热溶化琼脂，冷却至50℃，以无菌操作加入脱纤维羊血，摇匀，倾注平板

A.4 Baird-Parker 琼脂平板

A.4.1 成分

胰蛋白胨	10g
牛肉膏	5g
酵母膏	1g
丙酮酸钠	10g
甘氨酸	12g
氯化锂($LiCl \cdot 6H_2O$)	5g
琼脂	20g
蒸馏水	950mL

pH 7.0±0.2

A.4.2 增菌剂的配法

30%卵黄盐水 50mL 与经过除菌过滤的 1%亚碲酸钾溶液 10mL 混合,保存于冰箱内。

A.4.3 制法

将除琼脂以外的各种成分加到蒸馏水中,加热煮沸至完全溶解,调节 pH。分装每瓶 95mL,121℃高压灭菌 15min。临用时加热溶化琼脂,冷至 50℃,每 95mL 加入预热至 50℃的卵黄亚碲酸钾增菌剂 5mL 摇匀后倾注平板。培养基应是致密不透明的。使用前在冰箱储存不得超过 48h。

A.5 脑心浸出液肉汤(BHI)

A.5.1 成分

胰蛋白胨	10.0g
氯化钠	5.0g
磷酸氢二钠($12H_2O$)	2.5g
葡萄糖	2.0g
牛心浸出液	500mL

pH 7.4±0.2

A.5.2 制法

加热溶解,调节 pH,分装 16mm×160mm 试管,每管 5mL 置 121℃,15min 灭菌。

A.6 兔血浆

取柠檬酸钠 3.8g,加蒸馏水 100mL,溶解后过滤,装瓶,121℃高压灭菌 15min。

兔血浆制备:取 3.8%柠檬酸钠溶液一份,加兔全血四份,混好静置(或以 3000r/min 离心 30min),使血液细胞下降,即可得血浆。

A.7 磷酸盐缓冲液

A.7.1 成分

磷酸二氢钾(KH_2PO_4)	34.0g

蒸馏水	500mL
pH 7.2	

A.7.2　制法

贮存液：称取 34.0g 的磷酸二氢钾溶于 500mL 蒸馏水中，用大约 175mL 的 1mol/L 氢氧化钠溶液调节 pH 至 7.2，用蒸馏水稀释至 1000mL 后贮存于冰箱。

稀释液：取贮存液 1.25mL，用蒸馏水稀释至 1000mL，分装于适宜容器中，121℃高压灭菌 15min。

A.8　营养琼脂小斜面

A.8.1　成分

蛋白胨 10g	牛肉膏 3g
氯化钠 5g	琼脂 15～20g
蒸馏水	1000mL
pH 7.2～7.4	

A.8.2　制法

将除琼脂以外的各成分溶解于蒸馏水内，加入 15％氢氧化钠溶液约 2mL 调节 pH 至 7.2～7.4。加入琼脂，加热煮沸，使琼脂溶化，分装 13mm×130mm 管，121℃高压灭菌 15min。

A.9　革兰氏染色液

A.9.1　结晶紫染色液

A.9.1.1　成分

结晶紫	1.0g
95％乙醇	20.0mL
1％草酸铵水溶液	80.0mL

A.9.1.2　制法

将结晶紫完全溶解于乙醇中，然后与草酸铵溶液混合。

A.9.2　革兰氏碘液

A.9.2.1　成分

碘	1.0g
碘化钾	2.0g
蒸馏水	300mL

A.9.2.2　制法

将碘与碘化钾先行混合，加入蒸馏水少许充分振摇，待完全溶解后，再加蒸馏水至 300mL。

A.9.3　沙黄复染液

A.9.3.1　成分

沙黄	0.25g

95%乙醇 10.0mL

蒸馏水 90.0mL

A.9.3.2 制法

将沙黄溶解于乙醇中，然后用蒸馏水稀释。

A.9.4 染色法

a) 涂片在火焰上固定，滴加结晶紫染液，染1min，水洗。

b) 滴加革兰氏碘液，作用1min，水洗。

c) 滴加95%乙醇脱色约15～30s，直至染色液被洗掉，不要过分脱色，水洗。

d) 滴加复染液，复染1min，水洗、待干、镜检。

附录B 葡萄球菌肠毒素检验

金黄色葡萄球菌肠毒素(*Staphylococcal enterotoxins*，SEs)是一类热稳定的低相对分子质量蛋白质(约26～29ku)，金黄色葡萄球菌肠毒素类型众多，按照发现的先后顺序将它们依次命名为肠毒素SEA、SEB、SEC、SED和SEE。但近年来研究发现不断有新的肠毒素可引起食物中毒，一些新型别的肠毒素在食物中毒中的比例或其危害程度可能被严重低估。到目前为止，根据等电点和抗原性的不同，已经确认了20种不同的金黄色葡萄球菌肠毒素。目前对金黄色葡萄球菌肠毒素的筛查或检测，主要针对5种传统肠毒素，即肠毒素SEA～SEE。

金黄色葡萄球菌食物中毒是一种毒素型食物中毒，产生肠毒素的葡萄球菌污染食品后，在适宜条件下迅速繁殖，产生大量肠毒素引起，潜伏期短，一般为2～8h，多在4h内，主要表现为明显的胃肠道症状，如恶心、反复剧烈的呕吐或干呕、腹部痉挛和腹泻，体温正常或有微热。WS/T 80—1996《葡萄球菌食物中毒诊断标准及处理原则》对食物中毒的实验诊断列出以下4条标准：(1)中毒食品中检出肠毒素；(2)从中毒食品、患者吐泻物中经培养检出金黄色葡萄球菌，菌株经肠毒素检测证实在不同样品中检出同一型别肠毒素；(3)从不同患者吐泻物中检出金黄色葡萄球菌，其肠毒素为同一型别；(4)凡符合其中一项者即可判断葡萄球菌食物中毒。

B.1 试剂和材料

除另有规定外，所用试剂均为分析纯，试验用水应符合GB/T 6682对一级水的规定。

B.1.1 A、B、C、D、E型金黄色葡萄球菌肠毒素分型ELISA检测试剂盒。

B.1.2 pH试纸，范围在3.5～8.0，精度0.1。

B.1.3 0.25mol/L、pH 8.0的Tris缓冲液：将121.1g的Tris溶解到800mL的去离子水中，待温度冷至室温后，加42mL浓HCL，调pH至8.0。

B.1.4 pH 7.4的磷酸盐缓冲液：称取$NaH_2PO_4 \cdot H_2O$ 0.55g(或$NaH_2PO_4 \cdot 2H_2O$ 0.62g)、$Na_2HPO_4 \cdot 2H_2O$ 2.85g(或$Na_2HPO_4 \cdot 12H_2O$ 5.73g)、NaCl 8.7g溶于1000mL蒸馏水中，充分混匀即可。

B.1.5　庚烷。

B.1.6　10%次氯酸钠溶液。

B.1.7　肠毒素产毒培养基。

B.1.7.1　成分：

蛋白胨	20g
胰消化酪蛋白	200mg
(氨基酸)氯化钠	5g
磷酸氢二钾	1g
磷酸二氢钾	1g
氯化钙	0.1g
硫酸镁	0.2g
菸酸	0.01g
蒸馏水	1000mL

pH 7.2～7.4

B.1.7.2　制法：

将所有成分混于水中，溶解后调节 pH，121℃高压灭菌 30min。

B.1.8　营养琼脂。

B.1.8.1　成分：

蛋白胨	10g
牛肉膏	3g
氯化钠	5g
琼脂	15～20g
蒸馏水	1000mL

B.1.8.2　制法：

将除琼脂以外的各成分溶解于蒸馏水内，加入 15%氢氧化钠溶液约 2mL 校正 pH 至 7.2～7.4。加入琼脂，加热煮沸，使琼脂溶化。分装烧瓶，121℃高压灭菌 15min。

B.2　仪器和设备

B.2.1　电子天平：感量 0.01g。

B.2.2　均质器。

B.2.3　离心机：转速 3000～5000*g*。

B.2.4　离心管：50mL。

B.2.5　滤器：滤膜孔径 0.2μm。

B.2.6　微量加样器：20～200μL、200～1000μL。

B.2.7　微量多通道加样器：50～300μL。

B.2.8　自动洗板机(可选择使用)。

B.2.9 酶标仪:波长 450nm。

B.3 原理

本方法可用 A、B、C、D、E 型金黄色葡萄球菌肠毒素分型酶联免疫吸附试剂盒完成。本方法测定的基础是酶联免疫吸附反应(ELISA)。96 孔酶标板的每一个微孔条的 A～E 孔分别包被了 A、B、C、D、E 型葡萄球菌肠毒素抗体,H 孔为阳性质控,已包被混合型葡萄球菌肠毒素抗体,F 和 G 孔为阴性质控,包被了非免疫动物的抗体。样品中如果有葡萄球菌肠毒素,游离的葡萄球菌肠毒素则与各微孔中包被的特定抗体结合,形成抗原抗体复合物,其余未结合的成分在洗板过程中被洗掉;抗原抗体复合物再与过氧化物酶标记物(二抗)结合,未结合上的酶标记物在洗板过程中被洗掉;加入酶底物和显色剂并孵育,酶标记物上的酶催化底物分解,使无色的显色剂变为蓝色;加入反应终止液可使颜色由蓝变黄,并终止了酶反应;以 450nm 波长的酶标仪测量微孔溶液的吸光度值,样品中的葡萄球菌肠毒素与吸光度值成正比。

B.4 检测步骤

B.4.1 从分离菌株培养物中检测葡萄球菌肠毒素方法

待测菌株接种营养琼脂斜面(试管 18mm×180mm)37℃培养 24hL,用 5mL 生理盐水洗下菌落,倾入 60mL 产毒培养基中,每个菌种种一瓶,37℃振荡培养 48hL,振速为 100 次/min,吸出菌液,100℃加热 10min,8000r/min 离心 20min,取上清液 100μL 进行试验。

B.4.2 从食品中提取和检测葡萄球菌毒素方法

B.4.2.1 牛奶和奶粉:

将 25g 奶粉溶解到 125mL、0.25mol/L、pH 8.0 的 Tris 缓冲液中,混匀后同液体牛奶一样按以下步骤制备。将牛奶于 15℃,3500*g* 离心 10min。将表面形成的一层脂肪层移走,变成脱脂牛奶。用蒸馏水对其进行稀释(1∶20)。取 100μL 稀释后的样液进行试验。

B.4.2.2 脂肪含量不超过 40%的食品:

称取 10g 样品绞碎,加入 pH 7.4 的 PBS 液 15mL 进行均质。振摇 15min。于 15℃,3500*g* 离心 10min。必要时,移去上面脂肪层。取上清液进行过滤除菌。取 100μL 的滤出液进行试验。

B.4.2.3 脂肪含量超过 40%的食品称取 10g 样品绞碎,加入 pH 7.4 的 PBS 液 15mL 进行均质。振摇 15min。于 15℃,3500*g* 离心 10min。吸取 5mL 上层悬浮液,转移到另外一个离心管中,再加入 5mL 的庚烷,充分混匀 5min。于 15℃,3500*g* 离心5min。将上部有机相(庚烷层)全部弃去,注意该过程中不要残留庚烷。将下部水相层进行过滤除菌。取 100μL 的滤出液进行试验。

B.4.2.4 其他食品

可酌情参考上述食品处理方法。

B.4.3　检测

B.4.3.1　所有操作均应在室温(20～25℃)下进行，A、B、C、D、E 型金黄色葡萄球菌肠毒素分型 ELISA 检测试剂盒中所有试剂的温度均应回升至室温方可使用。测定中吸取不同的试剂和样品溶液时应更换吸头，用过的吸头以及废液要浸泡到10%次氯酸钠溶液中过夜。

B.4.3.2　将所需数量的微孔条插入框架中(一个样品需要一个微孔条)。将样品液加入微孔条的 A～G 孔，每孔 100μL。H 孔加 100μL 的阳性对照，用手轻拍微孔板充分混匀，用粘胶纸封住微孔以防溶液挥发，置室温下孵育 1h。

B.4.3.3　将孔中液体倾倒至含 10%次氯酸钠溶液的容器中，并在吸水纸上拍打几次以确保孔内不残留液体。每孔用多通道加样器注入 250μL 的洗液，再倾倒掉并在吸水纸上拍干。重复以上洗板操作 4 次。本步骤也可由自动洗板机完成。

B.4.3.4　每孔加入 100μL 的酶标抗体，用手轻拍微孔板充分混匀，置室温下孵育 1hL。

B.4.3.5　重复 B.4.3.3 的洗板程序。

B.4.3.6　加 50μL 的 TMB 底物和 50μL 的发色剂至每个微孔中，轻拍混匀，室温黑暗避光处孵育 30min。

B.4.3.7　加入 100μL 的 2mol/L 硫酸终止液，轻拍混匀，30min 内用酶标仪在450nm 波长条件下测量每个微孔溶液的 OD 值。

B.4.4　结果的计算和表述

B.4.4.1　质量控制

测试结果阳性质控的 OD 值要大于 0.5，阴性质控的 OD 值要小于 0.3，如果不能同时满足以上要求，测试的结果不被认可。对阳性结果要排除内源性过氧化物酶的干扰。

B.4.4.2　临界值的计算

每一个微孔条的 F 孔和 G 孔为阴性质控，两个阴性质控 OD 值的平均值加上0.15 为临界值。

示例：阴性质控 1=0.08

阴性质控 2=0.10

平均值=0.09

临界值=0.09+0.15=0.24

B.4.4.3　结果表述

OD 值小于临界值的样品孔判为阴性，表述为样品中未检出某型金黄色葡萄球菌肠毒素；OD 值大于或等于临界值的样品孔判为阳性，表述为样品中检出某型金黄色葡萄球菌肠毒素。

B.5　生物安全

因样品中不排除有其他潜在的传染性物质存在，所以要严格按照 GB 19489《实验室生物安全通用要求》对废弃物进行处理。

附录C　最可能数(MPN)检索表

表 19-1　每克(毫升)检样中金黄色葡萄球菌最可能数(MPN)检索表

阳性管数			MPN	95%置信区间		阳性管数			MPN	95%置信区间	
0.10	0.01	0.001		下限	上限	0.10	0.01	0.001		下限	上限
0	0	0	<3.0	—	9.5	2	2	0	21	4.5	42
0	0	1	3.0	0.15	9.6	2	2	1	28	8.7	94
0	1	0	3.0	0.15	11	2	2	2	35	8.7	94
0	1	1	6.1	1.2	18	2	3	0	29	8.7	94
0	2	0	6.2	1.2	18	2	3	1	36	8.7	94
0	3	0	9.4	3.6	38	3	0	0	23	4.6	94
1	0	0	3.6	0.17	18	3	0	1	38	8.7	110
1	0	1	7.2	1.3	18	3	0	2	64	17	180
1	0	2	11	3.6	38	3	1	0	43	9	180
1	1	0	7.4	1.3	20	3	1	1	75	17	200
1	1	1	11	3.6	38	3	1	2	120	37	420
1	2	0	11	3.6	42	3	1	3	160	40	420
1	2	1	15	4.5	42	3	2	0	93	18	420
1	3	0	16	4.5	42	3	2	1	150	37	420
2	0	0	9.2	1.4	38	3	2	2	210	40	430
2	0	1	14	3.6	42	3	2	3	290	90	1000
2	0	2	20	4.5	42	3	3	0	240	42	1000
2	1	0	15	3.7	42	3	3	1	460	90	2000
2	1	1	20	4.5	42	3	3	2	1100	180	4100
2	1	2	27	8.7	94	3	3	3	>1100	420	—

注 1:本表采用 3 个稀释度[0.1g(mL)、0.01g(mL)和 0.001g(mL)]、每个稀释度接种 3 管。

注 2:表内所列检样量如改用 1g(mL)、0.1g(mL)和 0.01g(mL)时,表内数字应相应降低10 倍;如改用 0.01g(mL)、0.001g(mL)、0.0001g(mL)时,则表内数字应相应增高 10 倍,其余类推。

三、注意事项

1. 使用前,如 Baird-Parker 平板表面有水珠,可放在 25～50℃的培养箱里干燥,直到平板表面的水珠消失。

2. 不能使用甘露醇氯化钠琼脂上的菌落做血浆凝固酶的实验，因为所有高盐培养基都可抑制 A 蛋白的产生，可造成假阴性结果。

3. 观察血浆凝集结果时，不要用力振摇试管，以免凝块振碎。

4. 若被检菌为陈旧的培养物或生长不良，可能造成凝固酶活性低，出现假阴性；葡萄球菌的粗糙菌株可造成假阳性结果，必要时应用生理盐水制成菌悬液观察菌悬液来排除。

5. 乳胶凝集反应中，中间葡萄球菌和猪葡萄球菌也可发生凝集反应。但这两种菌很少从人类分离，大多在动物或腐生物中存在。

6. 肠毒素分型试剂盒从冷藏环境中取出后，在室温平衡 15～30min 后方可使用，酶标包被板开封后如未用完，板条应装入密封袋中保存；底物避光保存。

7. 浓洗涤液可能会有结晶析出，稀释时可在水浴中加温助溶，洗涤时不影响结果。

8. 一次加样时间最好控制在 5min 内，如标本数量多，应使用排枪加样。

9. 严格按照说明书的操作进行，阳性和阴性质控的吸光度符合要求才能对试验结果做出判定。

10. 所有样品，洗涤液和各种废弃物都应按传染物处理。

11. 某些试剂盒存在抗体/毒素检测的交叉反应，具体参阅试剂盒说明书。

四、国内外酒中金黄色葡萄球菌限量及检测方法

GB 2758—2012《食品安全国家标准 发酵酒及其配制酒》。

参考文献

[1] GB 4789.10—2010 食品安全国家标准 食品微生物学检验 金黄色葡萄球菌检验

[2] OMOE K.，ISHIKAWA M.，SHIMODA Y. HU DL，UEDA S，SHINAGAWA K. Detection of seg，seh，and seigenes in Staphylococcus aureus isolates and determination of the enterotoxin productivities of S. aureus isolates Harboring seg，seh，or seigenes[J]. Journal of Clinical Microbiology，2002，40(3)：857-862.

[3] ARGUDÍN M.，MENDOZA M.，RODICIO M.，et al. Food Poisoning and Staphylococcus aureus Enterotoxins[J]. Toxins，2010(2)：1751-1773.